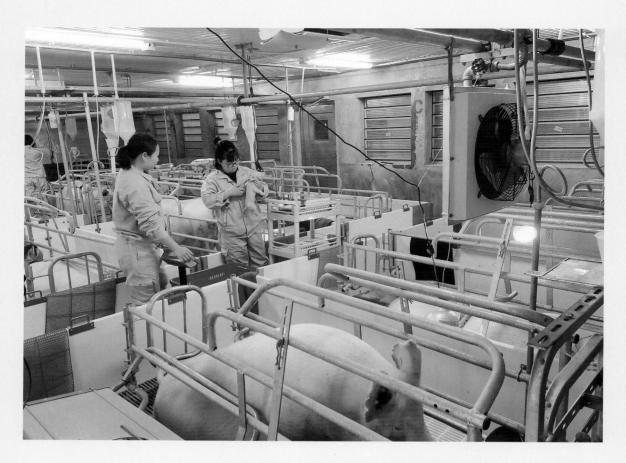

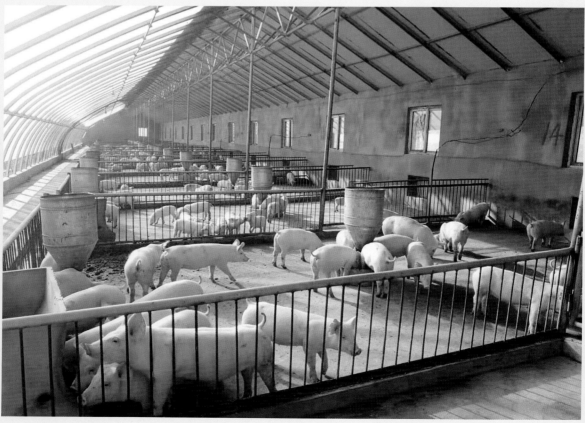

SHENGZHU FUYANG ZENGYANG
DIANXING ANLI

生猪复养增养典型案例

全国畜牧总站◎组编

中国农业出版社
北　京

编　写　组

主　　编　田建华　赵俊金　王树君　齐　晓
副 主 编　孙志华　何珊珊　张　义　尹晓飞　赵　华
编写人员　（以姓氏笔画为序）

丁　琳	丁小伍	丁能水	马文学	马俊霞	马耀春	王　茹
王　勇	王万霞	王元珍	王仰杰	王连波	王宏民	王定国
王建军	王春光	王昱夫	王莉兴	王效京	王新凯	韦艺嫒
毛文智	方国跃	孔垂永	邓　锦	田　雪	付艳芳	白耀荣
冯　飞	冯景松	边慧敏	吉进卿	朱永信	朱继红	朱慈根
任　科	任春芳	自学元	刘　刚	刘　琦	刘开东	刘开红
刘文新	刘正辉	刘花祖	刘迎春	刘玲玥	刘振文	刘晓宁
关云斌	江腾涛	孙文库	远德龙	芦　娟	李　庆	李　虎
李　亮	李　霞	李小平	李开坤	李元华	李戎遐	李成娇
李伙强	李志雄	李尚臻	李洪飞	李雪松	李焱辉	李豫湘
杨　洋	杨汉卿	杨海燕	杨清容	杨景晁	连雪科	肖芳丽
吴　夫	吴凤楼	吴立平	吴宇锋	吴均平	何凤彪	何浩然
余跃军	邹云伏	沈华伟	宋汝谋	张　玲	张　栎	张文秀
张永辉	张宇辰	张灵思	张国生	张富煜	张溶基	陆雪林
陈元生	陈尧森	陈伟锋	陈庆宇	陈进德	陈爱芹	武志红
苑清国	范萍萍	罗中奎	罗世宝	和　银	周　兵	周　莉
周　瑜	周志红	周素萍	庞　军	单学军	孟宪珺	赵建勇
赵碧刚	胡易容	侯建军	俞　俊	洪　科	骆世军	钱海兵
徐成杰	徐嫒嫒	高士寅	高春国	高景舜	郭　健	郭宗雨
唐利军	黄世娟	黄好兴	黄京书	黄振峰	黄偹华	黄宾雁
常玉臣	崔　超	崔晓东	康　燕	董胜华	蒋爱国	韩延斌
韩昆鹏	曾　炫	曾世泰	靳　征	雷成和	蔡中峰	熊军陵
缪祥虎	樊孝军	樊家英	黎灿宁	潘　晓	薛秀忠	霍妍明
魏莉兰						

F 前言
oreword

  2020 年是促进生猪生产加快恢复发展的关键年，各地一心一意谋生产，毫不放松抓防疫，非洲猪瘟的常态化稳定防控大大增强了养殖场户的养殖信心，全国生猪生产持续加快恢复。据农业农村部对全国规模猪场全覆盖监测最新数据显示，2020 年 8 月，有 2 030 个新建规模猪场投产，2020 年以来，新建规模猪场投产累计达 11 123 个，2019 年空栏的规模猪场也有 11 844 家复养。

  在生猪生产持续恢复的过程中，全国涌现了一大批促进生猪复养增养的优秀做法。为及时总结推广这些好的做法，进一步巩固生猪生产发展好势头，全国畜牧总站于 2020 年 4 月启动了生猪复养增养典型案例征集工作。各级畜牧技术推广部门积极参与、主动作为，安排专人深入生产一线，挖掘典型做法，认真撰写材料，历时一个月，截至 5 月末，共组织上报典型案例 128 个。这些案例可操作性好，可复制性强。例如，山西长荣农业科技股份有限公司创建的"集成化家庭农场母猪繁育模式"被纳入全国畜牧总站主办的"生猪中小规模养殖实用技术大讲堂"，受到中小养殖户的广泛欢迎，进直播间观看量近 2 万人次。

  为了进一步发挥典型案例的示范引领和辐射带动作用，我们把 128 个案例汇编成册，作为"生猪中小规模养殖实用技术大讲堂"的内容之一，以飨读者。《生猪复养增养典型案例》系统总结了大型和中小型养殖场户复养增养的典型做法，立体化呈现了"政府主导＋龙头企业带动""公司＋农户""生态循环种养结合"等典型模式。

  该书的出版得到了各级畜牧管理和技术推广部门，特别是规模养殖场户的大力支持，在此一并表示感谢！

  由于编辑工作量大，校对时间紧，难免有错误之处，敬请读者批评指正。

本书编委会

2020 年 9 月

中篇　企业篇

下篇　合作社、家庭农场、养殖小区篇

上　篇

地方政府篇

全力服务生猪产业　复养增养保障供给

——黑龙江省杜尔伯特蒙古族自治县畜牧技术服务中心案例

为最大限度降低非洲猪瘟疫情对生猪产业的不良影响，保障生猪供给和价格稳定，杜尔伯特县畜牧技术服务中心在做好畜牧行业疫病防控指导、确保无一例疫情发生的同时，积极服务生猪龙头企业和散户，在商品猪销售、饲料供应、种猪调运等方面提供全程指导与服务，协调强化非洲猪瘟防控，全面确保生猪复养增养。

一、基本情况

目前，全县共有生猪规模场 17 个，其中商品猪规模场 13 个、可繁母猪场 3 个、种公猪站 1 个；全县有生猪养殖户 8 000 户。全县生猪存栏 10.87 万头，出栏 6.11 万头。其中，养殖场生猪存栏 4.81 万头，出栏 0.92 万头；养殖户生猪存栏 6.06 万头，出栏 5.19 万头。在完全满足本地生猪市场供应的同时，还销往周边市、县、区。

二、增养采取的主要措施

为了促进生猪增养，杜尔伯特蒙古族自治县畜牧技术服务中心努力克服疫情影响，多方协调、全面发力，有效保障生猪产业全面发展，主要采取了以下措施：

1. **全力保障运输渠道畅通**　自 2020 年年初开展新冠肺炎疫情防控以来，为应对严格的交通管制，畜牧技术服务中心报请县疫情防控组，建立畜牧物资绿色通道，对运送饲料的车辆进行"点对点"接车，由专人在县界卡点对外运的饲料、兽药、种猪等车辆实行消毒、贴封条、司机测温，监管饲料运输车辆 185 台次，调运饲料 3 230 吨。

2. **全力保障种猪调运安全**　为了扩大生猪产能，通过畜牧技术服务中心的积极协调，先后从省内调运后备母猪 4 500 头，该批种用母猪将在 2020 年供应 9 万头以上的商品仔猪。

3. **全力保障生猪产能**　为了保障生猪产能，畜牧技术服务中心积极协调谷实集团和正邦集团等龙头企业，加大县内生猪放养基地的培育力度，采用"公司＋农户合作"模式，合作养殖生猪 5 000 头，全县生猪存栏恢复到 12.86 万头，可繁母猪存栏 2.25 万头，与 2019 年同期基本持平。

4. **全力保障生猪出栏**　为了确保生猪出栏，畜牧技术服务中心严格按照重大动物疫病防控要求，积极开展生猪检验工作，对有出栏需求的企业和养殖户进行抽血化验，开展

重大动物疫情排查，及时开具检疫证明。2020年以来，全县累计出栏生猪3.2万头，有效保障了疫情期间市场生猪的供给。

5. 全力保障非洲猪瘟防控 为了做好非洲猪瘟等重大动物疫病防控，运送饲料和生猪的车辆严格执行进场前全车熏蒸消毒30分钟的制度，外来司乘人员进场前严格消毒隔离，不与场内任何人员接触，确保场区动物疫病安全。同时，为了进一步规范生猪运输，严格按照农业农村部第79号公告要求，积极开展生猪运输车辆登记备案工作，共计登记备案生猪运输车辆16台。

6. 全力保障政策落地 为了确保生猪政策落到实处，畜牧技术服务中心积极协调金融和保险部门落实贷款贴息和保费补贴政策。在贷款贴息政策上，办理了生猪活体抵押贷款3 500万元；在保费补贴政策上，全县6个生猪养殖场承保可繁母猪5 620头、育肥猪6 700头，50户贫困户承保可繁母猪120头。

三、增养成效

2020年，杜尔伯特蒙古族自治县生猪生产任务为存栏11万头、出栏17万头。目前，全县生猪存栏10.87万头、出栏6.11万头，与2019年同期相比，存栏增长28.5%、出栏增长22.9%，任务完成率分别达到98.82%和35.94%。

为了完成各项工作任务，一是压实工作任务。结合各乡镇及生猪规模场生产实际，将任务指标进行分解，于2020年3月初下达各乡镇场。二是建立周报制度。为了更好地掌握生猪复养增养情况和进度，每周五由各乡镇场统计上报本周生猪存栏、繁育、购入、出栏等情况，全面掌握生猪生产情况。三是加强技术服务。畜牧技术服务中心抽调副高级职称以上的业务骨干，成立庭院养殖技术指导小组，定期深入基层生猪养殖户进行技术指导和疾病诊疗。

四、主要经验

一是围绕全省恢复生猪产能机遇，促进谷实集团自建生猪养殖基地，满栏运营，鼓励其在杜尔伯特蒙古族自治县继续发展生猪养殖基地，探索构建生猪养殖、饲料配送、生猪销售的一体化产业链条。

二是推进"公司＋农户合作"模式经营。推进谷实集团采取"公司＋农户"的运作模式，带动农户发展生猪养殖，扩大合作牧场范围。

三是推动与谷实集团合作的猪场尽早投产。依托谷实集团，鼓励其在杜尔伯特蒙古族自治县继续发展生猪放养基地。推动富民生猪等与谷实集团合作的猪场尽快投产，力争到2020年年末，全县生猪饲养量达到20万头。

山东潍坊安丘市恢复生猪生产典型案例

2019 年以来，安丘市认真贯彻党中央、国务院决策部署，进一步增强工作责任感、紧迫感、使命感，把生猪稳产保供作为农业工作的重点任务抓紧、抓实、抓细，千方百计加快恢复生猪生产，并取得了显著成效。据相关数据显示，2020 年一季度，安丘市生猪存栏 26.1 万头，其中能繁母猪存栏 2.27 万头，出栏 7.42 万头，相比 2019 年第四季度末分别增长 12.8%、5.6%、25.1%。在畜牧生产中，涌现出了一大批养殖场户恢复生猪生产的典型，安丘市兴牧惠民生态养殖场就是其中一个典型代表。

一、养殖场基本情况和当前生猪生产情况

安丘市兴牧惠民生态养殖场位于潍坊市安丘市石埠子镇庵上村，创建于 2008 年，注册于 2014 年，法人马文学。该场占地面积 20 亩[①]，现存养生猪 1 800 余头，其中经产能繁母猪存栏 180 余头，2019 年全年生猪出栏 2 600 余头。

二、恢复生产的主要历程和采取的主要措施

（一）恢复生产的主要历程

自 2018 年 5 月以来，安丘市兴牧惠民生态养殖场稳步扩大生猪生产，特别是 2019 年 6 月以来，生猪存养规模快速增加。2018 年 5 月，该养殖场生猪存栏量降至最低点，存养生猪 600 余头，其中经产能繁母猪存栏 70 余头；2018 年 12 月，存养生猪增至 700 余头，其中经产能繁母猪存栏增至 80 余头；2019 年 6 月，存养生猪增至 1 300 余头，其中经产能繁母猪存栏 130 余头；2019 年 12 月底，存养生猪 1 500 余头，其中经产能繁母猪存栏 160 余头；2020 年 4 月，生猪存栏 1 800 余头，其中经产能繁母猪 180 余头。

（二）采取的主要措施

一是采用从本场能繁母猪所产仔猪中筛选后备母猪作留种扩繁的方式。目前，由于国内尚没有研发生产出有效防控非洲猪瘟的疫苗和药品，因此，非洲猪瘟疫病对生猪养殖的威胁仍然较大。为防止从外引种带入病毒，该场采取从本场能繁母猪所产仔猪中筛选后备母猪作留种扩繁的方式，虽然该方式生猪恢复生产较慢，但相对稳定，无发生疫病的风险。

二是注重生物安全防控。该养殖场使用的消毒剂为美国杜邦卫可的消毒药品，实行一

---

① 亩为非法定计量单位，1 亩≈667 米²。——编者注

周一消毒；从外购置的饲料不直接运输到养殖场，而是先运输至距养殖场 500 米外的一专门饲料存放点存放，在该处采取洗消模式进行全面消毒。在使用饲料前，先对每袋饲料的表面喷洒消毒剂消毒；在卖猪时，先将前来拉猪的车辆引导至离养殖场 1 500 米处的另一个专门的消毒场所进行洗消，待消毒 1.5 小时后才到场装猪，且装猪前再消毒 1 次。装猪时，屠宰厂拉猪人员必须穿上养殖场提供的隔离服、口罩、水靴等。装完猪后，屠宰厂拉猪人员到 500 米外脱掉隔离服，并安排养殖场内部人员清洗衣物。其免疫疫苗全部采用国内外高端产品，如勃林格的圆环疫苗和气喘疫苗、梅里亚的伪狂犬疫苗等国外进口疫苗、广东永顺猪瘟疫苗、内蒙古金羽口蹄疫疫苗等国内疫苗。同时，注重灭鼠、灭蚊等。

三是提高生猪生产性能。为防止外来动物疫病传入，提高能繁母猪产仔率，该场专门饲养了杜洛克、大白、长白公猪等优质公猪，建立了猪精检测实验室，采取猪精自采、自稀释的方式进行人工授精配种，配置的精液使用期限不超过 48 小时。目前，该养殖场每头能繁母猪平均产仔 13～14 头/胎。

三、恢复生产成效

目前，安丘市兴牧惠民生态养殖场生猪存养规模正逐渐稳定增加，计划到 2020 年年底，能繁母猪达到 200～300 头，年出栏 3 500 头左右。同时，该场正在计划投资 200 万元新建 1 栋全自动化高标准猪舍，建成后，母猪存栏将达到 455 头。

四、经验、启示和建议

1. **经验启示**　千方百计加强生物安全防控，严防外来动物疫病传入，特别是要做好人员和车辆的消毒等工作，这是确保恢复生猪生产的重要基础条件。

2. **建议**　一是加快非洲猪瘟疫苗药物的研发力度，确保疫情防控、临床用药的需要；二是加大政策支持力度，加大对新建、改扩建养殖场的财政资金支持力度，加快恢复生猪生产。

协同增效 莱西市猪业发展步入快车道

——青岛莱西市生猪复养增养做法

受非洲猪瘟、养猪周期、环保压力等影响，青岛莱西市生猪存、出栏量出现下降，导致生猪供应出现缺口。为更好地恢复生猪生产，莱西市政府、农业农村局畜牧兽医服务中心和乡镇三级联动，农业农村局协同自然资源局、生态环境局和发展改革局，积极落实国家有关政策，扎实做好疫情防控工作。同时，通过扶持规模化养殖场、加大招商引资力度等措施，多措并举，推动生猪稳产保供。

一、基本情况介绍和当前生猪生产情况

2019 年年底，莱西市能繁母猪存栏 2.41 万头，生猪存栏 26.34 万头，生猪出栏 42.73 万头。2020 年，随着新希望六和 200 万头生猪一体化项目以及同丰苑、鼎盛等 9 家大型规模养殖场的投产，截至 4 月底，存栏母猪约 3.2 万余头，生猪存栏 23.42 万头，生猪出栏 14.1 万头。预计到 2020 年年底，莱西市能繁母猪将达到 9 万余头，生猪存栏 80 万头。

二、复养增养主要历程和采取的主要措施

1. 主要历程

（1）2019 年年初，莱西市政府成立了生猪生产协调办公室，推动生猪生产扶持政策落地，协调解决恢复生猪生产中遇到的资金、贷款、保险、土地、环保等难题。王东岳副市长对恢复生猪生产三年目标任务进行了部署落实。

（2）2019 年，引进了新希望六和年出栏 200 万头生猪养殖一体化项目、青岛同丰苑牧业有限公司年出栏 12 万头生猪养殖项目、莱沃农牧年出栏 15 000 头生猪养殖项目等多家新建及改扩建项目。

（3）2020 年 2 月 25 日，将贴息资金 886.55 万元拨付至屠宰企业——青岛万福集团有限公司的银行账户，第二批资金 400 多万元也已于 6 月到账。

（4）2020 年第一季度，23 户能繁母猪场和 41 户专业育肥猪场享受到畜牧业政策性保险，4 家规模养殖场享受到养猪补贴 360 多万元。

2. 采取的措施

（1）联防联控。及时召开会议，进行全面部署，加强生猪及其产品的调运监管，对违

法调运生猪及其产品和使用泔水、餐厨垃圾饲喂生猪等违法行为从严从重处罚，为莱西市生猪产业健康发展提供了有力保障。

（2）落实目标任务。印发《2020—2021年生猪稳产保供任务目标》，生猪稳产保供任务目标分解到各镇街，并将此项工作作为2020年和2021年对镇街考核的一项重要指标。

（3）招商引资，大型规模养猪场聚会莱西大发展。11个新建、改扩建年出栏超过1万头的规模养殖场和年出栏生猪200万头的新希望六和莱西生猪一体化项目先后开工投产。其中，占地10 900亩的新希望六和莱西生猪一体化项目投资40亿元、占地324亩的青岛华育生猪养殖养殖场年出栏50 000头、占地140亩的莱西市亿合昶润农业养殖有限公司年出栏75 000头。

（4）落实贷款贴息政策。落实生猪规模场、屠宰企业流动资金、建设资金贷款贴息等政策。自2019年以来，贷款贴息补助已发放1 310多万元。

（5）简化程序，缩短时间，加快政策落地。莱西市自然资源局简化审批程序，依法依规为多家养殖场办理了生猪养殖设施农用地备案；落实环评承诺制试点政策，按青岛市生态环境局莱西分局印发的《莱西市深化环境影响评价审批制度改革实施方案（试行）的通知》要求，已办理生猪养殖环评承诺制项目5个。

（6）建立定点联络制度，加快农业企业复工复产。莱西市畜牧兽医服务中心对19家新建、改扩建的重点生猪养殖企业实行定点联络，协调相关部门群策群力，保障猪场复工复产。

（7）落实绿色通道政策。根据青岛市农业农村局《关于集中办理农产品和农业生产资料运输车辆通行证的通知》要求，2020年2月4日前，莱西市畜牧兽医服务中心为全市农产品和农业生产资料运输车辆办理车辆通行证106个。

（8）落实政策性农业保险支持。调整能繁母猪和育肥猪政策性保险至1 500元/头、800元/头；取消能繁母猪参保规模限制，能繁母猪存栏30头以下的养殖场（户），可直接投保；将育肥猪保险投保规模由出栏量500头（或存栏量300头）及以上调整为出栏量200头（或存栏量80头）及以上；积极配合保险公司进行现场核查投保。

三、复养增养成效

在多方协同推动下，莱西市生猪规模养殖场新建、改建及扩建工作顺利且迅速展开，增养成效显著。截至2020年4月底，莱西市存栏母猪约3.2万余头，生猪存栏23.42万头，生猪出栏14.1头。预计到2020年年底，该市能繁母猪存栏将达到9万余头，生猪存栏80万头。

（1）2019年，莱西市政府与新希望六和股份有限公司签订生猪养殖项目战略合作框架协议，项目共占地约10 702亩，总投资40亿元。项目投产后，可实现生猪年出栏200万头，形成全区域、全产业、全生态，以资源集中、城乡联动为基础的乡村振兴模式。目前新希望六和种猪场选址地块已确定，分别为河头店镇松旺庄村1处480亩、院上镇丁家庄村1处614亩、夏格庄镇崔家庄村1处120亩、夏格庄镇程家庄村1处766亩。河头店镇松旺庄村种猪场项目已于2020年3月27日进场施工；院上镇丁家庄村种猪场项目已于

2020年4月3日开工；2019年4月14日，设计存栏规模24 000头的夏格庄镇崔家庄育肥场已投入生产。

（2）莱西环山农业有限公司养猪场始建于2019年3月，建有高标准猪舍4栋，截至2020年5月中旬，母猪存栏1 160多头。公司采用"公司＋农户"模式，预计年底可出售断奶仔猪270 000头。

（3）青岛同丰苑牧业有限公司于2019年3月开工，12月完工，建成自动化猪舍7 500米^3，有母猪限位栏1 400套、产床290套，存栏PIC父母代母猪1 500多头，截至2020年5月中旬，生产仔猪12 000多头。实行"公司＋农户"方式，放养生猪10 000多头。

（4）莱西市鼎诚生猪养殖场始建于2019年8月，占地40亩，建筑面积3 000多米^2，现存栏母猪1 700余头，年可向社会提供仔猪34 000多头。

四、在复养增养和疫病防控等方面值得同行借鉴的经验、启示或建议

1. **多方协同，促行业发展**　通过政府搭台、行业主导和科技引领，推动企业养猪项目落地快、建设高标准和发展可持续。

2. **联防联控，杜绝病源**　大力开展非洲猪瘟防控与生猪复产增养专题技术培训，提高防控意识，定期抽样检测，严密部署，积极组织"大清洗、大消毒"专项行动，严把生猪违规调运，严格防疫程序，消毒工作贯穿于猪饲养的全过程及各个环节，消灭传染源、切断传播途径。

3. **全程机械化，智能环控，生猪生产逐渐工厂化**　智能通风换气，自动温控，自动饲喂、饮水、清粪、消毒，保证了猪舍的温度和湿度，为猪提供舒适的生产环境，有效减少其与外界接触，减少猪患病的机会。这为提高产仔数、增加生猪供应量、实现生猪工厂化生产奠定了基础。

4. **进行标准化饲养，实现物联网管理，保证可追溯**　严格按照标准化养殖要求进行生产管理，及时记录饲料、添加剂、兽药、疫苗等的应用和各项生产指标，及时对生产指标进行物联网管理，确保生物安全可追溯。

5. **专业分工，"公司＋农户"渐成新趋势**　养猪是一门系统工程，环环相扣。在"公司＋农户"的养猪模式中，公司做了很多专业技术方面的工作，如种猪的繁育和仔猪的哺育等。专业育肥技术含量相对较低、资本压力更小，且风险较小、利益有保障。当前这种"公司＋农户"模式将逐渐成为莱西市生猪发展的主导模式。

当前，生猪养殖面临的形势仍很复杂，如何保障未发病猪场持续平稳增产，如何继续解决好复盘猪场的全面清消和评估、硬软件的升级改造、操作流程的深化，如何解决好疫苗、饲料、屠宰、流通等关键环节的科技问题，都对工作创新、科技创新提出了迫切需求。莱西市畜牧兽医服务中心将扎实落实各项政策，群策群力，保障莱西市生猪稳产保供。

常德市中小规模场生猪复养调查与建议

目前，全世界尚无有效疫苗和药物用于预防及治疗非洲猪瘟。清除场内已经存在的非洲猪瘟病毒，并有效阻止非洲猪瘟病毒再次进入养殖场，是养殖场恢复生产成功的关键。2020年3月，笔者采取实地调查、座谈、发放问卷等方式，对常德市非洲猪瘟疫情或疑似疫情发生场中再次饲养的中小规模场（存栏母猪5头以上或年出栏50头以上的养殖场，年出栏5 000头以上的除外，以下称"复养场"）开展了调研。

一、基本情况

据调查，常德市中小规模生猪复养场共454个，其中复养成功的生猪养殖场400个，场复养成功率88.1%，共填栏生猪62 799头，其中母猪20 407头，口蹄疫、猪瘟做到了应免尽免，蓝耳病免疫率达90%以上。400个复养成功场目前共发展生猪136 597头，其中出栏49 935头、存栏86 662头；发病2 547头，发病率为1.86%，死亡2 317头，死亡率为1.7%（表1）。

表1　常德市中小规模场生猪复养情况汇总

区县市	复养成功场（个）	复养成功场填栏生猪（头）	出栏（头）	目前存栏（头）	其中母猪（头）	发病（头）	发病率	死亡（头）	死亡率（%）
鼎城	12	10 010	21 000	17 734	5 120	191	0.49%	191	0.49
安乡	62	7 790	314	8 937	1 827	486	5.25%	427	4.62
汉寿	33	5 203	869	4 524	2 803	155	2.87%	106	1.97
澧县	66	14 623	15 348	12 712	879	878	3.13%	762	2.72
临澧	36	6 391	2 184	3 900	1 522	326	5.36%	307	5.05
桃源	177	14 091	3 361	29 540	6 475	73	0.22%	73	0.22
石门	6	1 953	1 265	447	29	241	14.08%	241	14.08
津市	5	1 500	538	1 108	530	32	1.94%	45	2.73
西洞庭	3	1 238	5 056	7 760	1 222	165	1.29%	165	1.29
合计	400	62 799	49 935	86 662	20 407	2 547	1.86%	2 317	1.70

二、生猪复养模式

1. "公司＋租赁"猪场复养模式　公司租用养殖户的场地，负责实施猪场改造与生猪养殖，原养殖户仅收取猪场租金。以佳和公司为例，该公司在常德市共租赁猪场16个（津市6个、澧县3个、临澧4个、石门3个），共补栏生猪10 847头，死亡510头，目前存栏10 337头，存活率为95.3%。其中能繁母猪1 692头，后备母猪449头。佳和公司在津市新洲镇汉泗村租赁的周某某猪场，设计年出栏规模1 000头，2019年10月从佳和公司灵泉基地调入生猪400头，其中母猪100头（已配种），目前长势良好。

2. **"公司＋代养"猪场复养模式**　公司与代养场签订养殖合同，公司提供仔猪、饲料、药物、疫苗等物料，并负责技术指导和生猪销售，代养户提供养殖场地、设施设备和劳动力，每批生猪出栏后，公司向代养户支付合同约定的结算款。该模式最典型的是江西正邦科技股份有限公司的做法，该公司在常德市共发展生猪代养场32个（鼎城13个，澧县9个，临澧4个，安乡2个，石门、桃源、津市、武陵各1个），共补栏生猪43 039头，死亡3 999头，目前存栏39 040头，存活率为90.7%。桃源县漳江镇高岩村畜旺农牧有限责任公司与正邦科技股份有限公司签订养殖合同，由正邦公司负责技术指导，畜旺公司负责猪场改造和养殖，并于2020年1月16日调入第一批仔猪1 500头，3月15日调入第二批仔猪1 000头，死亡25头，死亡率为1%，目前存栏生猪2 475头。

3. **自繁自养模式**　农户购入母猪后自己繁殖育肥。如汉寿县朱家铺周某某猪场于10月20日调入母猪742头，目前存栏母猪712头，猪场生产正常；临澧县四新岗镇青林村张某某猪场于2019年10月从石门县壶瓶山购入仔猪160头，死亡4头，其中有45头母猪留种，均已配种；安乡县安障乡陈某猪场于2019年10月从湖北调入仔猪（母）214头，已配种60头，死亡11头，目前存栏203头。

4. **全进全出育肥模式**　农户一批次购入仔猪或较小育肥猪，整批育肥出栏。如石门县蒙泉镇羊毛滩村文某某猪场于2019年8月调入仔猪1 000头，死亡115头，死亡率11.5%，出栏885头。目前，该猪场正在进行改造升级，计划养殖母猪，改为自繁自养模式。

三、生猪复养成功的主要经验

1. **养殖场良好的动物防疫条件和养殖户较强的防疫意识是复养成功的前提条件**　养殖场地理位置远离村庄、集市等人口密集区，周边有森林、山脉等天然屏障，具备天然的防疫条件，非常适合复养。经历非洲猪瘟疫情洗礼后，大部分养殖户的防疫意识提升了，尤其是在落实落细防控措施方面。桃源县漳江街道官家坪社区保丰养猪场位于半山腰，进入该养殖场必须穿过一片小树林，除三轮车外，其他车辆不能进入，户主童某某复养前到该县牛车河镇、石门县维新镇养殖户周边了解情况，确认没有发生过疫情后，购入仔猪119头，运猪车辆到达桃源县后再换用农用车辆进行二次转运入场，现存栏生猪101头，其中妊娠母猪48头，出栏肥猪90头。

2. **猪场彻底清洗消毒是复养成功的关键措施**　2020年3月下旬，常德市动物疫病预防控制中心实验室共对全市181个计划复养猪场检测环境样品6 042份，其中有6个场检测出7份非洲猪瘟病毒（ASFV）核酸阳性，场阳性率3.31%，样品阳性率0.12%。这说明个别场清洗消毒不彻底，非洲猪瘟病毒仍然存在。佳和公司的16个租赁猪场首先使

用 20％的石灰乳加 2％的烧碱溶液配制成石灰混悬液，对猪舍、栏杆、猪场外路面、墙体及猪场外围 500 米内的地面进行白化处理 2 次，再反复使用烧碱、戊二醛、火焰枪等清洗消毒和熏蒸，然后连续检测 2 次（每次间隔 1 周时间），确定环境样品为阴性后再进行复养，目前存栏生猪状况良好。

3. 生物安全硬件设施设备改造升级是复养成功的重要基础 栏舍改造符合生物安全要求，建设全封闭栏舍，增加防鼠、防蚊、防鸟等设备，配备水帘、风机、暖气管，屋顶设置隔热泡沫板等防暑防寒、通风设施设备；保育舍实行高床养殖，肥猪舍有半漏缝地板；栏舍之间均做到物理隔离；在猪场大门外建设洗消站，配备消毒设备，有条件的配备烘干房；病死动物无害化处理规范，粪污资源化利用科学。正邦集团代养场、经开区薛善勇猪场等养殖场栏舍采用隔热泡沫板吊顶，将窗户改造成铝合金材质，安装通风、保温设施设备等，围墙外围全部安装防鼠彩钢板，做到整个栏舍全封闭，目前基本复养成功。

4. 制订生物安全管理制度并严格执行到位是复养成功的重要保障 第一，严把猪源关。从非疫区或没有出现过疫情的猪场引进猪种（苗），对引进生猪按照国家有关规定开展非洲猪瘟检测，确保病毒不带入场。第二，守住猪场大门。把好猪场大门，场内外人员、车辆等严格分开，互不交叉，外界车辆和人员一律不准进入猪场；场内饲养、技术等人员确需进出猪场的，严格按要求洗澡、消毒、换衣换鞋等，尽量减少进出频次；生猪、饲料等物品实行二次转运，阻断病毒传入。第三，强化日常管理。坚持做好日常消毒和管理，定期做好环境检测。做好口蹄疫、猪瘟、蓝耳病等疫病的免疫工作，加强饲养管理，提高猪群免疫力。

四、存在的问题

1. 部分规模较小的养殖户防疫意识不强 从复养失败的教训来看，有的引进来源不明的生猪，如临澧县停弦渡镇九龙村胡某某养猪户，于 2019 年 10 月底，以 3 000 元/头的价格从某省购入 13 头母猪，均重 15 千克/头，后经别人介绍，又于当年 11 月从该省购入来源不明的仔猪 37 头，三天后开始发病，陆续出现死亡，最终导致全军覆灭。

2. 防控非洲猪瘟技术水平不高，生物安全漏洞大 有的中小规模场选址不合理、设计布局不科学、制度不健全、管理不到位、防疫条件及环保要求不达标，远远达不到非洲猪瘟防控生物安全要求。有的养猪场未进行防蚊、防鼠、防鸟等生物安全改造，防寒降暑、消毒设施不全，清洗消毒不彻底，饲料、人员、车辆、物品等进出管控不严，种猪精液来源不可靠，生猪、饲料等未做到二次转运，病死猪处理不规范，没有做到全进全出或自繁自养等，这些均可能造成病毒污染。

3. 资金短缺，制约生猪复养 受非洲猪瘟疫情影响，部分养殖户损失较大，有的甚至背负了较多债务，无力再发展生产。以前年出栏上千头的猪场，因非洲猪瘟和资金的双重风险，不得不大大缩小养殖规模。如澧县城头山良种繁育基地，疫情之前年存栏能繁母猪 500 头，年出栏育肥猪 1 万头，该基地于 2019 年 7 月出现可疑疫情后清场，自 2019 年 9 月开始，投入 100 万元用于猪场生物安全改造，已预订了 300 头后备母猪，但因资金短缺，计划先养殖 100 头。

4. **猪源紧缺，价格高涨，不少养殖户望而却步** 当前二元后备母猪（50千克）价格达6000元/头，往年一般为1300~1600元/头；仔猪价格达2300元/头，往常为300~400元/头，高出往常5~6倍。受全国非洲猪瘟疫情影响，再加上全国大型养猪企业均在抢夺猪源等因素，导致猪源紧张、价格高涨。受此影响，石门县共空栏132户，其中16户转型养殖家禽，生猪复养仅6户，还有110户在观望，占比83.3%，存在较大的复养潜力。

5. **大环境不安全，对生猪复养构成较大威胁** 非洲猪瘟疫情期间，生猪急宰进入冻库的冻肉、农户家中的腊肉及肉制品数量较大，无法统计；清洗消毒不彻底的运输生猪车辆、未经收集处理的泔水、非法调运的生猪及猪肉制品等极易造成病毒重复污染，对生猪生产造成威胁。2020年3月以来，农业农村部已公布多起在生猪跨省调运环节发现的非洲猪瘟疫情，跨省调运生猪风险较大。

6. **动物防疫体系不完善，服务质量不高** 非洲猪瘟防控对县乡动物防疫体系提出了更高的要求，有的县级疫控中心虽已购买非洲猪瘟检测设备，但因场地、检测技术力量不足等原因，县级非洲猪瘟检疫实验室未建设到位，不能为中小规模场提供便捷的检测服务；乡镇动防员队伍年龄老化、青黄不接，人员配备不足，技术水平普遍偏低，工作精力不集中，严重影响动物防疫服务质量。

五、建议

1. **猪场选址要符合动物防疫要求** 建议处于较低地势，在种猪场和规模场（年出栏1万头以上）、生猪屠宰场、交易市场及病死动物无害化处理场周边3千米范围内，距离交通主干道和人口密集的集镇、医院、教育机构等周边500米范围内的中小规模养殖场不要急于复养，但周边有山脉、河流等天然屏障或人工隔离屏障，经动物防疫风险评估后可以养殖的除外。

2. **要因场制宜选择复养模式** 生猪复养要因场制宜、分类进行、科学复养。

（1）对那些年出栏规模可以达到1000头以上的养殖场，建议选择"公司+租赁"或代养猪场模式，这种模式最适合受防控技术和资金双重制约无力再进行独立生产的养殖户。其优点是不仅能获得大公司的先进防控及养殖技术，而且能获得雄厚的资金保障，可以更好地应对非洲猪瘟的威胁，最大限度地化解疫情和资金风险。如正邦公司在常德市成功复养，解决了农户最担心的非洲猪瘟防控问题，且公司和农户都从合作养殖中获得了利益。

（2）小规模养殖户可以根据自身的经济条件和能力，量体裁衣，压缩规模，适当引进母猪数量，低密度养殖，并依托大型饲料公司良好的技术服务及官方防疫机构的培训指导，提高生物安全和养殖管理水平。其优点是可以实现利润最大化，缺点是周期长，需要一年多的时间，非洲猪瘟潜在风险大。

（3）养殖户采用全进全出育肥模式。购买仔猪育肥出栏的优点是养殖周期较短，少则4个月多至半年便可出栏，周期短可降低非洲猪瘟发生的风险，不用担心母猪的安危；也可购入较小的肥猪实行育肥，待养至150千克左右再出栏。该方式在当前生猪短缺，饲料

报酬高的情况下也可获利，但其防控安全是小养殖户需要注意的问题。

3. 复养场要实施"一场一策" 恢复生产是一项基于生物安全的系统工程，涉及许多设施条件、防控技术和管理细节。不同养殖场规模及其生物安全情况不同，生产恢复方法无法完全统一。因此，中小规模场要根据农业农村部及湖南省制定的《复养技术指南》和本场实际情况，做到"一场一策"，在选址、设计布局、制度建设、管理、防疫条件及环保等方面达到非洲猪瘟防控生物安全要求。养猪场要实行封闭饲养，要有通风换气设备，保育猪舍要实行高床养殖，育肥猪舍要有半漏缝地板，栏舍之间要物理隔离，要实行防蚊、防鼠、防鸟等生物安全改造；清洗消毒设施要配齐；清洗消毒要彻底，并开展环境非洲猪瘟检测；饲料、人员、车辆、物品等进出要严格管控；种猪精液来源要可靠；要安装水帘降暑，屋顶加泡沫隔热设备，舍内安装暖气管等保暖设备；生猪、饲料等要做到二次转运；病死猪处理要规范；粪污处理要科学；要做到全进全出或自繁自养等。

4. 开展办点示范，强化复养技术培训与推广

（1）每个县都要办 2～3 个生猪复养点，选择有代表性并可复制推广的复养场和复养模式，如选择 30～50 头母猪的自繁自养场，制订工作方案，安排办点经费，明确办点人员，全程进行复养技术指导，努力推进当地生猪复养。

（2）各地可以通过建立微信群、QQ 群，发放技术资料，举办培训班和现场指导等方式，对每名乡村防疫员、养殖户进行培训指导，大力宣传生猪复养技术，学习国家相关政策；也可依托大型养殖、饲料企业的技术资源，努力提高养殖户的复养技术水平。

5. 加强动物防疫体系建设，落实非洲猪瘟防控综合措施

（1）加快县级非洲猪瘟检测实验室建设，各个区（县、市）要完善软硬件设施设备、配齐检测人员，尽快具备聚合酶链式反应（PCR）检测能力。

（2）推广石门蒙泉"公司＋乡镇站"联合检测模式，即当地较大的养殖公司出资购买PCR 检测设备，并提供检测技术人员和检测耗材，乡镇动防站提供检测场地等，为公司及当地生猪养殖户开展非洲猪瘟 PCR 检测服务，为科学复养提供技术支持。

（3）加强乡镇动防队伍建设。动物防疫员退休后要及时补员，编制不得挤占，努力做到防疫力量与当地防疫工作相适应，落实动防员有毒有害津贴等各项待遇，提高其工作积极性。

（4）非洲猪瘟防控不得松懈。各级要进一步强化非洲猪瘟监测排查、清洗消毒、调运监管、泔水管控、检疫监管、屠宰监管、市场监管和疫情处置等措施，努力营造一个安全的大环境。

6. 加快生猪复养政策落实落地

（1）落实生猪保险政策，实现保险全覆盖。要落实能繁母猪和育肥猪保险政策，小散户生猪育肥猪保险以乡镇、村为单位，做到应保尽保。

（2）解决融资难题。建议银行贷款、国家奖补资金向年出栏 500 头以上的中小户倾斜，帮助中小养殖户渡过难关，增强其养殖信心。

（3）落实用地、环保等政策，支持养殖户猪场改扩建，尽快改善复养场基础设施条件。

梅县干部"点对点"服务企业
促进生猪复养增养

——广东省梅州市梅县区促进生猪复养增养经验

梅县区坚决贯彻落实习近平总书记关于要抓好生猪产能恢复的重要指示精神，按照国务院关于稳定生猪生产保障市场供应的部署和省委省政府、市委市政府的工作要求，落实好有关政策措施。在切实做好疫情防控工作的同时，加快原有大型规模养殖场升级改造，推进新建现代化高标准生态型生猪养殖建设，生猪产能恢复工作取得了明显成效。

一、加强领导与组织，推动复养增养

区委、区政府高度重视生猪产能恢复工作，多次召开专题会议研究部署落实生猪稳产保供和推进"菜篮子"供应保障工作，跟进重点项目，落实建设进度。建立了领导干部与畜牧企业定点联系制度，采取"点对点"服务方式，强化政策指导服务，了解规模养殖场生产建设情况，及时征询企业对恢复生猪生产政策的建议，协调帮助企业解决生产中遇到的难题，督促项目建设及生产进度。

二、引进技术与资金，促进复产增养

（一）积极引进大型生猪企业，增加养殖量

积极引进实力强的大型企业建设现代化养猪场，加快形成高质量产能。引进广新控股集团在梅西镇石赖村投资 2.8 亿元新建年出栏 30 万头的标准生态型养猪场，目前已开工建设，预计 2020 年年底可以投入生产。引进正大康地集团在松口镇梓育村投资 3.5 亿元建设正大康地（梅州）原种猪有限公司，年可出栏 10 万头，预计将于 2020 年 10 月投产，将大大缓解梅县区种猪短缺的情况。

（二）引进大型企业入股升级，改造原有企业

梅州生原现代农业有限公司是梅县区招商引资的一家农牧企业，位于梅县区南口镇太和村，成立于 2008 年 4 月，注册资本 500 万元，占地 1 200 亩。公司主要从事良种猪繁育、生猪品种改良、商品猪养殖等，主导产品主要有优质纯种公猪、母猪、二元杂母猪以及部分三元杂猪苗、无公害三元杂商品肉猪等。常年母猪存栏 1 300 头，2018 年出栏生猪

约 2 万头，资产总值超过 3 000 万元。受非洲猪瘟影响，该公司原有栏舍已不适合现在的疫病防控需要。2019 年，在政府引导下，该企业采用股份并购模式与双胞胎集团强强联合，投资 1 800 多万元对现有栏舍进行现代化、智能化升级改造，完成后能达到存栏能繁母猪 6 000 头的规模。

三、做好服务、争取资金，加快复养增养

加快生猪产业转型升级。梅县区统筹兼顾恢复生猪生产和产业转型升级，以养殖场生物安全和粪污资源化利用为重点，组织专业技术人员通过线上培训和线下指导多种形式，全面推广应用标准化生态健康养殖技术，指导养殖场户更新升级自动化、智能化设施装备，完善粪污处理设施，严格落实各项防疫措施，有序补栏，提升生猪生产水平。引导鼓励大型规模养殖场开展兼并重组，带动中小养殖场升级，加快规模产能扩张。

争取上级项目扶持政策。积极做好 2020 年"补短板"入库项目申报工作，有 4 家生猪养殖企业申报，总投资 8 177 万元，申请财政资金 1 500 万元。落实好能繁母猪、生猪养殖保险的投保工作，降低养殖风险。

落实生猪生产红线制度　精准施策扶助生猪增产

——广东省汕头市稳定和恢复生猪生产案例

一、基本情况

2018 年 8 月至今，历时两年多的全国性非洲猪瘟防控战尚在进行，对生猪产业冲击极大。中央 1 号文件提出"加快恢复生猪生产，确保 2020 年年底前生猪产能基本恢复到接近正常年份水平"。汕头市委市政府高度重视生猪稳产保供工作，迅速落实党中央、国务院及省委省政府工作部署，出台实施扶持措施，取得了阶段性成效。

二、复养增养主要措施

（一）高站位、早行动，迅速推动上级部署落实落地

2019 年 9 月以来，汕头市委常委会议、汕头市政府常务会议多次对生猪稳产保供精神进行贯彻落实和专题研究部署，马文田书记强调生猪稳产保供事关基本民生和社会大局，要坚决抓实抓细，迅速稳定和恢复生猪生产，提高猪肉市场供应保障能力。郑剑戈市长在潮南区汕头市德兴台隆生态农业有限公司召开现场会，专题调研、部署和督导稳定生猪生产保障市场供应工作。2019 年 9 月底，市政府常务会议审议通过《汕头市关于加强生猪稳产财政扶持的若干措施》，从土地供应、地方财政支持、疫病防控等方面全力调动生猪生产积极性，以实际行动扎实做好稳定生猪生产和保障猪肉市场供应等工作。

（二）抓关键、重实效，迅速提高恢复生猪生产的积极性

汕头市专门制订出台《汕头市稳定生猪生产保障市场供应工作方案》，进一步落实落细中央及广东省一系列扶持生猪生产发展的政策措施。2020 年，市级财政计划安排稳定生猪财政扶持项资金 1 965 万元，用于建设以下内容：一是对全市生猪规模场的能繁母猪每头给予养殖补贴 200 元，补贴期限 3 年；二是至 2020 年年底，对新建、改扩建后年产能达到出栏生猪 2 000 头（含）以上 5 000 头以下、5 000 头（含）以上 10 000 头以下、10 000 头以上的规模场分别给予 100 万元、150 万元、200 万元的一次性补助资金；三是从 2020 年起，对承担全市任务的濠江、澄海、潮阳、潮南区年出栏 5 000 头（含）以上产能的新建、改扩建养殖场，租地租金给予每年每亩 800 元补贴，补贴期限 10 年；四是从 2019 年 5 月 1 日至 2020 年 12 月 31 日，参照中央、省级流动资金贷款贴息标准，在上级贷款贴息补贴标准的基础上，对种猪场、规模猪场（户）流动资金贷款按不超过 2% 的

利率给予短期贷款贴息补助，重点支持种猪场、规模猪场（户）恢复和扩大生产，稳定基础产能。同时，修订《汕头市生猪生产发展总体规划和区域布局（2018—2020 年）》，并主动将省政府下达给汕头市的 2020 年生猪规划任务 40 万头提高到 50 万头以上。落实生猪生产红线制度，将生猪出栏量任务分解到澄海、濠江、潮阳、潮南 4 个行政区。

（三）树典型、立标杆，大力实施生猪产业园区建设

汕头市以实施潮南区生猪产业园区建设为牵引，树典型、立标杆，以点带面，辐射全市生猪规模养殖场，大力提升生猪养殖能力建设。潮南区生猪产业园总投资 20 080 万元，其中使用省级财政资金 5 000 万元，地方统筹配套资金 5 000 万元，企业自筹资金投入 10 080 万元。拟大力推进生猪产业"生产＋科技＋加工＋品牌＋营销"的全产业链发展升级，建成一批绿色生态生猪种养标准化大基地、生猪产业集群融合发展的大加工、产学研协同创新的大科技。培育大企业和企业集团，建立以骨干企业为龙头，大、中、小企业相匹配，产业链衔接的产业集群，做大做强生猪产业，为生猪产业发展探索路子、积累经验、创建模式。

（四）强服务、提素质，努力为生猪养殖单位排忧解难

省政府召开生猪稳产保供会议后，汕头市农业农村局成立了由党组成员、总畜牧兽医师任组长，以市农业农村系统内的畜牧兽医专家为成员的技术专家组，定期或不定期组织专家到养殖一线，在养殖、防疫、信息等方面开展指导工作，组织专门业务培训，提高基层一线工作人员的业务水平。已开展培训 10 场次，培训人员近 1 000 人。同时，结合"不忘初心、牢记使命"主题教育活动，深入开展生猪产业发展现状及对策的调研活动，对产业发展进行摸查论证，努力为生猪养殖单位解决各类实际困难。

三、复养增养成效

通过一系列的政策措施落实，最近的监测数据反映，汕头市肉猪存栏已连续三个月稳定，已遏制住生猪生产下降的趋势，特别是后备母猪存栏数量增加较快，生猪产能正逐步恢复。

潮南区生猪产业园总投资 20 080 万元，该园区自 2019 年 3 月获批，6 月开工建设。预计到 2020 年 10 月底，产业园建设将全面竣工。届时，产业园将形成生猪良种繁育、肉猪养殖、加工、物流、研发、服务、品牌营销等产业纵向一体和横向互补的现代农业产业集群，成为汕头市现代农村农业产业一张响当当的名片。

优质高效建种场　生猪保供增养忙

——重庆市合川区原种猪场引种增养经验

合川区是重庆市最大的生猪产区和重要保供基地，生猪出栏量连续多年保持全市第一。重庆市合川区原种猪场建成投产，助力了合川区乃至重庆市稳定生猪生产发展，增强了生猪稳产保供能力。

一、猪场基本情况

重庆市合川区原种猪场位于合川区太和镇米市村幸福山，地势高而平坦，地形封闭独立，四面环山陡峭，空气流畅，具有得天独厚的养殖条件。该场由合川德康公司按照国家核心原种猪场等级建设，布局合理、功能分区、设施先进、配套完善，2019 年年底已投产，年可提供种猪 3 万头、商品仔猪 4 万头。

二、引种增养主要措施

1. 抢工期抓进度，"加速度"推进项目建设

（1）强化组织协调。地方政府对原种猪场建设项目实行一事一议，召集畜牧、环保、财政、交通、电力等部门协调解决建设用地、用水用电、道路交通等问题，加快了猪场建设进度。

（2）加强建设指导。合川区畜牧兽医中心组成工作专班，为猪场的科学选址、规划建设、生物安全防护等提供全方位的技术服务指导。

（3）优化行政审批服务。优化引种流程，实现 3 009 头种猪一次性成功引种，确保猪场建设竣工后及时投入生产并快速实现产能目标。

2. 建设施严管控，筑牢生物安全防控体系

（1）建立"5＋3＋2"生物安全防护体系。场外 5 道防护包括：①洗消中心，对猪场 2 千米内的所有车辆进行高压冲洗、迷雾熏蒸、高温 80 ℃ 密封烘干，达到杀菌消毒的作用；②转猪台，生猪出栏时用干净专用的中转车把猪只转运到远离猪场的转猪台，拉猪车再把猪只拉走；③主干道消毒，消毒洒水车每天对主干道进行消毒；④设置关卡消毒，在进入猪场区域主要路口设置车辆消毒关卡；⑤前置洗消点，车辆入场前再次洗消，在隔离缓冲区配套完善防虫、防鸟、防鼠设施。场内 3 道防护即在猪场内建立隔离区、生活区和生产区独立洗消通道，对进入这 3 个区的所有物资、人员进行严格洗消。2 个专门道路防

护即实行净道和污道分离,防止交叉污染。

(2) 严格疫病监测。引种前和隔离期间分别进行非洲猪瘟检测,均为阴性方可进群饲养。

(3) 严控运输环节污染。严格管控车、物、人、猪的进出,对运输全程各个节点进行严密规划,运输途中尽量不停车、不进入服务区,规避风险点。

3. 落实资金强化政策,助力引种增养提速 合川区整合了生猪调出大县、生猪稳产保供、畜禽粪污资源化利用、乡村道路建设等财政资金,并争取落实了央行专项贷款等政策资金,支持猪场的基础设施建设和引种,提升引种增养速度。

三、引种增养经验

1. 协调联动,提供优质营商环境 合川区原种猪场是合川区政府引进德康集团签约"100万头生猪产业一体化建设暨生态循环处理建设项目"的重要一环,区政府高度重视,建立了专门的协调机制,推动项目实施建设。

2. 引入智能科技,提高生产效率 猪场运行引入人工智能技术,大大提高了科学养殖、疫病防控水平,降低了养殖成本,提高了生产效率。

3. 严格防控措施,为增养提供保障 "5+3+2"生物安全防护体系、严格的疫病监测手段以及对场区进出的严格管控等措施,都为猪场引种增养成功提供了保障。

4. 加强政策引导扶持,助力猪场建成投产 财政等有关资金的落实和支持保障了猪场的建设进度,确保了一次性引种成功并顺利投产。

调结构　转方式　铺开生猪复产新路子

——夹江县生猪复养经验典型

夹江县地处四川省西南、乐山北大门、成都 1 小时经济圈。长期以来，该县畜牧业保持着持续发展的强劲势头，2016 年被省政府认定为 2013—2015 年畜牧业重点县。2019 年，受非洲猪瘟疫情影响，生猪产能急剧下降，该县始终坚持将生猪复产作为农村发展的最大机遇，以调结构、转方式为抓手，优化区域布局，提高规模化养殖水平，充分利用大公司资源、资金和技术等优势，以大带小、以强带弱，科学布局一批规模化高标准现代化猪场，积极构建"政府＋企业"协作机制，积极探索生猪复产新模式，树立生猪复产典型，走出了一条生猪复产新路子。

一、基本情况介绍

夹江县和牧源农业科技公司位于乐山市夹江县黄土镇茶坊村，年设计出栏生猪 6 000 头，圈舍采用全封闭水帘降温、地暖增温，配套全漏缝育肥圈、保育圈，"隧道通风＋地沟通风"模式。

2019 年 3 月，公司引进猪苗进行饲养，7 月 26 日检测出非洲猪瘟阳性，7 月 27 日对 456 头猪只进行扑杀无害化处理。为应对异常严峻的非洲猪瘟防控形势，全力保障生猪供应，提高养殖户恢复生产的信心，夹江县积极响应中央及四川省生猪复产计划，将和牧源猪场定为省级非洲猪瘟复养示范点，量身定制复产方案，依托四川农业大学、省疫控中心提供的强有力的技术支撑，以"强化疫情防控，稳定生猪生产"为理念，转变养殖思路，升级养殖设备，调整养殖模式，取得良好成效。目前，该场存栏生猪 2 200 头，预计年出栏达 4 000 头。

二、复养增养的主要措施

(一) 构建生猪复产协作机制

为科学指引县域生猪产业复产增产，避免在高行情下的盲目复产，有效防控市场风险，由夹江县农业农村局搭建平台，着力构建"龙头＋主体＋统筹"的协作机制。与牧源养殖场及乐山正邦养殖有限公司达成战略合作协议，乐山正邦和县农业农村局成立非洲猪瘟复产专项小组，共同配合，全力做好有关复养增养工作。

（二）制订科学的复养方案

瞄准"非洲猪瘟风险防控"目标，以和牧源农业科技公司猪场环境条件为基础，结合省市专家指导及正邦防控理念，制订科学的复养方案：

1. **创新"四区五流"分区模式**　严格将猪场划分为 4 个区域，做到独立分区、互不交叉。

（1）四区。

① 隔离区：三级洗消点、高压清洗机、消毒平台、烘干棚、上猪台、人员物资消毒洗澡房、中转料塔。

② 生活区：猪场围墙、隔断、进入生产区消毒间。

③ 生产区：挡鼠板、防蚊网、分区隔断、猪舍实体隔栏。

④ 环保区：隔断、无害化处理区。

（2）五流。严格控制猪场的五流（人、车、物、猪、水）互不交叉接触，有效促进风险防控。

2. **生物安全硬件改造**　全面升级改造生物安全硬件设施设备，建立三级防控体系，即三级洗消，二级中转，一级防控。

（1）三级洗消。配置冲洗平台及高压冲洗机，对进场料车及猪车进行全面冲洗消毒。

（2）二级中转。配置人员隔离区、中转料塔、人员洗澡消毒换衣间、移动上猪台、物资中转房。

（3）一级防控。生产区、生活区及环保区全部用彩钢板（挡鼠板）进行隔断，在不同区域的唯一进出口设置消毒换衣间。风机、水帘等全部增加防蚊网，圈舍屋顶全部安装驱鸟器。圈舍内栏杆全部用铁皮封闭，避免不同圈舍猪只接触。

3. **制订"12 天计划"（栏舍清洗消毒）**　具体流程及标准见表 1。

表 1　12 天计划

时间节点	项　目	操作流程及标准
9 月 15 日	整理整顿、清扫清洁	1. 整理猪舍内所有剩余的可清理物资，无二次利用价值的物品一律销毁，保留可二次利用的物资 2. 可利用物资先进行外表清理或高压冲洗，能浸泡的用浓度 2% 的碱水浸泡 4 小时，浸泡后集中存放在干净的库房内，再进行熏蒸消毒处理后封存 3. 使用前再进行烘干、熏蒸处理
9 月 16 日— 9 月 17 日	高压清洗	1. 冲洗消毒流程：将所有猪舍、库房、生产区内部转猪通道、生产区外围过道和空地、无害化处理区、车辆及物品从上到下，从里到外，按照冲洗—泡沫—冲洗—泡洗—冲洗的顺序冲洗 3 次。冲洗完成后进行视觉检查，检查合格后进行干燥、消毒 2. 漏粪板拆开清洗 3. 饮水嘴全部拆开，使用消毒水浸泡 2 小时以上；所有能够浸泡的物质必须使用消毒水浸泡
9 月 18 日	风干干燥	通风干燥前注意清理地表积水，打开风机抽风风干

（续）

时间节点	项 目	操作流程及标准
9月19日	烧碱消毒	1. 将栏片、料管、工具等可浸泡的物资放入粪坑内，粪坑内注入与漏粪板高度相同的浓度2%的碱水，确保持续浸泡24小时。进出人员要严格换衣、换鞋，穿好防护设备，避免二次污染 2. 使用强化消毒剂（浓度2%的碱水＋0.2%的洗衣粉）从下到上，依次对粪池壁、漏缝板底部、漏缝板上部、栏位、食槽、设备、墙壁、通风管、房顶、天花板等处进行无死角喷淋
9月20日	火焰消毒	1. 准备：使用大罐液化气和多喷头一字型喷火枪 2. 按从下往上的顺序对栋舍粪池、地面、水槽、栏位等可过火的地方进行彻底、全面的火焰消毒 3. 重点区域：粪池阴角处、漏粪板及与地面接触的缝隙、漏缝板间空隙处、漏缝板孔的两端夹角处、铁栏杆与地面接触缝隙、食槽落脚点及阴角面。停留时间不低于10秒
9月21日	熏蒸	多聚甲醛熏蒸：用5克/米^{3}多聚甲醛加热熏蒸消毒24小时，熏蒸前确保猪舍密闭
9月22日	无菌采样	1. 在猪舍各个有代表性的部位（粪池地板、拔粪塞、漏粪板、水槽、栏位、电器盒、门口、钢构横梁檩条、立柱、屋顶与墙面交互处的檐口、风机叶面、猪舍生产工具等）进行擦拭取样，封装标记送检 2. 注意事项：采样人员严格按照"有猪生物安全模式"进入猪舍，进入栏舍必须换本栋栏舍的专用鞋
9月23日	白化	1. 栏舍及猪舍内外墙壁及地面使用10%的石灰乳白化 2. 在场内未硬化的土地撒生石灰粉 3. 在场内死猪处理区土地表面撒20厘米厚的石灰
9月24日—9月26日	空栏	空置2～3天，开启风机风干干燥、通风

（三）进苗后生物安全的风险把控

具体的风险把控见表2。

表2 风险把控

事 项	风险把控点
养户管理	养户进苗后前25天禁止外出；除正邦公司人员外，其他人员禁止入场 养户每天进猪舍前应更换干净的工作服，下班后浸泡消毒30分钟后清洗 猪舍门口设置脚踏消毒盆和洗手消毒盆，每天更换消毒液；放置靴子，进出猪舍更换 每2天使用卫可、冰醋酸、戊二醛等带猪消毒1次，过道及进出生产区主过道、生活区使用烧碱每天消毒1次

（续）

事　项	风险把控点
养户管理	饲养2栋以上的养户，由专人饲养，不得窜栋
	饲料房、饲料中转房、药房安装紫外灯，每天过夜紫外消毒，饲料中转房同时需要配合臭氧消毒机使用
	周边存在疫情的养户的饮水每天需添加漂白粉消毒，严禁使用河水
物资管理	食材及其他物资由管理员或其家人代买，养户禁止外出购买，禁止采购猪肉及其相关制品
	所有物资、食材进场时使用卫可对表面进行喷雾消毒，同时用臭氧消毒2小时
死猪处理	场内掩埋：在场内掩埋点、化尸池50米处放置靴子，每次处理死猪必须更换专用靴子，场内掩埋需使用生石灰覆盖，化尸池定期投放烧碱

三、复养增养成效

乐山正邦公司于2019年10月16日从傲农新泽希采购仔猪（20千克）1 100头进行复养，在育肥期间（2019年10月16日—2020年2月9日）共正常死亡93头（由于猪苗小，死亡率增高）。正邦公司于2020年2月6日向农业农村局提出书面申请，对和牧源猪场的生猪进行整体销售出栏，并对和牧源养殖场的生猪进行了非洲猪瘟10％的抽样检测，检测结果均为阴性。夹江县黄土畜牧兽医站严格按照生猪产地检疫规程（2月9日—2月16日）对和牧源猪场的979头生猪进行了检疫，合格后全部销往乐山市中区，销售均重120千克。正邦公司于2020年4月20日再次增产进苗2 200头，进苗均重21.5千克。截至2020年5月10日，累计死亡9头，目前猪群情况稳定，涨势良好。

四、经验总结

一是科学规划布局。严格落实"不靠近、不接触"原则。不靠近即规划布局上的大防控，不接触即细节上的各项管理，包括落实、监督、检查和流程设计。

二是严格区域划分。养殖场严格按照四区五流模式进行新改扩建，做到独立分区，互不交叉接触，有效促进风险防控。

三是创新复产模式。夹江县农业农村局和正邦公司达成协议，采取"政府＋龙头企业"合作模式，以大带小，以强带弱，带动夹江县生猪产业复养增养。

目前，正邦公司与和牧源猪场、文琪猪场、民旺猪场、佳瑞合作社等达成合作协议，合作代养养殖规模达2.5万头。下一步计划新增存栏规模1.5万头的母猪繁育种场1～2个，2021年在夹江县内完成存栏规模生猪8万头、年出栏16万头的发展目标，现已完成选址和项目规划。

提升防控技术能力　激活生猪养殖动能

——贵州省遵义市播州区复养增养经验

一、生猪养殖现状及基本情况

非洲猪瘟疫情在我国发生以来，造成全国猪肉产品阶段性供给短缺，畜禽产品价格持续快速上涨。非洲猪瘟及生猪产业、猪肉消费等成为当前消费的热点话题。一是养殖现状堪忧，"不敢养"冲击着养猪户的信心。遵义市播州区为全国生猪调出大县，生态畜牧业已调整为区主导产业之一，生猪养殖已成为区产业助推脱贫攻坚的重要抓手。自非洲猪瘟入侵中国以来，很多养殖户还是谈猪色变而"不敢养"，严重影响养殖户的养殖积极性，使得全区生猪出栏量、猪肉产量、生猪存栏量均有所下降。二是观望成了主流。养殖户从事生猪养殖本身就成本高、风险大、利润薄，面对突如其来的非洲猪瘟疫情冲击，即使播州区并未发生非洲猪瘟疫情，很多中小养殖户还是养殖信心全无，不敢全力投入到扩大生猪养殖中去，一直抱着观望态度，导致存栏不足甚至空栏现象严重。

二、复养增养的主要历程和采取的技术措施

（一）复养增养的主要历程

为破解生猪养殖"信心不足"的难题，增强复养增养动力，播州区针对生猪存栏下滑情况和猪肉价格持续上涨态势的现实状况，采取了一系列的措施。在组织领导上，区委区政府将生猪补栏复养作为脱贫攻坚"夏秋决战"的重要内容，成立了区非洲猪瘟防控指挥部，于2019年9月下发《遵义市播州区非洲猪瘟防控应急指挥部关于切实做好生猪生产供应相关工作的紧急通知》，迅速摸清家底，建立全区生猪散养户、养殖大户、规模场存栏台账；按照生猪重30千克、30～70千克、70千克以上的标准，预判出栏时间，制订月出栏计划。在宣传引导上，召开村民代表大会、村民小组会议、院坝会等不同形式的会议引导养殖户，鼓励养殖户重拾信心，支持尽快补栏、恢复生产。

（二）复养增养管理及技术措施

为破解生猪养殖产业补栏"后劲不足"的难题，播州区采取了一系列政策和技术措施，着力增强生猪养殖补栏后劲，具体措施如下：

1. **加强协调，推动生猪复产发展**　播州区人民政府把"稳定生猪生产，保障市场供给"作为一项政治任务来抓，不折不扣落实有关文件精神。一是区人民政府成立了以区委

副书记、区长为双组长的工作领导小组，领导小组下设生猪产业复养发展、市场产品供给、价格监控三个专班。二是高频调度和督促。猪肉供给问题不仅关系人民群众"菜篮子"的问题，更关系全面建成小康社会的成效。播州区生猪量较大、养殖企业较多，区委区政府将生猪复养增养列入区委常委会、区长办公会等议事日程，科学决策，高频调度，始终坚持"两手抓"，一手抓好非洲猪瘟防控不放松，一手抓生猪产业大发展。

2. **加强要素保障，助力复养发展**　一是加强财政资金支持。用好、用活省级财政资金政策，提升养殖户补栏、扩产积极性，解决养殖户"不敢养""没钱养"和"没地养"的问题。二是推进生猪保险工作。最大限度减少生猪养殖户损失，帮助生产农户抵御市场风险。目前，播州区已完成商品猪死亡保险 157 630 头，能繁母猪死亡保险 30 584 头，价格保险 46 344 头。三是推进信贷担保服务。积极为种猪场、规模猪场（户）提供信贷担保服务，加大对生猪产业的信贷支持，增加资金投放，提高生猪产业贷款比例。四是强化农机购置补贴，将全国农机购置补贴机具种类范围内所有适用于生猪生产的机具品目全部纳入补贴范围。五是保障生猪养殖用地。取消 15 亩上限的生猪规模养殖场附属设施用地；生猪养殖用地在不占用永久基本农田的前提下，合理安排生猪养殖用地空间，允许生猪养殖用地使用一般耕地，作为养殖用途不需耕地占补平衡；鼓励利用农村集体建设用地和"四荒地"（荒山、荒沟、荒丘、荒滩）发展生猪生产。六是优化生猪发展环境。强化环境影响评价服务，按照"放管服"改革要求，为新建、改扩建规模猪场开辟"绿色审批"通道，快速办理环评手续，帮助项目尽快落地；对生猪养殖、种猪繁育用电执行农业生产用电价格。

3. **壮大规模化养殖，提升生物防控能力**　播州区经过反复研判，认为只有加快生猪规模化发展才能有效预防和控制动物疫病发生，扭转非洲猪瘟疫情带来的生猪产能下降的影响，破解市场保供不足。于是，播州区把"稳定生猪生产保障市场供给"作为一项政治任务来抓，对标当前播州区生猪产业发展的短板，加快模式创新、机制转变、招大引强，瞄准壮大生猪产业规模发展方向。播州区积极引入在国内有一定实力的公司助力播州生猪产业发展，建设了区内新民镇、西坪镇、泮水镇 3 个温氏种猪场。截至 2019 年 11 月 29 日，建设竣工 114 栋，单批存栏 93 480 头；主体建设完成 95 栋，单批存栏 115 020 头；在建主体 25 栋，单批存栏 33 240 头；"三通一平"完成 13 栋，单批存栏 11 520 头。温氏家庭农场现存栏生猪 41 467 头，已出栏 77 103 头；公司带动贫困户、家庭农场 661 户。

4. **加强部门联动，稳定市场供应**　一是积极推动建立产供销联结机制。由农业农村部门牵头，商务、综合执法部门配合，根据各大型超市、农贸的市场销售情况，积极促成生猪养殖企业与屠宰加工企业达成产供协议；由商务部门牵头，促成屠宰加工企业与各大型超市达成供销协议，确保猪肉供给。二是严格要求各猪肉销售企业、商户在猪肉市场未恢复正常价格期间，遵守相关法律法规，不囤积居奇、哄抬物价，并通过消费者协会向消费者做出书面承诺，确保非正常价格期间，猪肉及相关肉制品销售价格利润不超过正常销售价格期间利润。三是加强对区内大型超市、集贸市场猪肉及肉类产品的价格监测，密切关注猪肉及相关联产品价格波动情况和群众反应。

5. **严防严检，狠抓猪肉及其产品的市场监督管理** 一是食品加工环节。督促检查猪肉制品生产加工企业、小作坊严格落实食品安全主体责任和非洲猪瘟防控责任，加强对采购生猪产品的管控和溯源管理。二是食品销售环节。督促检查生猪产品市场开办者和销售者、商场超市、专卖店、冷冻库严格落实食品安全主体责任和非洲猪瘟防控责任。严格检查上市猪头的"两章两证"，并指导经营者规范经营行为。三是餐饮服务行业。督促检查餐饮服务提供者、单位食堂严格落实食品安全主体责任和非洲猪瘟防控责任，指导餐饮单位规范餐厨剩余物处理，坚决禁止餐厨垃圾流向生猪养殖场。目前已出动执法力量 2 000 余人次，开展餐厨废弃物处置工作专项检查，检查餐饮单位 13 000 家（次）、农贸市场猪肉摊位 3 688 户（次）、超市 356 家（次）、冷库 184 家（次）、肉制品生产企业 46 家（次），签订承诺书 4 000 余份，发放宣传资料 5 000 余份，下达责令整改通知书 96 份。四是加强宣传，引导舆情。加强正面宣传和舆情监测，做到价格自律、诚信经营，对散布谣言的及时辟谣，正确引导舆情。

6. **细化消毒净化措施，杀灭病原** 一是持续做好消毒灭源。实施养殖等重点环节"日消毒"和散户"周四"消毒行动，坚决杀灭病毒，严防病毒入侵；持续做好排查监测，按照规模场"一日一排查"、散户"一周一循环"的要求开展排查监测，彻底消除隐患风险。二是营造群防群控氛围。加大对非洲猪瘟等重大动物疫病防控知识的宣传和普及，增强农民自身的防控本领，营造群防群控氛围。三是严守卡点检查不放松。各检查点务必 24 小时值守岗位，全面开展"两必查"和进入播州车辆消毒。严防区外未经许可的仔猪、种猪进入播州；严防偷运播州区商品猪、仔猪、猪肉及生猪产品出市（无检疫证）。

7. **加强动物检疫监管，防止疫病发生** 做好动物检疫和调运监管工作是从源头防控动物疫情扩散蔓延的重要手段。一是提高政治站位，进一步压实监管责任，确保动物检疫及监督管理工作扎实有序开展。二是认真履职，进一步强化动物检疫工作。严格要求相关部门依法履行动物检疫工作职责，强化官方兽医遵纪守法、文明执法、职业道德和履职担当意识，严格执行动物检疫证明管理。三是加强监督，强化生猪及产品调运监管。严格按照《中华人民共和国动物防疫法》《动物检疫管理办法》和动物检疫规程等规定开展检疫工作。切实掌握本地生猪及产品调运动态，做到生猪及产品去向清楚、资料完善、路径清晰、过程可追溯。

三、复养增养成效显著，养户养殖积极性提高

在政策的引导、技术措施的细化应用以及部分养殖户出售生猪获得高额利润的刺激，很大一部分观望的养殖户开始注入资金，加大产能。目前，全区已实现生猪补栏 57 387 头。播州区现有 7 家大型超市和相关农贸市场涉及猪肉销售，均已全面签订相关责任书。引进的贵州温氏种猪科技有限公司永定原种猪场，设计养殖基础母猪 1 500 头，建成后占地 384 亩；依托贵州银行扶贫产业发展基金 3 亿元支持温氏家庭农场发展，在全区发展温氏家庭农场 247 栋，单批存栏 25.326 万头。引入发展的规模养猪企业，对保障播州区生猪生产种猪需求和扩大播州区生猪产能起到了较好的示范带动作用。

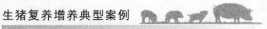

四、复养增养过程的启示和建议

政府各有关部门加强协调配合，形成职责明确、信息共享、齐抓共管、综合调控的工作格局，明确预警指标、调控目标、预警区域、应急方案、配套措施、组织体系。加大宣传，鼓舞信心，引导壮大养殖规模，狠抓防控节点，指导养殖户细化防控技术措施，提升防控能力。做到养殖政策有保障、疫情防控有技术、生猪养殖有盼头，促进复养增养积极性。

抓疫情防控　促生猪生产　助脱贫攻坚

——云南弥渡"天蓬元帅"显神威

2019年下半年以来，超级猪周期遇上非洲猪瘟扫荡，生猪产能持续下降，猪肉市场供给紧俏，"天蓬元帅"剩者为王，"我家有猪"比肩"我家有矿"。在这样的背景下，弥渡县50万头正大生猪扶贫全产业链有效规避了疫病风险，穿越超级猪周期，开启"金猪"时代，带动全县8个乡镇、85个行政村，4 110户、1.5万人尽享养殖红利，52个贫困村每村每年增加村集体收入10万元，33个非贫困村每村每年收益5万元，为我们提供了一个可供借鉴的生猪产业扶贫和最大限度规避风险的实践方案。

一、生猪生产情况

目前，全县已组建正大生猪养殖专业合作社85个，建成年产18万吨的饲料厂1座，1 100头育肥场139栋（比计划多建2栋），现已投产85栋，存栏生猪6.43万头；2020年第一季度，全县出栏生猪26.7万头，存栏51.24万头，第二季度也可出栏25万头以上。

现还有1个5 000头母猪的种猪场正在建设中。全县两年已兑付4 009户贫困户2 100.30万元分红资金（每户0.3万元），兑付全县85个村委会每村4万元的壮大村集体经济资金收益。

二、增养采取的主要措施

针对2019年全国非洲猪瘟疫情，弥渡县在省、州各级政府的正确领导下，多措并举，成功避免了此次疫情的侵袭，保障了该县生猪产业稳步发展。

一是根据省、州要求及时设立检查点，严防疫病输入；二是短期内关闭猪和猪肉产品的交易，杜绝疫病传播；三是加大防控宣传力度，通过广播、粘贴宣传画册、发放农户告知书等，将防控知识普及到每一户；四是做好全程消毒，以村为单位开展全面全程不间断消毒；五是全面排查生猪健康状况，全程监管，一发现疑似病例，立即上报、检测，对所有病死畜以村为单位做无害化处理；六是对养殖场、村内环境进行全面消毒；七是实施贴息贷款等融资政策，保障养殖场发展资金需求；八是以畜牧系统为主要技术力量，时刻关注、监测好复养增养生产，并及时协调解决在复养增养过程中产生的所有问题，确保全县生猪产业稳步发展；九是加快生猪养殖规模化、标准化进程。纵观近年生猪产业发展历

程，散养户养殖标准低、饲养管理粗放、抵御风险能力弱，规模化、标准化、全产业链养殖是必然趋势，弥渡县发展的50万头正大生猪扶贫全产业链项目的成功就是很好的案例。

三、50万头正大生猪扶贫全产业链项目增养成效

弥渡县目前已投产的85栋正大育肥猪场存栏生猪6.43万头，占全县生猪存栏51.24万头的12.5%，生猪存栏、出栏稳步增加，"菜篮子"、猪肉产品供应、养殖户经济效益均有保障。

四、在复养增养和疫病防控等方面的经验、启示与建议

弥渡县50万头正大生猪全产业链扶贫项目的成功在于正大集团租赁生猪育肥场进行经营管理，承担全部流动资金和生产风险、市场风险、疫病风险，合作社按时收取生猪育肥场租赁费进行贫困户资产性收益分配，贫困户收入稳定，风险较低。该项目建成后，经济效益和社会效益较为明显。

一是稳定增加了贫困户收入。139栋1 100头育肥场项目建成投产后，贫困户每户每年得到固定收益分配3 000元，4 170户入社贫困户每年将增收1 251万元，按10年计算，累计增收1.251亿元。

二是发展壮大了村级集体经济。通过项目实施，全县85个行政村将实现每年村集体总收入695万元，全县所有行政村村集体经济年收入将达到10万元以上，并且是稳定收入。10年后，育肥场产权归村集体所有，扶贫贷款得到偿还，贫困村集体经济收入将达到52万元以上，非贫困村收入达到26万元以上，为加快脱贫攻坚、全面同步建成小康社会提供强大的内生动力。

三是奠定了利润税收增收基础。通过项目实施，弥渡县年出栏正大生猪30万头以上，带动周边地区出栏20万头，正大集团将启动建设生猪屠宰厂和食品加工厂，为实现集饲料生产、养殖、屠宰、加工为一体的全产业链格局，产值突破35亿元、企业实现利润7亿元、财政税收完成1亿元以上的目标奠定了坚实的发展基础。

四是走出了绿色经济发展的路子。发展种养结合的生态循环模式，全面推广应用畜牧业标准化生产及环保新技术，采用干湿分离、厌氧发酵措施后，产生的沼液可为11万亩农作物、经济林果、蔬菜提供有机肥料，最大限度减轻了化肥和农药施用量，产品绿色、环保、无公害，提高了粮食、蔬菜、经果产量，实现了生物资源的循环利用，达到了增产提质效果。按每亩增收200元计算，预计10年可增收2.25亿元，种植、养殖业共增收5.812亿元，走出了一条可持续发展的种养结合循环经济道路。

五是促进了群众零距离就业。随着饲料厂、养殖场、生猪屠宰厂、加工厂等一系列生猪全产业链在弥渡县全面建成，将带动就业2 600多人，其中，养殖业300多人、种植业2 000多人、饲料厂100多人、屠宰加工运输业200多人，当地群众实现零距离就业。

纵观此次疫情的发展过程和复养过程，在疫病防控过程中，特别在尚没有疫苗和治疗措施的情况下，一是设置检查点能有效防止疫病输入和交叉感染；二是政府主导、人人参与、消毒、无害化处理很重要，能最大限度地避免疫情扩散，减少损失；三是规模化、标准化养殖是趋势，标准化养殖有较好的防疫防控体系，疫情感染的概率也较低，抵御风险能力强（弥渡县正大50万头生猪全产业链项目就是很好案例）；四是畜牧部门必须业务过硬，全面做好生产管理、疫病防控方面的技术指导，在关键时刻打赢疫情攻坚战。

云南省曲靖市沾益区"三抓三促"推进稳产保供

——群策群力，真抓实干推进生猪规模化发展

2018年以来，曲靖市沾益区认真贯彻落实中央有关生猪稳产保供决策部署，坚持把畜牧业作为推动现代农业发展的重要引擎、促进富民强区的重要工程和农民增收的重要渠道来抓，取得了阶段性成效。

一、基本情况

2018年以来，沾益区宣传引导广大养殖户发展标准化规模生猪养殖，稳定生猪生产，保障生猪产品市场供应。据畜牧部门统计，截至2019年12月底，沾益区存栏生猪82.1万头，比去年同期下降3.49%；1—12月累计出栏生猪149.27万头，比去年同期增加2.94%；猪肉产量14.36万吨，比去年同期增加2.35%；实现生猪产业产值31.92亿元，比去年同期增加10.2%。经调查，2019年12月以来，沾益区生猪价格呈现高价位震荡调整，当前沾益区仔猪价格为45～50元/千克、生猪价格为33～36元/千克、猪肉价格为55～60元/千克。

二、主要措施和做法

（一）抓组织领导，促工作落实

2019年，沾益区调整充实了以区委副书记叶雄为组长，区委常委、区委政法委书记廖麒云和区人大常委会副主任、区总工会主席吴友书，区政府享受副县级待遇的领导魏涛任副组长，各相关部门主要领导及各乡（镇、街道）党政主要领导为成员的山地牧业产业发展领导小组，负责统筹协调和组织领导全区山地牧业产业发展工作。为贯彻落实2019年10月11日召开的曲靖市生猪规模化养殖工作会精神，沾益区委、区政府及时筹备，于10月18日召开了11个乡（镇、街道）政府主要领导及分管领导、区直有关部门主要领导及相关业务人员参加的曲靖市沾益区生猪规模化养殖暨非洲猪瘟防控工作会议，成立了以区人民政府分管副区长任组长，各乡（镇、街道）人民政府、区直有关部门主要领导为成员的生猪规模化养殖工作领导小组，实行目标责任制管理，确保工作落实。

在推进畜牧业重点项目建设过程中，全区按照"先建机制，后建工程"的要求，实行

"一个项目、一位责任领导、一套班子、一支队伍"的包保责任制。项目包保挂钩副处级领导，亲自带头研究重点项目建设并督导重点工作。两办督查室将重点工作纳入沾益督办手机软件（App）进行专项督查，挂图作战，责任到人，形成了统筹部署到位、问题解决及时、督查问效同步的工作机制，实现了高位推动稳产保供。

（二）抓政策保障，促快速发展

严格贯彻执行《国务院办公厅关于稳定生猪生产促进转型升级的意见》（国办发〔2019〕44 号），落实好中央有关发展生猪生产的各项政策。沾益区重点整合生猪调出大县奖励资金、统筹协调扶贫资金支持项目建设等，增加生猪生产投入。依托畜禽粪污资源化利用整区推进项目建设，做好生猪产业发展和种养结合循环经济发展管理服务工作。严格按照生猪发展项目申报要求，指导做好项目的包装、储备和申报工作，严格筛选、确定符合条件的项目，积极争取关于生猪产业的奖励扶持政策落实到位。涉及中央生猪调出大县、生猪标准化养殖小区、能繁母猪和育肥猪保险、畜禽粪污资源化利用整区推进、养殖机具购机补贴等项目的资金和统筹利用的涉农整合资金，确保用于生猪产业发展。保障生猪养殖用地，落实好取消生猪养殖附属设施用地 15 亩上限的规定；生猪养殖用地作为设施农用地，按农用地管理，不需办理建设用地审批手续；在不占用永久基本农田的前提下，合理安排生猪养殖用地空间，允许生猪养殖用地使用一般耕地，作为养殖用途不需耕地占补平衡，加快土地审批手续，确保养猪场用地需求。取消超出法律法规的禁养规定，指导养殖场开展环保达标改造，加强与市级有关部门的汇报对接，指导好各乡（镇、街道）新建养殖场完善有关手续，加快环评、水资源、林地、交通等手续的审批和办理，确保新建养殖场符合国家政策要求。生猪生产用电执行农业用电政策。由区政府牵头协调省农村信用社沾益联社、邮政储蓄银行、民生银行 3 个银行给予温氏家庭农场每幢猪舍 30 万～50 万元不等的贷款支持，利息按照基准利率执行。

（三）抓规模养殖，促转型升级

优化招商引资环境，做好跟踪对接服务，先后促成温氏、神农、正邦、西南、正大集团入驻沾益发展生猪产业，力争到 2020 年年底，新建种猪场和育肥猪规模养殖场 165 个，养殖规模达 91.2 万头。

三、成效

目前，沾益区已经建成 3 个大型种猪场（温氏 2 个、正邦 1 个），年可提供仔猪 48 万头；在建种猪场共 2 个（神农 1 个、西南 1 个），建成后每年可提供仔猪 35 万头；剩余 2 个（温氏 1 个、神农 1 个）已完成初步选址工作，正有序开展相关手续办理工作。在生猪规模场建设方面，已建成规模养殖场 36 个，出栏生猪 21.6 万头；有 19 个正在建设，有 11 个正在办理相关手续。另外，温氏现已初步选择 3 个地块，拟建标准化生猪养殖园区 3 个，每年可出栏生猪 15 万头以上；神农已初步选择 2 个地块，拟建标准化生猪养殖园区 2 个，每年可出栏生猪 12 万头以上。沾益区正积极开展生猪标准化规模养殖宣传，引导

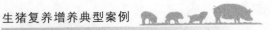
广大群众发展规模化生猪生产。

四、经验启示及远景规划

通过大力发展生猪规模化养殖，推进生猪稳产保供，获得了一些经验启示：一是领导重视是关键。畜牧产业涉及千家万户，事关全区经济发展和社会稳定大局。同时，畜牧业还属于弱势产业，需要党委政府的高度重视和大力扶持。二是转变方式是出路。发展现代畜牧业，面临着资源和市场的双重约束，只有转变畜牧业生产方式，推动分散饲养向规模养殖转变，引导畜牧业生产向优势区域集中，优化畜牧业生产结构，才能提高畜牧业现代化水平。三是利益链接是灵魂。企业与养殖户的利益联结机制是实现生猪产业化发展的灵魂，大力发展标准化规模生猪养殖，必须要完善利益联结机制，促进企业与养殖户建立起"风险共担、利益共享"的新机制，有效保护企业和养殖户的共同利益，这样才能充分发挥龙头企业对农民增收的带动作用。

招大商　引大资　促进大关生猪
全产业链发展

根据云南省昭通市生猪产业的总体部署和要求，结合大关县实际，县委、县政府深入推进高原特色产业发展，积极推进招商引资和本地养殖户的发展，确保大关县畜牧业标准化、规模化、产业化，形成了"一条龙"式完整的产业链。

一、大关县生猪产业发展基本情况

截至 2020 年 3 月底，全县生猪存栏 16.3 万头（其中能繁母猪 2.4 万头），生猪出栏 9.5 万头，其中，出栏 50～199 头的有 48 户，共出栏 2 517 头，出栏 200～499 头的有 7 户，共出栏 1 834 头，出栏 500～999 头的有 3 户，共出栏 2 241 头。到 2025 年年末，力争实现全县生猪存栏 40 万头，出栏肥猪 60 万头，生猪出栏率稳定在 160% 以上，适度规模场出栏比重达 60%。

二、主要做法及措施

（一）加大招商引资力度，推进生猪规模化、产业化发展

为深入推进大关县高原特色畜牧产业发展，做优做强畜牧产业助推脱贫攻坚，县政府已整合 11 326 万元资金投入生猪产业发展，积极招商，引进大型企业入驻大关县，现已落户的有江西正邦集团、重庆猪猪侠、江西双胞胎集团和云南谨鑫公司等。目前已建成投产年出栏 2 000 头的标准化生猪代养场 20 个，年出栏 6 万头仔猪及 1 万头标准化生猪的养殖示范基地 1 个。正在建设集屠宰、加工和配送为一体的 20 万头生猪定点屠宰场 1 个，以及自繁自养存栏 1.1 万头的生猪示范园区 1 个。即将启动年产 24 万吨的无抗饲料加工厂建设，正邦集团存栏 2 万头育肥场已进入土地流转，双胞胎集团 1.82 万头母猪扩繁项目也已进入选址阶段。此外，东方希望集团拟在大关县境内规划建设绿色环保的现代化生猪养殖循环产业链项目，包括生猪养殖、屠宰、饲料加工、生鲜肉加工、有机肥加工、冷链物流、生态种植等循环经济产业项目。

（二）转变产业模式，走绿色生态品牌发展之路

依托大关县高原特色农业产业聚集区建设，坚持畜牧业与一、二、三产业融合发展的理念，走"乌蒙源生"区域绿色生态品牌发展之路。通过政府引导的"企业＋基地＋大户＋农户"等模式，带动群众脱贫致富，鼓励和支持企业做优、做大、做强，最终实现"富民富企又富县"的目标。

1. **支持现有"禄丰模式"** 通过"合作社＋大户＋农户"模式，现已发展合作社社员185户，无偿提供后备母猪给合作社社员饲养，并提供全程技术指导和服务，产仔后回收1～2头仔猪作为提供后备母猪的本金。

2. **支持猪猪侠公司"固定资产入股获取固定收益模式"** 政府出资购买公司新建标准化养殖场的部分固定资产和配套设施，再与公司开展合作，并按10％的年收益率获取固定收益，收益存入大关县扶贫开发领导小组办公室指定开设的专用账户，用于全县扶贫事业。

3. **支持双胞胎集团"固定资产租赁模式"** 政府出资修建标准化生猪代养场，交由村集体经济组织，双胞胎集团每年付25万元的租金租用，村集体经济把租金收入用于本村的扶贫公益事业，有效把公司、村集体经济和贫困户捆绑到了一起，让企业和村集体经济共同发展。

4. **支持双胞胎集团"公司＋农户"模式** 以公司为轴心，周围的农户与公司挂钩，合作养猪，公司为每个养户建立档案，养户自行建圈舍，负责肉猪的饲养管理，公司为养户提供猪苗、饲料药物、技术及销售等一条龙服务，最终达到公司与农户的双赢。

（三）努力促进生猪生产，保障市场供应

一是加强组织领导。县农业农村局为进一步压实2020年生猪扶贫工作责任，成立由局长任组长的督战组，结合大关县实际，制订2020年行业扶贫挂牌督战工作方案，将任务具体分解到各乡镇，确保完成市级下达大关县2020年出栏生猪23.5万头、出栏肉牛0.72万头的目标任务。为做好跟踪调度服务，更好地收集、了解招商引资的具体情况，帮助解决存在的困难和问题，大关县农业农村局拟定建立了畜牧技术干部分片挂钩联系机制，集中力量下沉一线，指导各地抓好特色养殖业发展，做好养殖技术培训、养殖政策宣传及服务等重点工作。

二是大力扶持规模化、标准化养殖。为促进大关县养殖业健康发展，制定了《大关县人民政府关于印发大关县产业发展招商引资办法（试行）的通知》（大政规〔2020〕1号）及《大关县产业扶贫工作领导组办公室关于印发〈大关县基础母牛养殖实施方案（试行）的通知〉》（大产扶办字〔2019〕11号）等文件，在积极招商引资的同时，鼓励和支持现有企业做优、做大、做强，对于满足规模条件的企业和养殖场，给予一定的补助政策。

三是大力发展专业合作组织。为推动产业发展，提高抗风险能力，大关县大力支持成立生猪养殖专业合作组织，全县成立了20多个生猪养殖专业合作社。

（四）稳抓重大动物疫病防控工作不放松

一是坚持不懈地抓好非洲猪瘟疫病防控，严防疫情输入。自开展非洲猪瘟疫情防控以来，各部门、各乡镇防控及应急处置工作有条不紊开展，全县共排查9个乡镇84个村（社区），累计排查养殖户879 345户（次），并实行养殖场（户）主和排查人双签字，排查生猪3 592 368头（次），未发现非洲猪瘟疫情或疑似疫情及"两证"不全、来源不明和无法提供非洲猪瘟检测合格报告的生猪产品。

二是认真切实抓好春季重大动物疫病防控免疫工作。全县实施各种动物免疫121.53

万头（只），其中，牛、羊 W 病免疫注射 9.3 万头（只）（牛 3.42 万头，羊 5.88 万只）；生猪 W 病免疫注射 16.82 万头，猪蓝耳病免疫注射 16.94 万头，猪瘟免疫注射 16.94 万头；禽流感免疫注射 29.12 万只，鸡新城疫免疫注射 26.27 万只；狂犬疫苗免疫注射 0.19 万只；补免小反刍兽疫 5.95 万只。

三、取得的成效

现已招商引资了 5 家企业落户大关发展生猪产业，大关生猪产业从饲料生产、畜禽养殖、屠宰加工到冷链食品配送的"一条龙"式发展模式格局基本建立。目前，大关县已建成招商引资项目，共计获取收益 6 965 537.78 元。所有招商引资项目建成后，将带领大关县生猪养殖跨域式发展，生猪存栏达到 40 万头以上，出栏肥猪 60 万头以上，生猪出栏率稳定在 160％以上，适度规模场出栏比重达 60％。

四、经验启示及远景规划

夯实基础，加快招商引资项目建设进度，突出抓好以生猪为主的高原特色畜牧业，以优化畜牧业布局，转变发展方式，助力脱贫攻坚，加强基础设施建设。同时，做好服务，加快招商引资项目的推进，争取早日投产见效。大力推行规模化经营、标准化生产、组织化管理，壮大龙头企业，培育产品品牌，完善养殖业市场预警体系。实现繁育、育肥、饲料生产、屠宰加工、冷链运输、点对点销售一体化经营，促进一、二、三产业融合发展。同时，配套解决粪污资源化利用，实现种养循环发展。

紧跟政策导向 全力复养增养

——陕西省西安市临潼区生猪增养典型案例报告

非洲猪瘟疫情发生后，各级政府高度重视，严格贯彻落实中央关于生猪稳产保供重要讲话精神，多次召开会议，安排调度部署生猪复产增养有关情况。临潼区按照市转《陕西省农业农村厅等关于印发加快生猪生产恢复发展三年行动方案》的通知精神，明确职责分工，加强沟通协调，密切协作配合，形成整体工作合力。当前，在相关政策的牵引扶持下，临潼区养猪大场大户积极性普遍提高，养猪大中小企业全面复产，新建养猪企业全面开工，生猪产业已走出低谷，恢复盈利模式。其中，位于临潼区徐杨街办的家家美牲畜饲养有限公司新建项目正按照高起点、高质量、严要求的管理规范加快推进，目前已完成总体的80%以上。

一、养殖场及生猪生产情况

临潼区家家美牲畜饲养有限公司结合生猪产业发展实际情况，拥有规模化、标准化养猪场，以"生产高效、资源节约、质量安全、环境友好"为基本目标，以满足生产工艺和使用功能的要求为基点，做到设备选型适用、先进，工艺布局合理流畅，土建及公用工程实用、先进、经济、可靠，有利于环境保护和节约能源。

该项目紧密联系全区经济发展的实际，顺应养猪业发展的新形势、新要求，符合中央、全省、全市鼓励生猪生产发展的政策导向，对做好生猪稳产保供有重要的积极作用，对带动项目区及周边农户发展高效养猪业、促进农民持续增收和当地经济快速健康发展具有重要的现实意义。

西安市临潼区家家美牲畜饲养有限公司位于临潼区徐杨街道公义村，公司注册资本680万元，专门从事生猪养殖与销售，公司共有员工8人，其中专业技术人员1人、生产人员7人，采用"公司＋农户"的经营方式进行生产。

公司厂区总建筑面积7 620.45米²，包含两栋双列式1 500头标准化猪舍，猪舍面积3 800米²，配套建设有管理用房、固液分离室、洗消通道、水窖、黑膜尿池、化粪池等，场区内净道、污道分设，互不交叉，同时配有水帘、风机、采暖设施、水泡粪系统等。猪舍外空气从墙壁上的进气口流入舍内，实现通风换气，为猪舍提供均匀一致的新鲜空气；猪舍取暖设施可避免因温度降低影响生猪生长；水泡粪系统可有效清除猪圈内的粪便和尿液，减少粪污清理过程中的劳动力投入，减少冲洗用水，提高养殖场的自动化管理水平。

养殖场生猪计划存栏量6 000头，计划出栏肉猪3 000头左右，正常年销售收入500万元，经营成本440万元，预计年纯收入60万元。

二、增养历程及主要措施

（一）增养规划

计划实施时间为 2019 年 12 月至 2020 年 6 月。其中，2019 年 12 月，完成项目前期策划，实施方案编制和项目上报。2019 年 1—2 月，进行项目前期准备、施工设计等工作。2020 年 2—5 月，完成整个建设任务，实现生猪出栏 3 000 头的目标任务。2020 年 6 月，组织申请验收。

（二）主要措施

1. **防疫保障**　该公司聘请高级畜牧技术人才，通过专业兽医的技术指导，实行系统化免疫，确保环境卫生适宜生猪生产。同时，严格做好消毒隔离工作，有效避免非洲猪瘟疫情的发生。

2. **技术保障**　该公司通过组织技术人员到四川、杨凌实地学习，掌握先进的现代化饲养技术，并通过引进良种，自繁自育，形成了一套完备的生猪养殖技术体系。同时，区畜牧中心做好技术指导工作，确保项目取得成效。

3. **销售保障**　为保证项目顺利实施，该公司与销售方签订采购合同，不存在销售难等问题。

4. **政策资金扶持保障**　根据西安市农业农村局、西安市财政局《关于下达扶持生猪生产专项资金项目投资计划的通知》（市农发〔2019〕333 号）精神，为该公司提供专项建设补助资金 20 万元。

三、增养成效

1. **经济效益**　项目实施后，计划出栏肉猪 3 000 头左右，正常年销售收入 500 万元，经营成本 440 万元，预计年纯收入 60 万元。

2. **社会效益**　一是可满足市场对优质畜产品的有效需求，还可向周边农户辐射技术，有利于提高项目区的生猪生产水平，带动周边地区生猪产业的发展，达到农业增效、农民增收的目的。二是可带动运输、屠宰加工等相关行业的发展，创造更多的劳动力就业机会，增加农民收入。

3. **生态效益**　项目本着资源化、生态化、无害化、减量化的原则，对养殖产生的粪污进行有效处理，既避免了粪便、污水等污染物对环境的污染，又使资源得以有效利用，对当地水源保护、改善农业生产环境和居民生活环境等具有显著作用。

四、增养及疫病防控经验启示

（1）加大财政投入力度，促进复养增养，加强协调财政涉农资金统筹整合，积极扶持生猪生产，根据项目建设安排，督促政策落地。

（2）加大生猪复养增养政策宣传，为养殖场户生猪购入、养殖、售出全过程提供全方位保障，调动养殖从业人员的积极性。

（3）举办专题培训，推进复养增养，组织市、区专家举办专题培训会，针对养殖场户在复养增养过程中存在的问题进行针对性解答，提供充分的技术保障。

（4）引导扶持规模场优化产业布局，转变发展方向，复养前做好"大清洗、大消毒"，保障场区环境卫生。同时，改造提升基础设施和防疫条件，完善粪污处理等配套设施建设，开展畜禽养殖标准化示范创建，进一步提高标准化养殖水平，加快恢复生猪生产。

（5）严格防疫流程，牢抓春秋两季集中免疫，及时补针，保证抗体水平达标。强化疫情防控、调运检疫、消毒灭源、生物安全防护等关键措施落实，监督屠宰企业抓好自检，严肃各级禁令要求，形成防控合力，降低疫情传入和发生的风险。

引进生猪养殖龙头企业　强化生猪养殖全产业链综合保障

——甘肃省景泰县生猪复养成功典型案例

自 2019 年下半年以来，景泰县为稳定生猪生产，保障城乡居民"菜篮子"供应，通过"引龙头、稳种源、强措施、抓服务"，加大招商引资力度，完善产业链，多措并举推动生猪稳定生产，有效保障市场猪肉产品供应。

一、基本情况

截至 2019 年 10 月，景泰县先后引进甘肃景泰牧原农牧有限公司、兰州正大集团 2 个国内生猪养殖龙头企业落户，建设生猪养殖基地，发展生猪全产业链项目。

甘肃景泰牧原农牧有限公司于 2019 年 10 月 25 日在甘肃省白银市景泰县成立，注册资本 1 000 万元。项目占地面积为 450 亩，总投资 9 330.94 万元，计划建设哺乳舍 32 个、怀孕舍 36 个，以及配套的生活区、附属设施和治污区，建（构）筑物总面积共计 3 万米^2。公司购置了自动饲喂系统、热交换、风机等。

兰州正大食品有限公司在景泰县正路镇建设景泰县现代农牧产业化 15 万头生猪扶持示范项目。该项目总投资 4.8 亿元，计划建设时间为 2020 年 1 月至 2021 年 12 月，新建 6 000 头种猪场 1 座、11 200 头育肥场 8 座、洗消中心 3 座。目前该项目已完成可研报告、环评报告和地形测绘以及育成一区（细巷村）的地质勘探，环评报告正在编制中。

二、采取的主要措施

（一）强化防控，杜绝病源

两家公司常年保持较高的免疫水平，严格按照防疫程序进行防疫注射，特别是春秋两季集中防疫与常年及时补防、补免相结合，防疫密度达到 100%。消毒工作贯穿于饲养全过程及各个环节，把好猪舍、环境、进出车辆、人员等出入口消毒关，切断疫病传播途径。对人员进行防控知识培训，提高防控意识，定期抽样检测，严密部署，做好防控工作。

（二）自配饲料，降低成本

饲料费用占养猪成本的 70%，降低饲料成本对提高养猪效益至关重要。两家公司通

过提高饲料消化吸收利用率，改善猪肠道菌群，提高猪群健康。充分利用本地饲料资源，利用养殖场周边啤酒厂的下脚料代替玉米、豆粕、麸皮等原料，如用啤酒糟、面酱、米糠蛋白等能量含量高的副产品自配饲料，通过配合预混料，主要饲喂育肥猪，满足生猪生长需要，极大地降低了养殖成本。

（三）自繁自养，稳定猪源

母猪是生猪养殖的关键。两家公司坚持自繁自养，持续培育能繁母猪，在价格回升时，利用自有种公猪站的优势，为母猪提供稳定可靠的种猪精液，保障了母猪产仔扩群和仔猪供应，使产能尽快恢复，从源头上保障了生产稳定。

三、增养成效

（一）经济效益方面

1. 助推地方经济发展　在土地竞争日益激烈的背景下，充分利用景泰县区位和交通优势，大力发展景泰牧原 50 万头生猪养殖项目，预计 2021 年可实现净利润 2.63 亿元，全部投产后可实现净利润 3.49 亿元；景泰牧原 50 万头生猪养殖项目可增加地方生产总值 24 亿元，增加税收 2 000 万元。兰州正大食品有限公司在景泰县正路镇建设的景泰县现代农牧产业化生猪扶持示范项目年出栏生猪 18 万头，年产值 3.24 亿元，项目实施过程中还可充分拉动当地电力、建材、物流、贸易等行业的发展，为当地经济发展注入活力，推动地方经济可持续发展。

2. 助推畜牧产业升级　当前，我国养猪业发展规模化程度低，市场多以中小散户为主，随着环保政策的收紧，现代化和规模化已成为畜牧业发展的必然趋势。牧原股份历经 27 年形成的"全自养，大规模，一体化"生猪养殖模式可充分利用工业化、信息化、智能化养猪优势，助推地方畜牧业产业升级，实现畜牧产业跨越式发展。

3. 实现粮食就地转化增值　景泰牧原农牧有限公司将配套一个年加工 18 万吨的饲料加工厂，每年可消耗粮食 15 万吨，可以把当地的粮食产量优势转化为商品优势，解决农民"卖粮难"的问题，增加原粮附加值，帮助农民创收增收。兰州正大食品有限公司年出栏生猪增加 30 万头，可产生经济效益 6 000 万元，将资源优势转换为产品优势、市场优势和经济优势，带动饲料、畜产品加工、运输、贮藏等相关产业发展，对景泰县的养殖业标准化、规模化、现代化发展起到示范性带头作用，能够积极推进农业产业化经营，帮助农民增收，促进区域经济发展。

（二）生态效益方面

1. 种养结合猪养田　通过牧原养殖场建设，按照"猪养田"的种养结合模式，可为周边耕地提供高效有机肥，减少化肥使用，改良土质。以作物需求量较大的氮肥为例，1 亩玉米按 700 千克产量需要 21 千克氮，6 头猪可满足 1 亩玉米的氮需求。每出栏 1 头猪可排泄 5.78 千克氮，可存留 3.86 千克氮，10 万头全线场可产 386 吨氮，相当于 1 个产量 840 吨的尿素厂或 2 270 吨的碳酸氢铵厂，可满足 1.7 万亩玉米地对氮的需求。

2. **助力有机农业发展** 随着人们生产生活水平的不断提高，人们对农产品的要求不单单是数量，更要求有优良的品质，有机肥作为农业生产的重要肥源，越来越被人们认可并广泛应用。牧原威斯特有机肥采用纯猪粪发酵，具有改善土壤、增加土壤肥力、提高植物抗病能力、减少病虫害等作用，可减少化肥和农药使用量，促进农业良性循环发展。

3. **改善生态环境** 我国耕地有机质含量逐年下降，土壤养分不均衡，土壤板结现象逐渐突出。通过牧原生猪养殖体系建设，可使养殖与沙地、草地、耕地高效匹配，实现产业化建设生态、生态化发展产业。发挥企业资本及种养结合的模式优势，与政府一道，共同改良土壤有机质含量，提高粮食产量，涵养水源，改善生态环境。

（三）社会效益方面

1. **有利于保证食品安全，引领畜牧业绿色发展** 牧原股份坚持"全自养、大规模、一体化"经营模式，实现了各环节的把控，全程可知、可控、可追溯，保证食品安全。牧原生猪养殖产业化体系项目可充分结合地方政府"菜篮子"工程，保证人民餐桌猪肉供应和食品安全。

2. **带动就业增长** 景泰牧原农牧有限公司、兰州正大食品有限公司可为当地提供800～1 000个就业岗位，实现劳动力就地转化增量，增加地方消费水平，为农民家庭创造稳定的收入来源，实现物质重组，实现物质富足，提高生活质量。景泰县正路镇建设景泰县现代农牧产业化生猪扶持示范项目计划带动景泰县正路镇贫困户750户，每年进行入股分红。

3. **助力精准扶贫** 牧原股份与政府联手，以生猪养殖项目为载体，打造牧原特色精准扶贫模式，陆续形成了"5＋"资产收益扶贫、"3＋N"扶贫、央企产业基金扶贫等多种具有全国影响力的扶贫模式。牧原扶贫模式在全国推广，覆盖12省48县13万户36万人，以订单扶贫、劳务外包、教育扶贫、劳务用工、公益设施建设等多种机制落实扶贫模式，增加了贫困家庭居民收入，助推地方如期实现脱贫目标。

四、经验启示

（一）领导重视，为稳定生猪生产提供组织保障

景泰县成立了以县委书记和县长为组长的稳定生猪生产、保障市场供给领导小组，负责领导、协调全市稳定生猪生产保障市场供应工作。积极引进生猪养殖龙头企业，带动全县生猪产业发展。县领导深入基层调研，并多次组织召开专题会议，研讨稳定生猪生产措施，保障市场供应。

（二）加强招商，为稳定生猪生产提供种苗保障

按照县委"三提升、三攻坚、三优化"工作思路，坚定不移地实施重大项目带动战略，集中力量加快推进重大项目，实现重大项目建设攻坚突破。通过采取"走出去，请进来"的方式，多次外出与养殖龙头企业洽谈，推进招商引资事宜。通过引进龙头企业发展生猪生产，实现生猪产业转型升级，保障生猪生产种苗供应。

（三）强化服务，为稳定生猪生产提供技术保障

一是采取保姆式服务。认真做好已引进的两家大型生猪养殖龙头企业的服务工作，积极协调解决企业在办证、用地、引种、生产等环节存在的问题和困难。二是加强技术培训和指导服务。组织农业系统畜牧技术人员参加稳定生猪生产技术培训班，组建县、乡、村三级技术服务队伍，为稳定生猪生产提供技术保障。

（四）龙头带动，为稳定生猪生产提供信心保障

针对当前稳定生猪生产面临的疫情威胁、养殖风险高、养殖业主信心不足、资金短缺、仔猪价格高和市场波动严重等问题，景泰县提出"政府搭台、企业唱戏、规模户参与"模式，引导和鼓励龙头企业加快推进新建、扩建养殖基地及发展合作养殖户。由企业提供仔猪、饲料、技术和生物安全防控设施设备等，并为复养户提供贷款担保，保障养殖户基本利润。养殖户利用现有场地和养殖设施，改造后尽快投入生产，降低资金门槛和养殖风险，从而达到企业发展、农户获利和产业发展"三赢"目标，实现景泰县生猪产业稳定发展。

重增养　保供给
兰州新区生猪产业发展势头良好

近两年来，甘肃兰州新区聚焦国家赋予的"建设现代农业示范区"的使命，深入贯彻落实省委、省政府关于"构建生态产业体系、推动绿色发展崛起"的决策部署，创新构建种养加全产业链生态循环模式，着力推动种养循环、产加一体，形成产业链完整、业态多样、具有新区特色的种养加产业体系。尤其是新冠疫情发生以来，新区积极引导民营企业发展生猪生产，全力推进复工复产，促进生猪产业高质量发展。

一、生猪生产基本情况

为深入推进农业供给侧结构性改革，加快生猪生产，兰州新区全力优化生猪生产及相关产业的营商环境，制定促进产业发展的扶持政策，充分发挥未利用土地资源丰富、农业用水充裕、要素成本低等优势，吸引大型规模养殖龙头企业落户新区，新希望六和兰州新区 200 万头生猪生态种养循环全产业链项目预计 2020 年 10 月投产，年底引进生猪 5 万头，建成达产后，生猪存栏 50 万头，年出栏生猪 200 万头；天兆猪业种猪产业园项目预计 2020 年 9 月投产，年底引进种猪 1 万头，项目达产后种猪规模将达 2.6 万头，年出栏各类生猪 65 万头以上；正农年出栏 10 万头生猪种养循环产业园项目投产后，预计年底存栏种猪 5 000 头，达产后存栏基础母猪 5 000 头，年出栏生猪 10 万头；天欣养殖建成后存栏基础母猪 2 400 头，年出栏生猪 5 万头；宏鑫永泰农牧科技年出栏 30 万头商品猪项目目前已引进生猪 988 头。兰州新区现代种养循环养殖业布局已完成，产业构架已搭建，产业项目正在快速建设中。以上项目建成后，将形成年出栏生猪 300 万头的规模，新区生猪规模将进一步扩大，可确保新区猪肉基本自给，更好地满足广大人民群众的美好生活需要。

二、复养增养措施及成效

1. **强化规划引领，科学合理布局**　坚持科学规划，统筹布局畜牧产业，制定出台《兰州新区现代养殖业发展总体规划（2018—2020 年）》，规避城市交通要道、永久基本农田、生态林地等，合理划定禁养区。在此基础上，高起点、高标准、高水平规划新建段家川、大斜沟、赖家坡、平岘沟 4 个标准化、规模化、集约化生态种养循环养殖园，规划总占地面积 6 万亩。其中，新希望六和兰州新区 200 万头生猪生态种养循环全产业链项目占地 3 万亩，其中建设用地 500 亩，总投资 32 亿元。一期建设新希望西岔大斜沟年出栏 70 万头生猪养殖项目、新希望中川镇平岘村生猪养殖项目、年产 45 万吨专业化猪饲料加工厂配套有机肥生产设施；二期建设年屠宰 200 万头食品加工厂、冷链物流、研发及展览中

心、生物安全检测中心及食品全追溯体系等。天兆猪业种猪产业园项目占地 1 362 亩,其中建设用地 150 亩,总投资 7 亿元,猪舍建筑为多层楼房,共建设 7 层楼房式猪舍,项目建成后饲养加系、法系长白、大白、洛克、皮特兰种猪,种猪规模将达到 2.6 万头,并配套饲料加工厂、粪污有机肥处理厂等设施。项目达产后,种猪规模将达 2.6 万头,年出栏各类生猪 65 万头以上。正农年出栏 10 万头生猪种养循环产业园项目总投资 2.2 亿元,占地 2 000 亩,其中建设用地 20 亩。建设饲养能繁母猪 5 000 头、年出栏 10 万头的生猪标准化育肥区,2 000 亩饲草料种植区及储藏加工区,有机肥生产区,大型沼气发电站,粪污收集处理区,办公生活综合区以及园区内道路、绿化、水电配套设施。天欣现代畜牧业繁育养殖示范基地项目总投资 3 亿元,占地 2 553 亩。建设肉羊、生猪养殖区,办公生活区,饲料加工区,有机肥加工区及种植区。其中新建存栏 2 400 头基础母猪、年出栏 5 万头育肥猪场,配套智能化养殖管理系统,采用先进的饲养工艺和粪污处理设施,提高资源化利用率。

2. **重招商、抓服务,重点项目推进有力** 坚持"学、用、谋、创"结合,进一步发挥国家级新区先行先试政策优势,推行"承诺制",实行简易审批,缩短项目前期手续办理时间,落实产业发展扶持奖励政策,通过招商引资等方式,引进新希望六和、天兆猪业、正农农牧、天欣养殖等国内大型现代化畜牧养殖企业落地生根。为保证项目顺利推进,兰州新区工作人员常驻大型生猪养殖场建设一线,及时协调解决供水、供电、道路配套等方面的困难问题,加快项目建设进度。新希望六和兰州新区 200 万头生猪生态种养循环全产业链项目已开工建设西岔大斜沟年出栏 70 万头生猪养殖项目,总占地约 3 500 亩,为大跨度集约式养殖模式,规模为 24 000 头父母代、3 000 头祖代、300 头公猪站,配套办公宿舍区、污水处理、固肥处理及种植用地等,已完成供水、道路配套,完成场地平整 2 500 亩;规划建设 24 000 头父母代、3 000 头祖代母猪养殖繁育场及办公、粪污处理等附属设施,预计 2020 年 10 月建成投产。已与新疆森谱、兰州正大等公司签订引种协议,计划引种猪 5 万头、祖代种猪 3 745 头,引种金额 3.1 亿元。新希望中川镇平岘村生猪养殖项目总占地约 30 000 亩,建设 4 个存栏 7 500 头种猪及 7.2 万头育肥猪项目,6 个存栏 4.8 万头育肥猪项目,总计种猪规模 3 万头,育肥规模 57.6 万头,配套办公宿舍、污水处理、固肥处理及种植用地等。天兆猪业种猪产业园项目已完成 2 栋钢结构 7 层猪舍钢架施工 85% 的任务,其余 4 栋猪舍、发酵床和综合办公房正在开展地基施工,即将开始钢结构架设。正农年出栏 10 万头生猪种养循环产业园项目已完成 20 栋育肥猪舍的建设及养殖设备安装,3 000 米³ 沼气发酵塔已建设完成,即将准备开始引种投产,其余种猪舍、育肥舍、有机肥生产及办公设施正在建设之中。天欣现代畜牧业繁育养殖示范基地项目 2 400 头基础母猪繁育场场地平整全部完成,圈舍土建工程已完成,正在架设钢结构,预计年底存栏基础母猪 1 200 头,出栏育肥猪 1 万头。

3. **夯基础、促利用,创新发展模式** 以"优供给、强安全、保生态"为目标,实现由传统农业向循环经济发展的转变,合理划分管理服务区、生产区、粪污处理区,配强、配齐研发及粪污处理等附属设施,把种猪繁育、生猪育肥、饲草料种植、有机肥生产、屠宰加工、冷链物流作为项目建设的重要组成部分,利用各自的独特优势,展现生猪养殖特色,创新生产模式。新希望公司以打造全区域统筹、全产业布局、全生态发展的三全发展模式，实现高效养殖与资源利用有机结合，计划建成链条最全、规模最大生猪生产基地。天兆猪业紧扣国家恢复生猪生产有关政策，采用具有自主知识产权、获得多项专利的余式猪场 5.0 楼房式猪舍。该项目不仅节约土地资源，而且能为西北乃至全国提供最优秀的种质资源，还可推动余式猪场 5.0 楼房式猪舍在全国的应用发展和中国养猪业猪场建设模式的转型升级。

4. **探索循环发展模式，实现畜禽资源"变废为宝"**　兰州新区将畜牧产业发展与畜禽粪污处理及资源化利用同部署、同安排。坚持种养结合、循环发展，加强生猪粪污治理和资源化利用，配套、完善畜禽粪污基础设施，采用"干湿分离—两级 A/O 生化处理—升流式厌氧发酵（CSTR）—沼气/有机肥"（新希望、正农农牧）、"机械干清粪—异位发酵—有机肥"等工艺，将粪污进行集中有效处理，促进生猪绿色养殖，构建集饲草种植、规模养殖、屠宰冷链、有机肥机加工于一体的全产业链。

5. **重防控、保安全，严格动物疫病防控**　充分认识重大动物疫病防控工作的重要性，全力抓好安全生产。一是强化疫病防控技术培训，集中免疫和分散免疫相结合，扎实开展动物疫病防控检查排查，切实落实好非洲猪瘟、口蹄疫、高致病性禽流感等重大动物疫病防控措施，确保生猪生产安全。二是创新安全生产方式。正农农牧在猪舍建造上科学布局、大胆创新，新建猪舍采用全封闭模式和单元格的猪舍设计模式，做到独立栋舍、独立圈舍、独立猪只、独立生产，实行配怀分娩一体化，严格生物安全；采用全机械通风模式，通过自动化环控设备控制温度、湿度和氨气，不接触、不交叉、不污染、不传播，让猪群始终在一个最舒适的环境中正常生产，保持高效、安全的生产，通过环境控制使猪群的健康最佳化、生产效益最大化。

甘肃凉州牧原农牧有限公司
年出栏 100 万头生猪产业化项目典型案例

凉州牧原年出栏 100 万头生猪产业化项目是武威市农业产业化发展重点项目，其运用大规模、全自养、一体化的养猪模式，快建设、速投产，并不断扩大规模。由甘肃凉州牧原农牧有限公司具体建设实施，该公司是武威市凉州区重点招商引资企业。

一、项目基本情况

因非洲猪瘟疫情，我国生猪产业受到打击，挫伤了养殖户的积极性。面对能繁母猪和生猪存栏量大幅度下降的局面，凉州区委区政府高度重视，积极出台扶持政策，多措并举，加大招商引资力度，凭借凉州区自身优势，多方考察协商，与河南牧原实业集团成功衔接，承诺在土地、水电、道路建设等方面给予支持，2019 年 1 月 8 日，凉州区与河南牧原实业集团有限公司签署扶贫战略框架协议暨银企合作社三方合作协议。该项目的成功签约，将极大促进凉州区乃至武威市的生猪产业发展。项目总投资 15 亿元，计划建设 10 个标准化养殖场及配套的饲料厂、公猪站、有机肥厂、无害化处理中心、屠宰加工厂等。项目分三期建设，一期占地 1 061 亩，计划投资 3.25 亿元，建设 3 个标准化养殖场，建设年出栏 20 万头全线规模生猪养殖场，同时配套建设饲料厂、公猪站、洗消中心、有机肥厂、无害化处理中心。二、三期占地 4 000 亩，将建设 80 万头规模商品猪场。

二、项目建设成效

目前，该项目已完成投资 1.45 亿元，一期项目 5 个场已建成投产，投放母猪 4 800 头、种公猪 130 头、仔猪 12 200 头，现存栏生猪 17 200 头。6、7 场已完成围墙圈建及宿舍楼主体工程；5、6 场配套的机井已完工，7 场配套机井正在施工；一期配套的洗消中心已建成并投入使用，公猪站已完成土建工程，正在安装钢构；饲料厂钢构已进场施工；二期 7、8、9 场已完成围墙圈建、土地手续办理，正在办理环评手续。一期项目建成达产后，年出栏生猪 20 万头，可实现销售收入 3 亿元，利润 1.033 5 亿元，可安排 400 余人就业。同时，可为周边耕地提供高效有机肥，提高土壤有机质含量，减少农业面源污染，改善农业生态环境。项目全部建成后，将建成畜禽育种创新能力全面提升的繁殖示范点，对促进凉州区生猪生产稳定发展、调整产业结构、增加农民就业、拉动地方经济发展具有非常重要的意义。

三、项目管理措施

该项目生猪生产产业链健全,产业体系完整,采用智能化管理体系,猪舍装配自动化供水、供料系统,实现饲喂过程自动化,可减轻饲养员的劳动强度,提高生产效率,避免饲料污染。示范推广能繁母猪适度深部受精技术、仔猪早期隔离断奶技术、后备母猪分胎次饲养技术、育肥猪多点式饲养技术、育肥猪一对一转栏、不混群饲养技术等先进生猪养殖技术,提高了生猪饲养管理水平。

四、经验启示

一是积极探索建立"龙头企业＋合作社＋贫困户"模式。凉州区整合产业扶贫资金5 140万元,全区24个镇的2 570户贫困户每户配股2万元,入股凉州区聚爱农牧专业合作社,贫困户按入股资金8%的比例进行保底分红。2019年5月12日,凉州区政府、凉州区聚爱农牧专业合作社与牧原集团共同举行了"聚爱农牧专业合作社2019年分红仪式",涉及2 570户贫困户,分红411.2万元,每户分红1 600元。二是充分发挥龙头企业优势,为贫困户提供生产全过程服务。牧原集团或其关联公司与贫困户签订原粮收购合同,提供良种、肥料等生物资产及播种、收割服务,带动贫困户增产增收。三是就近提供就业岗位,安排贫困户就业,积极落实就业帮扶,帮助贫困户持续增收。

统筹规划　科学施策　助力生猪稳产保供

——宁夏灵武市生猪复养增养经验做法

为稳定生猪生产，保障城乡居民"菜篮子"供应，灵武市农业农村局以"保市场安全供给、保养殖户增收、保产业发展壮大"为目标，优化政策环境，加大扶持力度，加强科技支撑，推动构建生产高效、资源节约、环境友好、布局合理的生猪产业高质量发展新格局。

一、基本情况

2019 年下半年以来，宁夏回族自治区非洲猪瘟疫情整体稳定，猪价高位运行，养殖行业利润丰厚，养殖场补栏扩建积极性高。灵武市农业农村局统筹规划、科学布局，在白土岗规划建设生猪养殖基地，设计建设标准化生猪养殖场 22 家，目前已建成投产 4 家，存栏生猪 11 000 头，其中能繁母猪 3 500 头。预计 2020 年年底基地生猪存栏达 3 万头，占 2019 年灵武生猪存栏的 42%。

二、采取主要措施

1. **规划建设养殖基地，鼓励上山入园**　按照"政府引导、科学规划、统一标准、规范管理"的原则，制定完善灵武市生猪养殖发展整体规划，加大生猪养殖场的标准化建设力度，新建一批高标准的现代化生猪养殖示范场。组织全市生猪规模场负责人到养殖基地进行现场观摩，了解掌握基地入驻的相关扶持政策，动员有能力、积极性高的规模场尽快入驻养殖基地。目前已入驻 10 家，建成投产 4 家。预计项目建成后，存栏生猪 13 万头，饲养量达 40 万头。

2. **优化政策环境，加大基础设施投入力度**　结合灵武市实际，研究出台《养殖业扶持发展政策（试行）》，对入驻的养猪场，圈舍建设每平方米补助 60 元；粪污资源化利用设施建设一次性以奖代补 40 万元；实行养殖业贷款贴息资金等。市政府投资近 2 亿元，保障新规划养殖基地通水、通电、通路，目前已完成 70 千米供水、34.6 千米供电和 57 千米道路建设工程。

3. **依托项目支持，发展标准化生猪养殖**　依托畜禽粪污资源化利用整县推进项目和生猪地方板块项目，支持新建生猪规模养殖场建设标准化猪舍，配套粪污设施、防疫消毒设施、病死畜无害化处理池，购入清粪机械等，构建种养结合、生态循环、绿色发展的现代标准化生猪养殖园区。

三、获得的经验

1. **合理规划，科学布局** 坚持"以养为主，防养并重，防重于治"的原则，一是配套建设独立洗消中心、装猪台和隔离室，避免外来车辆和人员随意进入养殖基地。二是规划建设有机肥加工厂，集中处理养殖粪污，降低养殖场粪污处理投入成本，提高养殖积极性。三是配套建设生猪屠宰场，实现"运猪"向"运肉"转变。

2. **重视后备母猪培育** 倡导自繁自养养殖模式，减少引种费用，避免引种风险。引导养殖场加强对后备母猪的挑选、培育和饲养管理，提高母猪生产性能及养殖场经济效益，确保养殖场长远稳定发展。

3. **大力推广智能化饲喂模式** 示范推广智能化、数字化、自动化养殖设施和饲养技术，采用智能化饲喂模式，针对母猪不同饲养阶段、不同体况、不同品种，实现个体化、精细化饲喂，提高饲料报酬，降低劳动成本，提高养殖效益。

4. **加大疫病防控，杜绝病原传播** 一是按要求统一制定疫病防控制度，严禁养殖场外人员进入生活及生产区。饲养人员需经消毒、洗浴、更衣、隔离后进入生产区。二是一切生活、生产物资必须经洗消中心洗消后才能进入园区，并经养殖场二次消毒后，由养殖场车辆转运入场。三是通过微信等网络平台定期推送、养殖场定期组织培训等方式，强化生物安全防控知识培训，提高全员防控意识。

沙坡头区生猪复产典型材料

2018 年下半年以来，受非洲猪瘟疫情、市场等因素影响，生猪养殖户积极性一度受挫。为恢复生猪生产，提振生猪养殖信心，沙坡头区积极落实国家及自治区相关政策，扎实做好疫情防控工作，通过强化技术培训、增加财政投入、加大互通力度、引导大型养殖集团落户等措施，多措并举，助推宁夏生猪稳产保供。

一、基本情况

截至 2020 年一季度，沙坡头区生猪存栏 16.85 万头，能繁母猪存栏 2.07 万头，与 2019 年最低存栏相比分别增加 60.94%、64.29%。2020 年，沙坡头区共新建、改扩建规模养殖场 14 家，预计年底生猪存栏可达 17.6 万头，能繁母猪存栏 2.2 万头，分别完成 2020 年沙坡头区生猪稳产保供目标任务的 125.27%、117.02%。

二、采取主要措施

1. **发展规模养殖，带动产业发展** 沙坡头区现有年出栏 500 头以上的生猪规模养殖场 51 个，存栏生猪占总存栏量的 85.1%。其中，共建有年出栏万头以上的标准化规模生猪养殖场 20 余个。目前正在改扩建中的海通达、祥泰丰、万国等猪场建成投产后，预计 2020 年年底可新增生猪产能 6 万头，将对今后沙坡头区猪产业的发展起到有力的促进作用。

2. **紧贴产业发展现状，加大政策投入力度** 近年来，沙坡头区积极争取生猪产业发展项目资金，有效调动了社会资本投资建设标准化规模养猪场的积极性，提高了标准化、规模化水平和抵御风险的能力，稳定了生猪发展。已兑付 2018 年、2019 年农业产业化地方板块项目资金 341.51 万元。2020 年，沙坡头区争取生猪产业项目资金 200 万元，其中落实 2020 年农业产业化地方板块生猪产业项目资金 100 万元，落实生猪规模化养殖场建设补助项目资金 100 万元，主要用于新建、改扩建猪舍内的产床、保育栏、通风、清粪、自动饲喂等设施设备的购置安装。

3. **构建产业服务网络，逐步完善配套服务体系** 一是社会化服务体系逐步趋于完善。从猪舍建造、设施设备操作、饲料兽药疫苗供应、饲养管理、粪污处理等都有专业的服务团队上门指导服务，为产业发展提供了技术支撑。二是生猪防疫体系逐步加强。已建立和完善了区、镇、村三级动物防检疫科技服务网络，全面推行了动物免疫标识制度和定点屠宰检疫制度，加强了对生猪疫病的监测预报，有效控制了生猪重大疫病的发生，保证了生猪生产健康稳定发展。三是流通渠道进一步拓宽。沙坡头区严格按照《关于进一步规范全区生猪及生猪产品跨省"点对点"调运监管工作的通知》要求，加强生猪点对点调运监管，加大对违法调运的打击力度，保障沙坡头区生猪产业顺利发展。目前，沙坡头区年外销生猪占总出栏数的 70％以上，主要销往青海、甘肃、内蒙古、新疆、西藏等地。

三、获得的经验

规模化、标准化、工厂化养殖已成为生猪养殖的主导方向，规模化将主导今后的生猪生产和市场供应，再加上国家对规模化养猪的扶持力度不断加大，将促使生猪养殖向集饲料加工、自繁自育、生猪屠宰、销售为一体的产业化经营方向发展，通过品牌创建，实现安全战略。同时，养殖粪污能源化利用和有机肥生产加工也将成为生猪养殖产业化经营的重要组成部分。

1. **猪品种得到进一步优化**　引进的瘦肉猪优良品种将逐渐取代地方品种，生产技术将向着外三元杂交和专门化品系发展。

2. **养猪新技术水平有了提高**　提高养猪饲料报酬、母猪繁殖能力，推广猪的人工授精技术、仔猪早期断奶技术、快速育肥技术等，是提高养猪经济效益的重要手段。

3. **发展生态养猪**　未来的养猪业是环保与资源的综合开发利用。饲料要按环保和营养标准合理配制，生产设备和工艺要科学化，推广生态养猪技术，减少水和饲料的消耗，减少污水的排放；实施污水的处理排放和沼气的生产利用，实现猪粪的无害化处理和加工利用，实现饲料、粪肥与农业的良性互动发展。

四、建议

1. **加强良种繁育体系建设**　建设大型规范化的扩繁场。支持有实力的企业建设年生产三元杂交或 PIC 配套系仔猪万头以上的扩繁场，以及年出栏万头以上的规模化养猪场，提高种猪场的生产规模和生产水平，保障供种能力。

2. **大力发展标准化规模饲养**　按照现代畜牧业发展和新农村建设的需要，在北部腾格里沙漠南缘和香山北麓改扩建年出栏 5 000 头以上的规模场 30 个，通过改造，提高其管理水平，通过政府推动和资金扶持，提高其标准化、规范化水平，推动分散养殖向规模养殖转变，全面提升生猪生产水平、质量效益水平和市场竞争力。

3. **加大疫病防控力度**　由于沙坡头区生猪流通频繁，给疫病传播带来隐患，必须加强动物防疫监督和疫病免疫工作，特别要加强对非洲猪瘟、高致病性蓝耳病和口蹄疫等疫病的免疫。规划建设沙坡头区病死畜无害化处理中心，对病死生猪及时进行无害化处理，减少病源，切断传播途径。

4. **出台政策鼓励**　一是认真落实国家、自治区《关于加强非洲猪瘟防控稳定生猪生产促进转型升级的实施意见》精神，抓好生猪补贴项目的实施，促进产业转型升级。二是政府每年应安排一定的资金，结合国家和自治区生猪扶持资金，对猪产业进行资金补贴扶持，帮助其改造猪舍、引进优良品种和增添防疫设施，提高生产能力。三是对新建设的种猪场、大型扩繁场，在用地、基础设施配套上给予支持，促其快速建设、及时投产。四是鼓励规模化养猪场配套建设粪污无害化处理设施。

中篇
企业篇

河北省生猪复养增养典型案例

——承德三元中育畜产有限责任公司生猪增养案例

一、公司基本情况介绍和当前生猪生产情况

（一）基本情况介绍

承德三元中育畜产有限责任公司成立于 2006 年 9 月，是隶属于北京首都农业食品集团的大型现代化国有生猪繁育企业，作为首农食品集团猪养殖板块的重要组成部分，公司始终坚持走"科学养殖、不断创新"的发展之路，承载着京承农业经济技术全面合作与发展的使命。

2008 年，公司取得河北省畜牧兽医局颁发的无公害畜产品产地认定单位称号，2009 年被承德市人民政府评为"京承农业合作重点企业"，2010 年 10 月被农业农村部授予"生猪标准化示范场"，2009—2020 年连续被承德市人民政府评为"承德市农业产业化重点龙头企业"。

公司现有员工 60 人，其中管理人员 6 人、各类技术人员 20 人、养殖及其他人员 34 人。公司总资产 2.26 亿元，设有平泉种猪示范场、平泉种猪培育场、平泉种公猪站、租赁育肥场以及榆树林子基地 5 个分支机构，存栏基础母猪 2 400 头，设计规模为年出栏种猪 1.5 万头、商品猪 3.5 万头。作为承德市农业产业化重点龙头企业，公司始终坚持以市场为导向，以种猪产业为龙头，致力于发展生猪标准化、规模化养殖，打造京承农业合作典范。

（二）生猪生产情况

公司整体产业链设计存栏基础母猪 2 400 头，年出栏种猪 1.5 万头、商品猪 3.5 万头。2019 年累计出栏猪 38 975 头，其中种猪 14 713 头、商品猪 24 262 头。2020 年 4 月末，公司存栏基础母猪 2 450 头，仔、幼、肥合计存栏 15 320 头，目前已实现满负荷运营。2020 年 1—4 月累计出栏猪 16 477 头，其中种猪 5 847 头、商品猪 10 630 头。

公司的发展规划将紧紧围绕首农食品集团发展战略，以企业高质量发展为目标，进一步加强产业集聚示范效应，在现有产能基础上将基础母猪存栏扩大到 5 000 头，实现年出栏种猪 3 万头、商品猪 7 万头的生产规模，打造辐射华北地区乃至东北地区的示范性养殖基地，带动农户发展生猪养殖，保障京津地区优质畜产品的有效供给，实现企业经济增速和社会价值的双赢。

二、增养的主要历程和采取的主要措施

2017—2019 年，公司历经停产清群、项目建设、改造升级等艰苦蜕变历程，从经营环境、主营业务等多个方面不断提升，迎来企业发展的新起点。在向农业产业化迈进的征程中，公司各项生产经营指标实现历史性飞越，基础管理水平大幅提高。

（一）加快重点项目建设，促进产业快速发展

自中央审议通过《京津冀一体化协同发展战略》以来，京津冀畜牧业协同发展的步伐不断加速，立足资源禀赋特点等优势，顺应畜牧业协同发展的要求，承德三元中育畜产有限责任公司积极响应京津冀一体化号召，推进北京市外埠"菜篮子"工程项目建设，打造京津优质畜产品供应基地。同时积极利用北京地区的先进技术，整合优势资源，引进先进的生产设备及国内领先的生产技术工艺。2017—2019 年，公司累计投入资金 1.8 亿元，先后建立并完善了猪采精自动化系统及配套实验室、生物安全体系以及生猪产业智能化管理系统建设。平泉种猪示范场、培育场组成了相互配套的两点式饲养体系，两场均配备国内一流的生猪养殖标准化生产设备，采用国内先进的生产技术工艺和粪污处理工艺，旨在打造辐射华北地区乃至东北地区的示范性养殖基地，充分发挥龙头企业技术优势，提高畜牧业综合生产能力。

新建猪舍全部采用大跨度、全漏缝地板的密闭式猪舍结构，同时配备了刮粪系统；配备的精准环控系统包括初效空气过滤系统和温湿度、有害气体控制系统，饲喂方面配备全自动化料线和猪群自动饲喂系统，为猪群的生产提供了良好的环境，提高了猪群的饲喂精度与现代化水平。猪场粪污处理采用"固液分离→厌氧发酵→好氧曝气→膜过滤"的基本模式，将液体废弃物转化为沼液，还田利用，有效改良了周边地区的土壤土质；固体废弃物通过密闭式发酵罐转化成有机肥，实现了养殖废弃物的资源化利用。

（二）强化生物安全体系建设，为生猪养殖保驾护航

面对经济下行压力、严峻的市场经济形势以及非洲猪瘟和其他猪群疾病等客观因素的困扰，公司严格生物安全风险防控，着力补强"基础管理不实"的短板，加强生物安全体系建设，为生产经营的稳定运行构建科学严密的防护屏障。

公司生物安全体系建设从软件建设、硬件建设和监督落实 3 个方面着手。

1. **软件建设**　以场内培训、签订生物安全协议、改进制度体系为着眼点，重点提高全体干部员工的生物安全思想与技术认知，使全体干部员工主动参与、加入生物安全体系建设。严格执行生物安全环境监督制度，每周对场区内、办公区、猪舍及车辆等进行采样监督，确保环境安全，为生产经营构筑防护屏障。

2. **硬件建设**　围绕建立五级生物安全防疫圈，通过硬件建设提高企业的防控等级。目前已经建成车辆清洗消毒中心两处、人员隔离中心一处。其中第一车辆清洗消毒烘干中心主要对养殖场使用的饲料和生猪运输车辆进行彻底清洗、消毒、烘干，防止运输车辆带来的有害病毒和细菌；第二车辆清洗消毒中心主要对外部车辆进行清洗、消毒，阻断其携

带病源的可能性。员工返场隔离中心配备淋浴设备、桑拿房、清洗设备、消毒设备、换洗衣物，可阻断入场人员传播渠道。

　　3. 监督落实　明确职责分工与监督程序，分场、分区域配备专职生物安全员，并建立微信群。通过消毒视频实时上传、硬件隔离设施建设和划线监督等综合性措施，实现生物安全体系可视化管理，将生物安全防控措施与免疫、消毒措施落实到位。

三、增养成效

　　承德三元中育畜产有限责任公司 2019 年实现出栏 38 975 头。目前，公司已实现基础母猪存栏 2 400 头，预计年可出栏种猪 1.5 万头、商品猪 3.5 万头。2020 年 1—4 月累计出栏猪 16 477 头，其中种猪 5 847 头、商品猪 10 630 头。

四、增养和疫病防控方面的启示与建议

　　（1）加强生物安全防控硬件体系建设是加强"非洲猪瘟"防控的关键。无论是集约化的规模猪场，还是小规模的农户散养，都必须建立符合规范的生物安全防控硬件设施。

　　（2）加强生物安全体系理论与软件建设力度，提高养殖从业人员对疫病防控理论、实际操作技术与流程的认知，普及行业从业人员的生物安全防控知识。

　　（3）政府部门应加大对生猪运输环节的监管力度，建设统一的生猪运输车辆清洗消毒中心，切断非洲猪瘟等传染性疫病的大范围传播、流动性传播途径。

生猪复养增养要讲究天时、地利、人和

——定州市嘉和生猪复养增养典型案例

一、养殖场基本情况和当前生猪生产情况

1. **基本情况**　定州市嘉和养殖有限公司位于河北省定州市邢邑镇八家庄村，企业负责人白岳军，今年 42 岁，毕业于衡水市农业学校。企业建于 2014 年，投资 400 万元，设计规模年出栏 3 500 头。2018 年以前，有基础母猪 80 头，常年存栏 760 头。

2. **当前生产情况**　现在养殖场有基础母猪 200 头，存栏生猪 1 700 头，达到了年出栏 3 500 头的目标，场区满负荷运转，母猪舍、后备猪舍和育成猪舍都已经满员。2019 年新建的黑膜沼气正常使用。公司目前运转良好，增养成功。

二、复养增养主要历程和采取的主要措施

1. **主要历程**　定州市生猪养殖场减产是从 2018 年秋天开始的，到了冬天，定州市生猪养殖集中区——开元镇的生猪养殖场数量已经下降到一半以下。2019 年，定州市另一个生猪养殖集中区——邵村片区由于河道清理工作，有九成以上的猪场关闭搬迁。

嘉和养殖场位于邢邑镇八家庄村，该村只有这一家规模养猪场，防疫防控工作具有一定优势。从其他养殖场开始减产起，生猪价格逐渐降到了冰点，该场负责人白岳军却用独特的眼光看到下一个"猪周期"要提前来临。

该场在做好基础消毒防疫的同时，大量保留后备母猪。2019 年 6 月，该场母猪存栏已经由之前的 80 头增长到了 160 头，出栏量也大幅度上升。到 2019 年年底，该场实现了满负运转，达到了场区的设计规模。

2. **主要措施**　一是做好基础消毒工作。众所周知，养殖场消毒在平日就应该养成习惯，至少要有 3 种消毒药轮换使用。严格消毒细节，对于车辆、人员及饲料等，一律消毒后再进场。二是加强生产管理工作。坚决不使用泔水、餐厨垃圾饲喂，保障饲料来源安全。要求工人不能去其他养猪场，减少与外人接触。做好病死猪的无害化处理工作。三是做好防疫工作。对于常规防疫，严格遵守流程，确保每期、每轮防疫不丢不落。四是敢于对行情进行预测。遵循市场价值规律，相信供需关系是影响价格的主要因素，相信政府的宣传能力，减少心里恐慌。

三、复养增养成效

通过做好消毒防疫、加强生产管理，该场生猪死亡率控制在了 2% 以下，新生仔猪成活率高于同行。在增加后备母猪后，又逢生猪价格低迷，企业短期内资金压力增加，白岳军又立刻积极争取各方面的贷款，保证生产正常运行。在困境之时，有人说白岳军"赌"错了，白岳军却没有怀疑自己的判断能力。终于，"寒冬"挺过去了，白岳军也等到了他的"春天"。通过增养，嘉和公司 2019 年一年的利润超过了之前 3 年的利润之和，白岳军的脸上乐开了花。

四、经验和启示

1. **把握天时**　谈起"猪周期"，大家都知道是什么，但是"猪周期"具体什么时候来临，就像上证指数一样很难预测。2018 年生猪市场低迷，养殖户大量减产。根据市场供求关系和价值规律可以预测，生猪价格上涨是必然的趋势。但是当时老百姓还处在"谈瘟色变"的时期，要推算具体时间，也是一件困难的事情。当时可以认定的是，不管现在形势如何，"猪周期"一定就快要到来了。敢于大胆预测，敢于拼搏，是成功的关键因素。

2. **依靠地利**　近年来，河北省加大违法违规建筑整治力度，同时加强河道"清四乱"工作，大力推进白洋淀上游流域环境整治，让很多之前"苟且偷生"的养殖场无处遁形。嘉和养殖场从建厂之初就把选址作为重中之重来考虑，除了考虑水、电、交通、风向等因素外，认为占地必须合法合规，才能安心生产。同时，养殖场周围 3 千米之内没有其他规模养猪场，在防疫方面也减轻了一些压力。

3. **打造人和**　"越是行情不好的时候，越要加强饲养管理。"这是白岳军常挂在嘴边的一句"名言"。我们从这句话中充分体会到了公司的管理方向和其个人的管理能力。从技术入手，加强管理，才能在"猪周期"到来之际有底牌可亮。

河北省生猪复养增养典型案例

——丰宁满族自治县丰鑫实业有限公司生猪增养案例

自 2018 年 8 月以来，受非洲猪瘟、环保等因素影响，国内及区域内生猪基础母猪存栏、育肥猪出栏量大幅度下降，导致生猪猪源出现严重缺口，造成生猪价格及冷鲜肉价格大幅度上涨，严重影响了区域内的市场消费物价指数，不同程度地影响了百姓生活及"菜篮子"工程。为恢复生猪生产，国家及省、市、县相继出台各种生猪复产等支持政策，多措并举，提高生猪产能，鼓励养殖户进行复养增养。目前，在丰宁满族自治县县域内已形成以丰宁满族自治县丰鑫实业有限公司为龙头，带动本县生猪养殖复产扩能的格局。

一、公司基本情况及当前生猪生产情况

（一）公司基本情况

丰宁满族自治县丰鑫实业有限公司成立于 2006 年 4 月，注册资本 5 000 万元，公司法定代表人武志龙，主营范围为生猪养殖、生猪屠宰销售，牛羊屠宰、销售，农副产品购销、仓储及进出口。公司经过十多年的发展，已形成集研发育种、生猪养殖、生猪屠宰分割加工、冷藏仓储、冷链物流配送为一体的"省级农业产业化经营重点龙头企业""省级扶贫龙头企业"，公司产品已通过"食品安全管理体系"认证。公司自有的生猪屠宰加工厂是国家一级生猪屠宰加工厂、国家储备冻猪肉承储企业。公司产品获"河北省著名商标""河北省优质产品""河北省中小企业名牌产品""国庆 70 周年阅兵猪肉供应企业"等称号。

（二）当前生猪生产情况

公司现有万头标准化规模种猪繁育生猪养殖场，配套先进的设施设备，常年在栏基础种猪 2 000 头，2019 年出栏二元种猪 5 000 头、育肥商品生猪 2.5 万头，2020 年 1—5 月出栏育肥商品猪 9 538 头。

二、增养的主要历程和采取的主要措施

公司针对非洲猪瘟疫情、市场因素及区域环境等因素的影响，及时采取相应措施，加强基础设施建设，提高生物安全防控体系，制定严格的管理制度，采取"封闭式"管理制度，加大洗消消毒及保健防疫投入力度，控制饲料核心原料环节。在原有基础设施的基础上，将生猪生产划分为仔猪繁育功能区和生猪育肥功能区两部分，有效降低了生猪养殖风

险。目前，公司生猪生产稳定，产能稳步提升，能繁母猪群由原来的 2 500 头逐步增加到 5 000 头，取得了良好的经济收益。

（一）繁、育分离、降低风险

立足原有基础设施，将生产线划分为能繁母猪繁育功能区和育肥专属功能区，中间设立绿化及隔离屏障。繁育区作为基础核心区，制定合理的管理制度及防疫免疫制度，保育猪转入育肥功能区之前，设置期限为 15 天的流转观察期，在饮水、饲料及消毒方面加大成本投入，避免在转入育肥区的过程中发生疾病传播，有效降低了生产一条线、混养的风险。

（二）加大防控、杜绝病源

公司常年保持较高的免疫水平及保健措施，从配种前、妊娠期、哺乳期，到仔猪出生、出栏，设置严格规范的防疫免疫制度及保健流程，选用性价比较高的疫苗厂家及兽药厂家，同时按照县农牧部门规定的防疫管理文件，由畜牧、动检等部门全程监督和把控流程，防疫免疫密度达到 100%。经检测，公司免疫水平及抗体水平均达到较高水平。自非洲猪瘟在国内暴发以来，公司规定消毒工作必须贯穿于始终，加强消毒力度，每日下午，采取喷雾消毒与干粉消毒相结合的方式进行全面消毒。在距离养殖基地 1.5 千米范围外，设置专门的洗消点及销售育肥猪的中转点；在基地大门处设立二次消毒点；建立每单元猪舍换衣间及脚踏池，把好猪舍、环境、生活区及办公区的立体消毒防控关，全方位做好消毒防控及防疫工作。

（三）封闭管理，真空管控

公司采取"军事化"封闭式管理，全面执行封场管理，基地禁止外来人员进入，内部员工除特殊原因禁止外出，如需采购日常生活用品，一律执行定点及代采制度。对于常规用品，统一由公司作为福利进行发放，个人用品由个人计划，总公司安排采购部门进行代采。加强饲料使用的管理，大宗原料采购执行定点管理，定点合作单位必须经过总公司实地考察，具备高温消毒条件的厂家将作为首选。加强生猪销售环节的管控，在距离基地场 8 千米范围外的总公司设立隔离观察区，在招聘的新员工入职前及探亲休假返岗的员工入场前，必须经过总公司隔离区隔离 7 天以上，经过洗澡、换衣等程序，消毒后方可进入基地场，落实好"真空"管理。

（四）自繁自养、稳定猪源

公司始终坚持繁育一体化，选留后备母猪及后备公猪，坚持自繁自养，建立了良好的繁育体系及繁育系谱档案，与农业科学院畜牧专家对接，繁育种猪，建立种猪供应站，挑选合格后备种猪，避免外引种猪，有效切断了病毒的传播。

（五）闭合体系、链条管理

公司从种植、养殖、屠宰加工到销售终端，拥有完善的产业链条，区域内的生猪及自身基地饲养的生猪，通过下设生猪养殖合作社的平台，全部销售到内部管理的屠宰场，区

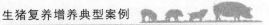

域内的生猪无外流现象。在农牧动检部门的强有力把控下，禁止外部车辆或区域内猪源出入，在很大程度地切断了病毒的传播途径。

三、复养增养成效

在县政府的政策引导及政策支持下，企业围绕自身发展规划，立足现有基础量，在县域内选址，采用繁、育分开的模式进行增养，降低投入成本，有效提高了生猪存栏量。目前重新选址建设的4个大型标准化生猪养殖场正在施工中，预计建成达产后，常年在栏基础母猪8 000头，年出栏种猪1.2万头，年出栏育肥商品猪10万头。

四、获得的主要经验

（一）抓好精细化饲养管理

科学防控和精细化管理是抓好生猪养殖及增养的核心基础。公司始终坚持执行严格的防疫免疫制度及保健操作规程，坚持"预防为主、保健优先"的原则，每季度进行抗体检测及化验，针对检测的抗体检测结果，有针对性地调整防疫免疫方案，通过科学防控，实现扩群提量的发展理念。执行好精细化管理，以单元为单位，对员工执行责任承包制，签署承包合同，每周定期不定期进行圈舍卫生、消毒、温度、湿度等方面的检查评比，评先树优，做好定量饲喂和责任跟踪，全方位抓好防控工作。

（二）坚持传统理念

在不断增养的进程中，始终坚持猪舍建设的传统工艺及流程，建设猪舍时摒弃自动清粪的理念。单元内隔挡全部采用土建模式，这样做一是节约用水，避免水冲圈造成的水资源浪费现象；二是减少水泡粪的发酵，保障生物安全；三是通过水泥墙隔挡，减少疾病的快速传播。采用传统养殖与自动化饲养相结合的模式进行饲养，不仅减少了资源浪费，还在很大程度上降低了生物安全风险。

（三）时刻关注行情及形势

非洲猪瘟疫情发生以来，市场行情不断变化，饲料价格也随之波动。公司一方面把握市场行情，争取采购价格低廉的原材料；另一方面，在生猪的销售上及时与自有屠宰公司对接，进行内部销售。及时掌握周边区域的形势，有针对性地进行防控，提高风险抗击力。

五、建议

（1）深入落实政府统一防控措施，抓好猪瘟、蓝耳及口蹄疫强免的力度和举措，将强制免疫作为基础工作抓好，有效防控疫病大规模传播。

（2）进一步落实好复养和增养的政策支持，加快国家针对生猪复养及猪场建设的相关政策落地。

河北省秦皇岛市生猪增养典型案例

—— 秦皇岛市凯元农业发展有限公司

秦皇岛市凯元农业发展有限公司成立于 2017 年 6 月，位于抚宁区抚宁镇坟坨管区王家湾村，法人杨春波。

一、养殖场基本情况介绍和当前生猪生产情况

养殖场总占地 180 亩，能饲养存栏母猪 1 500 头，年出栏肥猪 3 万多头，2018 年引进纯种母猪 200 头，现存栏母猪 800 多头。

二、增养的主要历程和采取的主要措施

从 2019 年 5 月开始，公司根据当前生猪养殖形势对企业进行扩建，计划到 2020 年年底投资 3 000 万元，完成 25 600 米² 的产房、母猪舍、保育舍、育肥舍等设施建设任务，到 2021 年存栏母猪 1 500 多头，出栏肥猪 3 万多头。

在管理上，凯元农业发展有限公司与河北方田饲料公司合作，全部技术依靠河北方田饲料公司。该公司派技术总监 1 名、兽医 3 人、配种员 2 人驻场进行猪场日常管理，确保生产达到较高水平。

在生物安全方面，猪场人员吃住全部在猪场生产区，休假人员回场前，首先在指定酒店隔离两天，回场后再在生活区隔离两天。所有人员进入生产区前，要把衣服放外边消毒，洗澡后穿生产区工作服方可入场。公司还配有消毒车库，进料汽车要进入汽车消毒池，用自动气雾消毒设备消毒，再进行高温消毒。卖猪有专用转猪汽车、消毒池、转猪台、上猪台、汽车专用消毒车库，公司自己还有专用拉猪汽车。

三、增养成效

通过完善各种施设施备，进行严格的生物安全管理，在各方面的共同努力下，2019年，公司生产成绩良好，经济效益较高。

四、在增养和疫情防控等方面值得同行借鉴的经验、启示与建议

公司以"整体、协调、循环、再生"为总的指导思想，在生产中坚持六项原则：

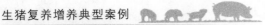

1. **减量化原则** 生猪养殖基地实行干清粪工艺，减少冲圈和降温用水，从而减少治理费用，把污染源控制在最低限度。

2. **资源化原则** 生猪粪污是一种有价值的宝贵资源，充分利用畜禽粪污资源是污染防治的重要原则。生猪粪污经过处理后，可以产出再生资源，具有较好的经济价值和生态价值。

3. **生态化原则** 遵循循环经济指导思想，依据物质循环、能量流动的生态学基本原理，强化种养平衡，促进种植业与养殖业有机结合，实现生态系统的良性循环。

4. **效益为主原则** 兼顾环境效益、社会效益、经济效益，将治理污染和资源开发有机结合起来，使养殖场粪污治理工程产出大于投入，提高污水处理工程的综合效益。

5. **运行稳定性原则** 遵循技术先进、工艺成熟、质量可靠的原则，在保证工程运行稳定的前提下，采用国内外先进的工艺和设备，使工程在节能减排领域达到国际先进水平。

6. **管理简便原则** 合理处理人工操作和自动控制的关系，对于自动化成本高、维修不便的部分采用人工控制；对不便于人工操作且人工成本较高的工作，采用自动化技术，提高系统运行管理水平。

河北省秦皇岛市生猪增养典型案例

——昌黎县普成养殖场

2016 年 10 月，昌黎县普成养殖场在昌黎县新集高庄村租用了一个占地 60 亩荒废多年的猪场，里边设施陈旧，圈舍设计不符合现代化养殖模式。经过简单改造后，从国家级育种中心、北京育种场、沈阳正成育种中心分批次引进种猪 150 头，进行母猪的品种改良。2017 年 5 月，开始对猪场进行现代化建设，因经验和资金不足，只能出售仔猪，并挑选后备母猪来壮大母猪群体。2018 年 8 月，非洲猪瘟暴发，普成养殖场采取一系列防范措施，确保该场继续正常运转。2019 年，普成养殖场开始对原有猪舍进行改扩建，目前已经接近尾声。

一、猪场基本情况和生猪当前的生产情况

现有母猪舍 4 栋，可容纳 1 500 头母猪；保育舍 4 栋，可容纳 4 000 头保育猪；后备舍 3 栋，可容纳后备猪 1 000 头；肥猪舍 4 栋，可容纳 5 000 头育肥猪。现有经产母猪 800 头，后备母猪 500 头，每头母猪一年能生产 20 头左右的仔猪，可向社会提供育肥猪 1 万头、种猪 5 000 头。

二、增养的主要历程和采取的主要措施

2016 年 10 月至 2019 年 5 月，从 150 头母猪开始繁殖，进行种群培育，2017 年母猪存栏 260 头，2018 年母猪存栏 600 头，2019 年母猪存栏 800 头，及时淘汰每年所能提供的断奶仔猪头数达不到 19 头的母猪和肢体不协调的母猪。养殖场配有大型发电设备、自动饲料线、大型粉碎搅拌设备、全自动无死角消毒设备，有骨干技术团队 5 人，他们都有过硬的技术，其中 3 人曾在欧洲育种场学习深造。

三、增养成效

增养以来，工人分工明确，猪群统一管理，可以分批次进行疫苗防疫和转群工作。母猪批次化生产减少了疾病的发生和工人的劳动强度，也精细化了报表和对母猪的监督。2016—2019 年，养殖场摸索出了一套适合自己的养殖模式，母猪年生产力（PSY）在 20.3 头左右，育肥猪成活率在 97％以上，哺乳仔猪成活率在 98％以上，配种率达 93％，

保育成活率为 98％，七天断奶发情率为 98％或 100％。

四、在增养和疫情防控等方面值得同行借鉴的经验启示与建议

普成养殖场在增养过程中，一直少量添加后备猪入群，保证母猪群体抗体在同一水平。针对疫情，采取人员禁止外出，所有需要进场的物品进行紫外线消毒、戊二醛消毒，隔离后才可入场的措施。人员外出后需进行 7 天隔离。圈舍定期消毒，以甲醛、高锰酸钾、戊二醛、火碱为主，每天坚持观察圈舍和室外温度。在免疫保健方面，以提高母猪的免疫力为主，用中药对母猪进行合理的保健。每年三次对猪群进行病毒载量检测和抗体检测，通过分析，对猪群进行合理防治和免疫。普成养殖场一直提倡少用抗生素，避免猪群产生耐药性，保证猪群达到健康标准，减少亚健康猪。

重整山河，涅槃重生

——辛集市赵崇养猪场复养增养成功案例

自 2018 年 8 月我国发现首例非洲猪瘟疫情以来，养殖业遭到重创，养殖户损失惨重。在与非洲猪瘟作战的过程中，辛集市赵崇养猪场不断积累经验，成功复养。

一、猪场基本情况

辛集市赵崇养猪场建于 2007 年 2 月，法人代表赵崇，场址位于辛集市和睦井乡和睦井村南，占地 15 亩，基础投资 300 万元。该猪场建有商品猪舍 19 栋，非洲猪瘟疫情前存栏育肥猪 2 500 头、基础母猪 210 头，国内发生非洲猪瘟疫情后全部清场。现猪场育肥猪存栏恢复到 950 头，基础母猪 92 头。

二、复养历程及主要措施

2018 年年底，受非洲猪瘟疫情影响，猪场负责人对育肥猪进行清场出售。清场后对厂区进行全方位消毒，每周一次。舍内交叉使用不同种类的消毒剂进行消毒，场区用火碱消毒。两个月后，在猪舍内多点采样，送北京检测机构进行非洲猪瘟检测，结果为阴性。

2019 年 6 月，场内放入 10 头三元育肥猪作为哨兵猪，猪只均为 25 千克左右，一个月后，10 头哨兵猪均健康，且无任何非洲猪瘟症状，随后，从自家种猪场运进长大二元母猪 50 头，到 2019 年 12 月，50 头二元母猪已产仔 40 多窝。

三、复养成效

(1) 现猪场育肥猪存栏恢复到 950 头，基础母猪 92 头，猪只健康，复养成功。

(2) 猪场建立了生物安全防控制度，员工严格按生物防控制度执行。

(3) 在复养过程中，猪场饲养条件及人员防控意识均有所提高。

四、在复养过程中的启示及对同行的建议

1. 本场启示

(1) 2018 年年底，从猪贩处了解到，拉猪车已在多处猪场装猪运输，防控漏洞明显。

（2）猪场卖猪频繁，5～6次/月，染病机会较高。

（3）信息闭塞不畅通，防控非洲猪瘟的思想麻痹，人流物流车辆没有严格控制。

（4）猪场清场后，严格执行非洲猪瘟防控措施，积极消毒复养，尽快恢复产能。

2. 给同行的建议

（1）在传播途径上下功夫，政府做到阻止病毒不出疫区，规模猪场做到阻止病毒不进场，双管齐下，共同努力，以实现非洲猪瘟"可防可控可战胜"的目标。

（2）建立生物安全防控体系，不同规模猪场的生物安全防控体系评估危险点和重要防控点不同，各有侧重。针对猪场周边的环境情况、猪场内部的功能区分布、道路分布情况、猪场人员雇佣组成情况、人员流动情况等方面的风险点，找出必要的、能做的，能改造的力所能及地去改造。总之，做能做的事。

（3）制定生物安全制度，猪场负责人、技术人员、员工严格按生物安全制度执行。在消毒方面，抓重点和风险高的地方，比如，道路交叉多的地方多消毒，偏僻的地方可适当少消毒或不消毒；母猪舍多消毒，育肥舍可以少消毒。

河北省邢台市生猪复养增养案例

——河北众旺农牧科技有限公司

一、布局生猪大发展，临西光明玉兰缘

1. 企业介绍 河北众旺农牧科技有限公司位于河北省邢台市临西县吕玉兰故乡东留善固园区内，由光明农牧科技有限公司、北京大北农科技集团股份有限公司和杭州农林鸿信投资有限公司合资成立，属于光明食品集团光明农牧子公司，专业从事现代化生猪养殖，是光明食品集团生猪产业融入京津冀发展的首次尝试。一期投资5.94亿元，占地面积2 500余亩。该项目于2018年4月28日奠基开工，经前期紧张施工，现配套有饲料厂（年产18万吨饲料）、销售部、技术部等，实现了对种源、饲料、防疫、生产、销售的全程控制。在生产管理上实行精准化管理模式，人均饲养量达1 500头。光明农牧公司已有十几年发展，拥有一套完整的种猪、商品猪繁育体系，在生猪饲养、饲料营养、疫病防控等方面积累了丰富经验，生产、技术、管理已经处于国内行业领先水平。

2. 生产情况 公司于2019年3月正式投产，共引种2万多头种猪，经过一年时间，自繁自养，已有11万余头生猪存栏，现有公猪站、原种场、繁殖场、育肥场等6座，预计2020年12月可达到满负荷生产，年上市优质生猪55万头，年产值可达10亿元左右。

二、增新设岗高投入，逐级落实细措施

2018年8月，非洲猪瘟进入中国，对生猪养殖业造成巨大影响。面对非洲猪瘟防控压力，公司在基建基础上，增加生物安全设施设备、洗消中心、集中消毒点、中央食堂、隔离中心等，将非洲猪瘟风险排除在外。制定了相关生物安全管控流程，并通过技术手段监测，主要包括外防、内控、监测3个方面。

1. 外防源头 将消毒点、洗消中心、中央食堂及隔离点作为生产外围第一道防线。消毒点是所有物资集中处理的区域，进入牧场的任何物资（兽药、疫苗、个人物资、日用品等）都必须在消毒点进行消毒。物资统一采购、统一处理、统一配送，减少进入牧场的次数，每周一批次一牧场，兽药疫苗是每月一批次。建有2个洗消点，一个用于外来车辆（外装猪车、工程车等），一个用于公司车辆（内转猪车辆、货车、饲料车、餐车等），避免与外来车辆交叉污染。外拉猪车销售前必须清洁干净，无肉眼可见污迹，检查合格至洗消点进行再次清洗，消毒后进行烘干（65℃ 70分钟），对车辆及司机采样，等检测合格才能至待售区。公司内部车辆、内转猪车洗消流程与外部车辆一样，每次接触牧场都必须

经过消毒烘干并检测合格，饲料车、餐车、货车是定期烘干、定期检测，相关人员每次进入牧场范围都要经过3道消毒，确保车辆及人员风险降至最低。设立三级隔离，第一隔离及第二隔离是在公司辅助楼，第三隔离是在牧场门口的专门宿舍，用于牧场新引进或休假结束的所有管理技术人员、饲养员、后勤人员等。人员到达一级隔离点后，按照隔离流程要求，换衣鞋、洗澡、更衣（公司统一提供衣物），隔离人员携带衣物交由宿舍管理员统一检查后进行消毒、清洗、晾干；随身携带物资核查无异常后进行熏蒸消毒（严格按照操作流程实施），第二日采样检测阴性后，换上防护服鞋套，由专车送至下一级隔离点，继续按照前面的流程进行隔离。公司所有员工统一食堂管控，根据生物安全风险划分为三级区域，逐级降低风险，食材安全才能进入牧场。

2. **内控管理** 牧场采用封闭式管理，将牧场范围分为污区、灰区、净区三大部分，防控等级越来越高。围墙以外都是污区，默认为风险区域。饲料车、装猪场及餐车进入门岗外场地前都会在消毒通道密闭消毒15分钟，无害化车辆是在无害区域消毒。每日门岗穿防护服对外场地及道路进行消毒，通常以洒水车喷洒浓度3%的烧碱消毒。门岗、消毒间、隔离间及无害化区域是灰区，是涉及物资、人员、车辆进出的相对风险区域。门岗管理人员责任重大，把控进入牧场的关键环节。员工每日上班必须洗澡，换上生产区工作服，进入分管棚舍换上专靴和防护服，脚踏消毒盆1分钟，手浸泡消毒液1分钟，下班脱去工作服清洗、消毒、烘干，每日做好消毒管理工作，杜绝交叉串棚现象。

3. **监测关键** 在当前大环境形势压力下，作为养殖企业，设立实验部门是有很必要的。此外，应制订非洲猪瘟监测方案，进行风险点检测，及时发布预警信息和防控方案。对牧场每日出现的异常猪只以鼻拭子加尾根血检测跟踪，连续跟踪三天。加强环境监测力度，以牧场两道出口、外围消毒点、食堂、隔离点等区域为主，对人员、物资、饲料及车辆进行无死角监控，必须检测合格才能进入牧场。公司定期评估所处的大环境，如街道、村落、牧场外道路等区域，一旦测出非洲猪瘟阳性，要发布预警通告，提高防控等级，加强管控力度。

三、潮平岸阔催人进，风正杨帆当有为

1. **加速发展，喜迎收获** 公司从无到有，历经项目筹备、工程建设、引种投产，在"光明速度""临西态度"的支持和关心下，终于迎来了收获的时刻，2020年3月9日，载有270头生猪的两辆运输车整装待发，标志着第一批生猪成功上市，公司开始盈利。截至2020年4月底，公司总存栏11万余头生猪，预计2020年上市生猪19万头，2021年上市55万头。

2. **生产有序，稳中有升** 公司首次在北方发展生猪养殖，通过招聘当地员工，带动地方就业，再以核心骨干团队强化基础管理，培养新员工的养殖技术，以这种"传帮带"的可复制模式饲养生猪。该模式运行以来，从未发生过任何重大疫情，生产稳定有序。目前全公司生产水平稳中有升，受胎率90%以上，窝均断奶活仔11头以上，全群成活率在95%以上。

四、生物安全最核心，科学防控优健康

1. **完善生物安全体系**　生物安全永远是第一位的，无论是复产还是增产，牧场必须要达到养殖条件，如抗原检测、完善防控设施设备、安排专职人员、制订应急预案等。生物安全没有 100%，只有不断检查、不断完善，减少风险。

防控非洲猪瘟，最根本的是人员管理，核心是制度流程执行不走样。此外，实验室监测手段不可缺少，检测结果是判定异常的标准，但这对试剂、操作及人员素质有一定的要求，要防止出现假阳性或假阴性。同时，不能闭目造车，应与行内优秀企业多交流，取长补短，提高防控能力。

2. **建立科学防控管理**　在完善生物安全体系的同时，要加强对其他疫病，如繁殖障碍性疫病的监控，根据疫病抗体水平，优化免疫程序，同时开展抗原监测，包括蓝耳、圆环猪瘟、伪狂、口蹄疫、流行性腹泻等，探索北方养猪的疫病发展规律，制订相关疫病防控净化方案，提高整群健康水平。

河北省生猪复养增养案例
中粮家佳康（张北）有限公司
生猪复养增养情况

一、基本情况

中粮家佳康（张北）有限公司为中粮肉食全资子公司，于 2014 年 12 月注册成立，注册资金 6 297.66 万美元（已全部到位）。2015 年投资 4.07 亿元，于张北县公会镇和二泉井乡境内建设一期 20 万头养殖项目，占地面积共 2 268 亩；2016 年投资 6.69 亿元，于张北县两面井乡黑土湾村、后水泉村建设二期 30 万头养殖项目；2017 年，张北县工业园区 18 万吨饲料厂投产运营；另配套建设供热系统、粪污处理沼气综合利用等工程。

2018 年国内非洲猪瘟全面暴发后，中粮家佳康（张北）有限公司遭受重创，损失 2.23 亿元。依据《国务院办公厅关于做好非洲猪瘟等动物疫病防控工作的通知》（国办发明电〔2018〕10 号）和《国务院办公厅关于进步做好非洲猪瘟防控工作的通知》（国办发明电〔2018〕12 号）等文件，中粮家佳康（张北）有限公司严格执行各项防非措施，加强日常监督检查，及时纠偏补漏，外防输入、内防扩散，在非洲猪瘟防控工作有效落实到位的前提下，有序推进饲料生产，加快商品猪养殖出栏，增加猪肉市场供给。

二、复养增养措施

1. 强化组织领导，统筹兼顾，协调各部门群防群控

（1）成立防非工作小组，切实做好防非领导部署工作，有效应对突发事件，建立非洲猪瘟防控长效管理机制。

（2）发布《关于非洲猪瘟防控手册发布的通知》《中粮家佳康（张北）有限公司养殖场非正常生产期间疫情防控考核激励管理办法》，增加特殊岗位的防非津贴补助。这一举措有效提高了员工的工作积极性和主观能动性，为增强非洲猪瘟的防控力度起到了积极有效的推动作用。

（3）每周一下午召开防非工作例会，反馈各场（站）、各部门防非工作的执行情况，及时讨论并解决存在的问题，细化、完善具体防非工作要求。

2. 不断加强、提升和完善防非洲猪瘟的硬件配套设施

（1）增加养殖场大门洗消烘设备及熏蒸间的建设，把好防非的第一道关卡，确保所有进入场区的物资均无异常。

（2）增加饲料厂后熟化环节，在制粒结束后再增加一道工序，在后熟化设备中 85 ℃ 的环境下进行熟化，保证送入场区的饲料成品无病毒携带。

（3）增加猪只销售环节洗消烘设备，养殖场车辆在采样检测洗消后，将猪只拉至对接点，在外部车辆（出发前已进行第一次清洗消毒）到达高速路口的第一时间，对其进行采样检测，无异常后到指定地点清洗消毒（第二次），最后到对接点进行交易。确保外部车辆不进入养殖场内部，有效杜绝了交叉感染带来的风险。

3. 加强各环节防控工作，严防死守，狠抓防非细节

（1）确保防非措施落地执行，针对防非细节流程，设立洗菜点并寻找安全、长期的供应商，统一供应食材，每周定时送至指定地点采样检测后，对所有菜品浸泡（柠檬酸）15 分钟，用清水冲洗，再次采样检测无异后送至场区，经场区门卫熏蒸间统一熏蒸后方可进入场区。

（2）进入办公区域的所有人员使用卫可溶液浸泡双手 5～10 秒后以清水冲洗，双脚踩消毒垫 5～10 秒并使用酒精喷雾进行全身消毒。

（3）每日用车完毕后，统一到指定地点使用卫可对车辆外部进行清洗消毒，用酒精、消毒液喷雾对驾驶室进行消毒。

（4）办公区域每周五下午全员大扫除，以卫可溶液对地面、桌面等区域进行统一清洗消毒。地毯式、覆盖式、全扫描，群防群策群力，确保防非工作无遗漏、无死角。

（5）在企业微信添加防非表单，包括车辆洗消流程、超市采购物资洗消流程、隔离申请、物资进场熏蒸流程、隔离宾馆防非流程等，同时建立防非工作群，实时反馈各项防非工作执行情况以及需解决的问题，各领导第一时间响应并及时解决，保证各项工作有序落实推进。

4. 养殖场区防控措施

（1）新入场员工到达张北县，先在指定宾馆单独隔离三天（一人一间房），采样检测合格后方可进入场区。

（2）所有入场员工禁止携带任何动物源性食品，特别是猪肉及其制品、含奶类成分的食品。

（3）进场区后按照沐浴程序，彻底沐浴更衣，入场后在生活区隔离 36 小时后方可进入生产区。

（4）每天对生活区、办公区及外围公共区域进行全面消毒，场区内以石灰做道路白化工作，栋舍内一日三次以烧碱水喷雾消毒，针对无法涉及的死角及危险区域等，用火焰喷枪进行高温消毒。

（5）不定时对场区员工进行防非知识培训，根据非洲猪瘟演练方案，确保各场区做到实地演练并熟知非洲猪瘟暴发后应采取的各项措施及流程。在企业微信上传防非知识测验，建立健全奖罚机制，激发员工积极性。

（6）非洲猪瘟发生后，中粮家佳康（张北）有限公司积极进行猪舍清洗消毒，采用高压枪对场区地沟、产房/配怀栏位、产房白板/漏粪地板、通风系统小窗、栋舍顶部、风机进行清洗；所有料盒全部拆开清洗，用毛巾清理料管；对栋舍栏位做除锈刷漆，栋舍内及过道所有缝隙灌沥青密封；生产区应急门张贴封条，防止人员外出；拆卸宿舍床位暴晒；

用过硫酸氢钾对衣柜、桌椅进行全面擦拭消毒；窗帘、床上用品用过硫酸氢钾清洗并70℃烘干；所有宿舍及过道、库房使用戊二醛熏蒸消毒；药品、疫苗拆除外包装后用过硫酸氢钾浸泡消毒，并进行熏蒸消毒。场区的整改、洗消等一系列有效措施，为公司成功复养打下了坚实的基础。

三、复养增养成效

中粮家佳康（张北）有限公司于2019年8月开始复养复产，已引进2.15万头能繁母猪、150头原种公猪。首批母猪于2019年8月开始配种，截至2020年4月底，累计配种2.56万头、分娩0.72万头，累计产健仔猪7.92万头，累计销售1.81万头，已实现净利润1780万元。

四、复养增养的经验、启示和建议

1. **严把各个环节，增强防非意识**　防控非洲猪瘟，长期且艰巨，要使养殖场、饲料厂、车队、中转站的洗消烘干设施发挥功效，质安部加强现场监督检查，每个环节严格把关，防非制度流程执行到位。职能部门要将各项外围工作做扎实，使生产一线员工安心养猪。同时，防非工作要做到常态化、标准化。增强员工防非意识，发现问题及时处理，确保非洲猪瘟防控工作有力、有序、有效地开展。

2. **外防输入，内防扩散**　划分高中低风险区域，精准防控，隔离阻断执行到位；做到勤检查，早发现、早清除、早分离。增强忧患意识，做到居安思危，防患于未然，加快生猪生产与市场供给，保障中粮家佳康（张北）有限公司的各项工作有条不紊地开展。

3. **面临新挑战，坚定生产信心很关键**　当前经济发展面临的挑战前所未有，必须充分估计困难、风险和不确定性，切实增强紧迫感，抓实经济社会发展各项工作。以习近平新时代中国特色社会主义思想为指导，增强"四个意识"、坚定"四个自信"、做到"两个维护"，统筹推进防非防控工作，在防非工作常态化的前提下，坚持稳中求进的工作总基调，坚持新发展理念，坚持以供给侧结构性改革为主线，以改革开放为动力推动高质量发展，坚决打好三大攻坚战，加大"六稳"工作力度，保居民就业、保基本民生、保市场主体、保粮食能源安全、保产业链供应链稳定、保基层运转，坚定实施扩大内需战略，维护经济发展、社会稳定大局。

山西凯永养殖有限公司
生猪复养增养案例

一、基本情况

1. **公司概况**　山西凯永养殖有限公司位于山西省高平市，成立于 2006 年，是一家集种猪繁育、饲料加工、规模养殖、屠宰加工、沼气生产、设施种植、种苗繁育、有机配肥、科技服务、休闲采摘为一体的科技创新、可持续发展农业循环的国家重点龙头企业。公司先后被评为全国猪联合育种协作组成员单位，国家级农业综合标准化示范区，国家级生猪扩繁扩建项目实施单位，农业农村部蔬菜标准园，省级种猪原种场、良种猪繁育推广示范基地，山西农业大学产业示范精品基地；被农业标准化委员会、质量技术监督局评为生猪养殖标准化示范基地、农业产业化国家重点龙头企业。

2. **生产模式**　山西凯永养殖有限公司养殖场区依照国家种猪养殖建筑规模布局建设，按照国家级标准设计建设生产，场区实行了硬化、绿化、净化。公司采取国内最先进的育种软件来管理生产，利用人工授精来发展生产，标准化生产贯穿种猪生产全过程。2013年聘请中国养猪学会理事长、国家生猪产业技术体系岗位专家、中国农科院王立贤研究员为公司首席技术顾问，开展种猪的选育工作，使原种猪保持较高水平的生产性能。公司对农户进行无偿技术支持，从选种、防疫到饲料供应，形成了"公司＋基地＋农户"及生产、销售、服务、科研的"凯永模式"。特别是对困难户，公司先提供猪源，再收购生猪，扶持周边农户脱贫，实现共同富裕，带动农户 6 000 多户。

3. **建设规模**　公司现已建成 2 400 头核心育种场、种猪扩繁场、专业化育肥场、种公猪站、大型沼气站、年产 30 万吨的饲料加工厂、2 000 余亩的生态循环农业园区以及 1 万余米^2 的农业科技综合楼。公司现存栏生猪 20 800 头，其中，能繁母猪 6 800 头，年出栏及销售种猪、商品育肥猪及仔猪 145 000 余头，种公猪站存栏公猪 273 头，年提供猪精液80 万头（份）。

二、复养增养历程和主要措施

2018 年 8 月，我国暴发非洲猪瘟疫情后，生猪产业经历了前所未有的寒冬，生猪养殖场受到了生猪价格暴跌和非洲猪瘟疫情的双重影响，凯永养殖有限公司也同样遭遇了生存危机。2018 年，生猪价格最低至 7 元/千克，平均每头育肥猪亏损 300 元。为规避风险，公司缩减了母猪饲养管理量，由年初的 7 500 头降至 4 300 头，降幅达到了 42.6％，公司亏损严重。此外，发生非洲猪瘟的地点距离公司只有 13.7 千米，公司面临着巨大的经营风险。

为应对生猪产业发展形势，公司迅速做出决策，于 2018 年 9 月 5 日发布《关于加强人员、车辆强制安全消毒的通知》《关于加快施工进度的紧急通知》，2018 年 9 月 6 日发布《人员入场安全管理流程》，2018 年 9 月 8 日发布《凯永集团生物安全实施细则》，2018 年 9 月 18 日发布《消毒操作技术规范》，2018 年 9 月 25 日发布《关于生产区使用指定饲料的通知》，2018 年 10 月 8 日发布《生产区消毒操作暂行制度》，2018 年 12 月 19 日发布《非洲猪瘟期间公司消毒操作规范》，2018 年 12 月 22 日发布《关于成立非洲猪瘟防控防疫领导组的通知》，2018 年 12 月 29 日再次发布《非洲猪瘟期间公司消毒操作规范及责任划分》。2019 年以来，多次规范消毒操作流程，细化责任划分等。2018 年 12 月，建成第一个凯永集团洗消中心并立即投入运营，每月对猪群进行一次非洲猪瘟检测。至 2018 年年底，公司生物安全防控体系基本建立。

三、复养增养成效

在此期间，公司得到了省、市、县各级主管部门大力支持和关心，并出台了相关的政策扶持，帮助公司重新树立了养殖信心。目前，公司共引进纯种母猪 741 头、公猪 40 头、自繁留种二元母猪 3 200 头，现总存栏能繁母猪 6 800 头，产能恢复至 2018 年年初的 90% 以上，经营效益转亏为盈。随着生猪价格迅猛上升，生猪产业进入了黄金发展期。公司抓住此次机遇，新建一座核心育种场及一座扩繁场，并新增百万头生猪屠宰项目，养殖规模及产业延伸进一步得到了加强。

四、经验和启示

这次非洲猪瘟疫情对生猪产业既是挑战也是机遇，推动了公司生物安全防控体系的建立，从根本上降低了养殖风险；对生猪产业模式产生了影响，疫情暴发以后，公司迅速启用新建成的育肥场，剥离了母猪繁育与生猪育肥，并施行区块化管理；因为养殖企业无法独立完成猪肉的供给，所以，养殖上、下游企业的相互协作及产业融合是今后我国生猪产业发展的关键之一。

政府支持　依托龙头　助力企业渡过风险

——内蒙古兴和欣发合作社生猪复养增养典型案例

一、养殖场户基本情况介绍和当前生猪生产情况

(一) 企业概况

兴和县欣发农牧业农民专业合作社位于兴和县张皋镇十二号村委会七号自然村，场区占地面积30亩，总建筑面积2 800米²。

该猪场建有两栋猪舍，猪场按照高标准、高起点标准建设，以环保、效能、科学规划为建设总要求。猪场分为3个功能区：生产区、生活区、污水处理区，以规模化、节约化、标准化进行生猪养殖。养殖场基础设施完备，实行全自动化模式，全部采用美国进口的电子监控及以色列进口温控设备，可随时观察掌握猪舍内的生产工作情况。

(二) 存栏情况

该猪场恢复生产以来，于2020年4月调入仔猪1 500头，由于受非洲猪瘟的影响，合作社采取多项措施，进入常态化防控状态。

二、复养增养的主要历程和采取的主要措施

(一) 复养增养情况

张皋镇政府对欣发农牧民专业合作社的运营高度重视，2019年为其注入资金205万元，用于合作社的生猪复养，年底共出栏1 600多头。2020年，中国农业银行兴和县分行又为该合作社提供了20万元的贷款，用于发展生猪养殖。

(二) 主要措施

1. **隔离**　对养殖场进行隔离，禁止一切车辆及闲杂人员入场，饲养和管理人员吃住在养殖场，未经允许不得随意出入养殖场，尤其是外来人员，一律不准入场。

2. **消毒**　场区、场外、猪舍每周两次由专人进行严格消毒，并指定专门技术人员进行疫苗注射，同时，对所购物资进行臭氧消毒。出栏肉猪设有专门通道，于场区外消毒装车运输。

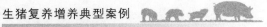

三、复养增养成效

2019 年下半年，欣发农牧民专业合作社考虑到非洲猪瘟疫情刚刚过去，存在一定的养殖风险，与内蒙古正大集团合作进行饲养，利润按投入比例分成，年底生猪出栏后获纯利润 100 多万元；2020 年，合作社独立经营，生猪出栏后预计可获利润 150 多万元。

四、经验借鉴

（1）在县农牧局的严格监督下，各项防控措施到位，有效控制了各种疫病，特别是非洲猪瘟的发生，使合作社生猪健康稳定生产。

（2）必须有专业的技术人员进行饲养，针对生猪生长过程的各个阶段，配备相应的饲料，做好各项防疫措施。

（3）在合作社运营过程中，必须挂靠实力雄厚的大企业，以增强抵御风险的能力。

从源头到产品全程掌控　延长防疫线保猪场安全

——中粮家佳康（赤峰）有限公司生猪养殖案例介绍

一、基本情况

（一）企业概况

中粮集团系世界 500 强企业，是中国最大的粮油食品进出口公司，是集贸易、实业、金融、信息、服务和科研为一体的大型企业集团，横跨农产品、食品、酒店、地产等众多领域，是中国领先的农产品、食品领域多元化产品和服务供应商，致力于打造从田间到餐桌的全产业链。

中粮家佳康（赤峰）有限公司是中粮集团旗下中粮肉食的子公司，成立于 2014 年 3 月，项目规划为 150 万头生猪养殖全产业链，总投资约 35 亿元。按"规模化、标准化、无疫化、无害化、生态化"的目标，目前已在内蒙古建成生猪养殖小区 16 座，形成 82.84 万头的养殖规模。其中，一期项目养殖规模 20 万头、二期为 30 万头、三期为 32.84 万头，并分别配套粪污处理及沼气综合利用设施；建有年产 18 万吨的饲料厂 1 座，目前已累计完成投资 15 亿元。公司计划于 2020 年续建四期 55.2 万头生猪养殖项目及年产 22 万吨的饲料厂、年屠宰量 100 万头的屠宰加工厂，总投资 20 亿元。届时，其总养殖规模将达 138 万头，达产后年产值近 45 亿元，可解决 2 500 余人的就业问题。

（二）产能存栏情况

目前公司生猪存栏 35 万头，其中后备母猪 0.69 万头、能繁母猪 3.8 万头、育肥猪 16.1 万头、仔猪 12.9 万头，另还有近千头公猪；预计四期项目建成后，新建养殖场 11 座，（存栏 4 800 头的母猪繁殖场 5 座、年出栏 11.04 万头商品猪的育肥场 5 座、存栏 300 头的公猪站 1 座），届时年产能将达到 138 万头。

二、复养增养情况

（一）增养历程

2019 年 3 月，中粮家佳康（赤峰）有限公司三期 32.84 万头生猪养殖项目投产；2020 年，进一步扩大养殖规模，建设四期 55.2 万头项目，计划于 2021 年年初投产。

（二）主要措施

鉴于国内外非洲猪瘟疫情形势严峻，公司采取的主要措施包括：

1. **场内措施**

（1）猪舍消毒。包括高温冲洗、卫可消毒和喷浆操作。

（2）猪舍环控。对猪舍进行密封烘干，然后进行舍内温度调控校准，做好进猪前舍内的环境控制。

（3）生活区消毒。对宿舍、食堂、库房等除生产区以外的地区进行戊二醛熏蒸消毒，对道路铺撒生石灰或烧碱等。

（4）人员管理。对进场人员实行封闭管理，禁止携带私人物品进场，入场后穿着场区提供的服装。

（5）人员培训。对场内人员进行兽防培训、安全教育及生产标准作业程序（SOP）培训，并组织考试，通过后方可上岗。

（6）奖惩机制。对公司出具的管理方案进行细化分解，落地于每位员工，使其明确知晓奖金发放原则。

（7）物资储备。进猪前对场内常用物资进行统计，提前准备。

2. **场外措施**

（1）人。筹建场外隔离点，人员进场前进行沐浴熏蒸消毒隔离；调整休假制度，发放驻场补贴，鼓励攒假休假；统一提供服装，禁止携带鞋服入场；配置兽防管理专员，负责兽防措施落实；场外各防控关键点增编设岗。

（2）车辆。车辆冲洗后进行高温熏蒸，并设专人检查车辆，凭合格证进场；加强司机管理，司机入场后禁止下车。

（3）生活物资。产地直采，并进行清洗消毒；成立中央库房，所有物资在大库进行统一熏蒸消毒；严控私人物品进场。

三、复养增养成效

自 2018 年起，国内外生猪养殖产业遭受非洲猪瘟肆虐的重大挑战，生猪养殖业遭受重创，国内各省无一幸免，都在不同程度上发生了疫情。在这并不乐观的情况下，中粮家佳康（赤峰）有限公司的 16 座养殖场无一发生非洲猪瘟疫情，从 2018 年年底起，已累计出栏生猪 75 万头，营业收入达 20 亿元。

四、经验借鉴

此次非洲猪瘟疫情具有长期性、复杂性及反复性，鉴于公司目前为止尚未发生非洲猪瘟疫情，有以下经验供参考：

（1）成立非洲猪瘟防控委员会，明确委员职责，每周召开非洲猪瘟防控周例会，对重点问题进行集中讨论并制订解决方案，由专人跟踪落实；由生产部门和兽医主导，各部门参与，制定、修订非洲猪瘟防控细则；对外围、场内、饲料、实验室等关键点细化防控措施；各关键节点成立工作小组，严格按照防控细则，保证重要环节操作执行到位；设立非洲猪瘟检查专员，委员会成员每周至少进行 2 次专项检查；设立假期值班专员，放假期间对外围各节点进行检查。

（2）增加投资。为防控非洲猪瘟疫情，公司投资建设了物资中央库房，设立物资熏蒸点、人员隔离熏蒸点、洗菜点等；转运站增加了高温消毒设施，购买了实验室检测仪器等，总投资超 1 500 万元。

（3）车辆管控。对进场饲料车、拉猪车、煤车等进行多次冲洗高温消毒，并进行检测，合格后方可进场，进场后密封车门，禁止车内人员开窗或下车，禁止其接触场内一切物品。

（4）物资消毒。对需进舍的物资进行多次消毒，如疫苗、药品、劳保用品、设备、蔬菜水果、米面粮油等，防止交叉污染；场区内一切物资均由公司提供，禁止员工携带私人物品。

（5）人员管理。人员必须经沐浴熏蒸，并隔离 24 小时以上，实验室检测合格后方可进场。对于检测结果呈阳性者，需进行多次消毒隔离或遣返。

（6）为进一步完善非洲猪瘟防控体系，公司在养殖上游扩建年产 22 万吨的饲料厂，饲料年产量达 40 万吨；在养殖下游配套建设年屠宰量 100 万头屠宰加工厂；实现了从源头到生猪产品的区域内消化，商品活猪不出本市，全方位、多层次、最大限度地降低了兽防风险，同时确保国内及周边地区猪肉市场稳定。

中粮集团作为我国最大的综合性粮油食品生产企业，始终以"忠于国计、良于民生"为己任，致力于发展和保障民生。中粮家佳康（赤峰）有限公司将进一步扩增扩建建设规模，全力打造北方区最大的生猪养殖全产业链标杆项目。同时，公司将以此为起点，在企业发展壮大的同时，力争为本地区经济社会发展做出更多、更大的贡献。

防养并重　科学防控　安全生产

——内蒙古红星伟业养殖有限公司生猪复养增养典型案例

一、基本情况

(一) 企业概况

内蒙古红星伟业养殖有限公司是四子王旗目前最大的一家集生猪饲养与销售为一体的现代化养殖公司，成立于 2017 年 5 月，位于四子王旗查干补力格苏木格日乐图雅嘎查，公司法人赵红星。公司占地 380 亩，注册资本 2 000 万元。固定资产投入 1 320 万元，流动资金投入 1 600 万元，一期项目共投资 3 000 万元，二期项目投资 5 000 万元（其中 1 000 万元用于建设一套完整的屠宰生产线）。目前，一期、二期建设已完工。未来，公司将扩建三期养殖场，进行母猪繁殖和仔猪保育，预计投入 5 000 万元，年出栏生猪 50 000 头。

内蒙古红星伟业养殖有限公司是一家以生猪养殖为主的农业生产型企业，与泰国正大集团合作育肥优良仔猪，采用正大集团先进的饲养技术，规范化、正规化经营。公司秉持"诚信、高效、创新、共赢"的经营理念，在管理上坚持以市场为导向，采用现代企业管理制度，集售前、售中、售后服务于一身的营销服务模式，配备了具有高素质、经验丰富的专业技术人才，目前，公司有技术人员 4 人、管理人员 8 人、工人 4 人。

(二) 生猪存栏结构及产能情况

目前，公司只进行仔猪育肥，待第三期工程完成后将引进种猪繁育及仔猪保育。公司现饲养仔猪 10 000 头，到 2020 年年底将共出栏生猪 20 000 头。

二、复养增养的主要历程和采取的主要措施

(一) 复养增养历程

公司建成之初，国内暴发了非洲猪瘟疫情，为了实现猪只安全生产，公司投入大量人力、物力、财力，做足了准备工作才投入生猪生产。公司现拥有容猪量千头以上的猪舍 8 栋，引进先进全自动化猪舍设备 8 套，购进 2 台大型锅炉，8 套降温解暑设备，以备全年舍内标准室温之需；自备 1 眼深井，保证了充足的水源；自备独立变压器，保证了用电的及时性和稳定性。在排污方面，采用现代排放污水集中大型化粪池发酵来浇灌农田，变废为宝，改善农村生态环境。此外，还有正大集团专门配备的养殖技术员、安装调试设备技

术员、防疫技术员、资深饲养员等相关工作人员来协助公司更好地进行规范化经营。

第三期工程将要建造百吨冷库和流水线屠宰场，以满足市场供销之需。公司与正大集团达成了供销一体的合约，达到了成栏即出、绝无滞销现象，实现了供产销一体化紧密结合的经营模式。

（二）采取的主要措施

1. **加大防控，杜绝病源**　内蒙古红星伟业养殖有限公司常年保持较高的免疫水平，严格按照防疫程序进行防疫注射，特别是春秋两季的集中防疫与常年及时补防、补免相结合，防疫密度达到 100％。消毒工作贯穿于生猪饲养的全过程及各个环节，把好猪舍、环境、进出车辆、人员等出入口消毒关，切断疫病传播途径。对工作人员进行防控知识培训，提高防控意识，定期抽样检测，严密部署，做好防控工作。

2. **控制好传染源**　主要是严格引种质量，从取得"动物防疫条件合格证"的种猪场引种，并隔离观察半个月。病死猪全部进行无害化处理（焚烧或深埋）。

3. **切断病原传播途径**　猪场办公区及生产区严格分开，在猪场大门、生产区入口设立消毒池及相应的消毒装置，定期更换消毒药物，提倡轮流使用不同的消毒剂。来访人员必须用消毒液洗手，使用猪场的鞋类和场区的工作服才能进场。养殖场工作人员进出场应更换固定工作服，定时将工作服清洗并熏蒸消毒。定时清除舍内粪便，保持舍内干净。猪舍消毒不留死角，先冲干净猪舍，干燥后加消毒液，消毒液干燥后再冲洗干净，并空栏 1 周再进猪。加强对公猪精液中病原的检测，防止携带病原；做好卫生、杀虫、灭鼠工作，加强对猫、犬及鸟类在场区活动的控制，降低传染病侵入风险。

4. **科学合理进行免疫防控**　切实做好猪瘟、口蹄疫、高致病性猪蓝耳病、伪狂犬病、喘气病疫苗的免疫接种。科学制定适合本场的免疫程序，实施强化免疫。严格按照防疫要求使用足够的剂量，规范操作。禁止在接种疫苗期间使用抗病毒药物或抗生素。

5. **加强疫病的检测与免疫评估**　与有资质的检验单位合作，做好猪场疫病的定期诊断与检测，定期监测猪群常用疫苗的免疫效果，重点保证猪瘟、口蹄疫、伪狂犬病和高致病性猪蓝耳病的免疫效果。

三、复养增养成效

内蒙古红星伟业养殖有限公司经过 3 年的发展经营，逐步走上了正轨，不断充实日常管理技术，在技术上完善了仔猪育肥技术、隔离消毒技术、环境卫生与无害化处理、饲料营养配方及饲喂技术、免疫程序等各项技术，安全生产。

四、经验借鉴

（一）加强饲养管理

科学防控和精细化管理是保障猪场在非洲猪瘟大环境下生存发展的前提。公司坚持"以养为主，防养并重，防重于治"的方针，通过科学防控、科学饲喂，实现生猪死得少、

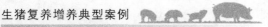

长得快。同时，搞好综合防控，抓好"三管""三度""两干""一通"，即管理好饲养员、管理好猪群、管理好环境，保证好猪舍的温度、湿度和饲养密度，保持舍内清洁干净与干燥，坚持舍内四季通风和空气流动，并做好生猪调运、病死猪无害化处理各个环节的防控工作。

（二）时刻关注行情

非洲猪瘟发生以来，市场行情不断变化，饲料价格也随之波动，时高时低。一方面，公司把握市场形势，争取购买质优价廉的饲料。另一方面，在生猪的销售中把握市场动态，适时调整猪群结构，掌握出售时机，规避市场风险，实现利益最大化。

紧跟市场行情　让小场子利润大起来

——乌兰浩特市林海斌养猪场生猪复养典型案例

兴安盟是内蒙古自治区生猪养殖主产区之一，2019年，受非洲猪瘟的影响，乌兰浩特市的生猪存、出栏量大幅下降，导致猪肉价格持续走高。为了应对此次生猪养殖的风波，乌兰浩特市畜牧站发挥职能作用，通过多次认真走访和细致了解，为全市各乡镇的养猪专业户推广专业的养殖技术，并针对非洲猪瘟防控提出了意见建议。现将义勒力特镇幸福嘎查林海斌养猪场生猪养殖成功的经验作为典型案例分享给大家。

一、猪场基本情况和当前生猪生产情况

（一）猪场情况

林海斌的生猪养殖场位于乌兰浩特市义勒力特镇幸福嘎查，猪舍面积500米²，属小型规模养殖场，年出栏300多头生猪。

（二）存栏情况

乌兰浩特市林海斌生猪养殖场现有生猪存栏220头，其中种母猪12头、后备母猪20头、种公猪5头、后备公猪8头、育肥猪及仔猪175头。

二、复养增养主要历程和措施

（一）复养增养情况

非洲猪瘟疫情发生以来，乌兰浩特市各部门采取了积极的应对措施，第一时间启动了应急响应，迅速展开行动，采取封锁、扑杀、无害化处理、消毒等处置措施，有效控制了疫情的蔓延。

在畜牧部门专家的指导下，养殖户林海斌从无疫情猪场引进了哨兵猪20头，分别置于不同圈舍，每月观察生猪情况，做好记录，连续两个月无临床症状后开始分批引进，批量繁殖。他根据自家养殖场的实际情况，制定了一系列的管理措施，为开展复养做好了充分的准备。

（二）主要措施

1. 加强管理、勤消毒　对抗非洲猪瘟，防重于治。为了切断非洲猪瘟的传播途径，

他充分利用自家圈舍的面积优势，圈舍单独隔离，形成密闭的保护空间，保持舍内清洁与干燥，坚持舍内四季通风、空气流动，对猪圈实行分区管理，杜绝外部人员和车辆进入猪场，所有进入养殖区域的人、猪、物、料、运输车辆等都要经过严格冲洗、消毒，圈舍内部定期利用可佳消毒液进行消毒，每头生猪定期进行体温监测，日常排查，便于早发现、早隔离。

2. **及时出栏、降风险**　提高经济效益、降低患病风险最简单有效的方法就是及时快速出栏。林海斌时刻关注生猪市场行情，把握市场动态，生猪市场行情一旦达到他的心里价位，就迅速将育肥猪和淘汰的母猪及时出栏。这样不仅降低了生猪感染疾病的风险，提高养殖生猪效益，同时还能降低饲料成本，扩大圈养面积，增加生猪的活动空间，减少病毒滋生的概率，为生猪提供良好的生长环境。

3. **研制配料、增免疫**　众所周知，生猪养殖最重要的就是饲料，饲料成本在生猪养殖成本中占比较大，它不仅关系到猪群的健康，更直接关系到养殖户的效益。养殖户林海斌深知这一点，他找老中医出具中药配方，在自配饲料中添加中药，发酵以后，不仅降低了饲料成本，更将中药的性能放大了8～10倍，调节生猪肠道菌群，增强基础代谢功能，从而改善了整个猪群的自身健康，降低发病率，在满足生猪生长需要的同时，极大降低了养殖成本，提高了生猪免疫力。

4. **自繁自育、控源头**　从外地引种繁育也是导致非洲猪瘟大肆传播的原因之一。为了从源头上保护猪群，林海斌坚持自繁自育，培育能繁母猪及后备猪，保障仔猪的种群稳定，避免引种繁育带来的患病风险。自繁自养母猪既能够减少引种费用，又可避免引种风险，安稳猪源，适应市场变化需求。

三、复养增养成效

在严格的饲养管理和严谨的防治措施下，林海斌的生猪养殖场没有出现一例非洲猪瘟病例。此外，他能够顺应市场行情，把握出售时机，定期出栏。2019年，他分3批出栏生猪共300头，平均体重110千克。在非洲猪瘟防控取得阶段性成效的前提下，面对良好的生猪市场行情和养殖效益，他果断地及时补栏，积极培育后备母猪，为下一步大力发展生猪养殖提供必要条件。

四、取得的经验

（一）加强管理，防重于治

坚持"以养为主，防养并重，防重于治"，通过科学管理、科学防控，勤消毒，保持舍内清洁与干燥，对猪圈实行分区管理。

（二）把握市场，及时出栏

时刻关注生猪市场行情，把握市场动态，适时调整猪群结构，掌握出售时机，规避市场风险，实现利益最大化。

（三）自繁自育，稳定猪源

坚持自繁自育，培育能繁母猪及后备猪，保障仔猪的种群稳定，避免引种繁育带来的患病风险。

林海斌生猪养殖的成功案例为全市生猪复养和非洲猪瘟防控提供了可推广的经验，林海斌的成功经验告诉我们，只要狠抓猪场安全，必将赢得防控非洲猪瘟攻坚战的胜利。

借助阳光猪舍　坚定复产信心

——辽宁省朝阳县卧龙山养殖场复养经验

卧龙山养殖场位于辽宁省西部朝阳县杨树湾镇梁东村，2017 年建场，现存栏纯种母猪 248 头、种公猪 8 头。在非洲猪瘟疫情影响期间，该养殖场一方面加强日常防控管理，一方面新建标准化阳光猪舍，积极开展生猪增产复产。

一、主要复养措施

1. **加大防控力度，严格防控举措**　养殖场制定并严格执行各项防控措施，加强日常疫病风险防控。一是加强对人员、车辆、水源、饲料等方面的消毒管理，严格开展人员进出场消毒、物资进场消毒、车辆消毒、饮用水消毒等，通过严格消毒和其他防控措施，切断传播途径；二是不从疫区引种，非疫区引种进行疫病检测，运输时不经过疫区，回到猪场需隔离观察，并对引进猪只进行再次病原检测。整个疫情防控期间，猪场始终把疫病防控放在首要位置，通过各种有效措施，从源头加强控制，防止病原的传入。

2. **科学建设使用阳光猪舍**　2019 年年初，在整个养猪业受非洲猪瘟疫情影响的时期，卧龙山养殖场认真研判生猪市场，对阳光猪舍进行多方考察，决定增产复产。在朝阳县畜牧技术推广站和抚顺瑞丰饲料有限公司的指导下，筹措资金 200 万元，新建高标准阳光猪舍 3 栋，建筑面积约 4 000 米^2。其中每栋猪舍设 22 个猪栏，总设计存栏种猪 800 头。新建的阳光猪舍建筑为双列封闭式阳光猪舍，猪舍顶部采用阳光板采光，充分利用太阳能来提高猪舍温度，并利用太阳光对猪舍进行消毒杀菌；棚顶设卷帘被，主要用于冬季保温和夏季遮阳；猪床采用水暖地热系统，提高猪的体感温度，降低猪腹泻等发病率；设置地窗、天窗和通风带，用于夏季通风降温并排出有害气体和水汽，保持猪舍内空气新鲜和地面的干燥；猪舍还配套使用增效料槽、可调节饮水器等，提高饲料利用，减少浪费及废弃物产生。猪场日常饲养管理按照《阳光猪舍健康养殖模式技术规范》执行，采用干清粪工艺。鉴于阳光猪舍良好的使用效果，该场计划 2020 年再建设 7 栋标准化阳光猪舍。

二、复养效果

对比普通猪舍，阳光猪舍带来环境改善的直观感受和可观的经济效益是养殖场在疫情防控严峻形势下复产的主要原因。

一是改善了猪舍环境。通过阳光板和地热系统，在寒冬季节提高舍内温度 8～12 ℃左右；通过天窗、地窗、上下通风带等设施设备，调节了猪舍湿度和有害气体含量。

二是提高了猪的抵抗力，降低了猪的发病率。特别是在疫情期间，通过提高猪的免疫力，有效抵御了非洲猪瘟病毒的感染。

三是提高了猪的生长性能。阳光猪舍与优良品种、优质无药饲料、科学饲养管理等多项技术集成、配套，仔猪成活率提高5个百分点；保育猪日增重提高8％左右，料重比降低5％左右；育肥猪日增重提高10％左右，料重比降低8％左右。

四是提高养猪经济效益。通过使用阳光猪舍及其配套设施，缩短生猪饲养周期，降低了饲料成本，提高了经济效益。据养殖场介绍：在同样是135千克出栏的情况下，阳光猪舍能比普通猪舍提前15天左右，这就节省了15天的费用，非常经济实用，也对推动生猪复养起到了积极作用。

阳光猪舍是建设标准化阳光猪舍建筑、配套集成阳光猪舍设施设备等多项技术的生猪健康养殖技术体系，尤其适合北方中小规模养殖场。2019年，该技术被纳入辽宁农业主推技术，并获全国农牧渔业丰收二等奖，已成为辽宁地区中小规模养猪场复养增产的主要途径。

冷热也罢、猪瘟也罢，阳光猪舍都不怕

——辽宁省绥中县万隆养殖场复养经验

万隆养殖场位于辽宁西部葫芦岛市绥中县城郊乡马圈子村，始建于 2013 年，占地 60 亩，总投资约 600 万元，现有猪舍 14 栋，猪舍建筑面积合计约 11 000 米^2。2018 年以来，受非洲猪瘟疫情影响，加上市场行情波动较大，该养殖场曾一度减产，最低时猪场存栏不足 1 000 头。2018 年年底，通过市场分析及受各级政策利好消息影响，该场开始积极复产，一次性补栏二元母猪 245 头。截至 2019 年年底，存栏可繁母猪 500 头，育肥猪约 3 000 头。

一、主要复养措施

高标准建设阳光猪舍。该场曾于 2017 年建设 2 栋单面式阳光猪舍，通过现场实际使用，发现其在猪舍环境改善、猪生长性能提高等方面都有非常不错的使用效果。在疫情影响严重期间，该场在做好疫情防控的同时，准确把握生猪市场行情，积极复产，先后两次扩建封闭式阳光猪舍，并陆续对场内原有部分猪舍按照阳光猪舍的建筑标准进行了改建。新建的猪舍顶棚南坡采用阳光板，大大提高了采光面积，可提高猪舍温度并利用太阳光对舍内进行消毒；北坡顶为彩钢板，顶部设置天窗、通风带等，猪舍北墙设置北窗和地窗，便于排出猪舍内的有害气体和水汽，保持舍内空气新鲜和地面的干燥；地面设电地热和漏电保护器，便于提高猪舍及地面温度，提高猪趴卧时的体感温度，降低猪腹泻等发病率；猪舍顶棚外设卷帘机、卷帘被和遮阴网，用于冬季保温和夏季遮阳。

多措并举，切断传播途径。在新建、改建阳光猪舍并进行大规模补栏同时，为防止疫病发生，养殖场为每一栋猪舍购置国外进口的无动力加药器和臭氧发生机，在日常生产管理中多措并举，切断传播途径，严防死守，科学管理。一是执行最严格的消毒制度，用最严厉的措施落实制度；二是做好人员、车辆进出场管理，禁止闲杂人员和车辆进入，必须进入时，严格消毒；三是采取多种方法消灭蚊、蝇等中介的存在，防止传入疫病；四是实行"全进全出"，消除连续感染、交叉感染。

二、复养效果

目前，该场生猪销售态势良好，生猪存栏稳步上升，补栏的 245 头二元母猪已经完成第二产。养殖场能够主动复养，主要包括以下原因：一是场主有较强的市场嗅觉，对市场行情掌握得比较准确，主动补栏意识强；二是对阳光猪舍养猪有信心，确信阳光猪舍在提高猪只免疫力、降低发病率方面效果明显，能大大降低猪只感染非洲猪瘟的风险，并可抢占市场先机。

在正确的市场研判和严密的疫情防控下，养殖场选择阳光猪舍积极开展养猪复产，主要看中了阳光猪舍的如下特点：一是生产成本低、舍内环境好。猪舍内温湿度适宜、空气好，猪的免疫力强、发病率低。粗略统计，猪的各类疾病可减低 60％以上，尤其是猪的腹泻和呼吸道疾病。二是猪生长速度快。猪舍内温度好、空气好，保证了猪的快速生长，也降低了养殖成本。猪从出生到 150 千克左右出栏，全程料重比可达 2.7：1。三是猪肉品质佳、生猪销售好。同等价格下，生猪收购商愿意优先收购该场猪，回头客特别多，主要原因是该场生猪屠宰后出肉率高，肉色品质好。

据不完全统计，阳光猪舍可提供良好的光照、通风、供热等饲养环境，对提高生猪自身免疫水平有很重要的作用。

不畏非洲猪瘟逞猖狂　再立潮头谱新篇

——榆树市荣泽养殖场生猪复养典型案例

一、基本情况介绍和当前生猪生产情况

榆树市荣泽养殖场成立于 2008 年 5 月，坐落于榆树市刘家镇黄家村，占地面积 18 000 米^2，地理位置优越，便于防疫。猪场周围设有防疫隔离带，厂区门口设有消毒池，生产区和生活区明显分开。猪场建有独立的猪人工授精实验室，采用高科技发情鉴定和配种。该养殖场管理规范，各种规章制度健全，技术力量雄厚，采取自由采食、自动饮水等先进工艺，供水供电、饲料加工、排污防寒、降温等基础设施齐全，实行科学饲养，定期消毒防疫，各种档案记录齐全。

二、复养增养主要历程和采取的主要措施

1. **主要历程**　2019 年 1 月，因受非洲猪瘟影响，该场生猪全群淘汰，共计淘汰 1 000 余头；6 月，负责人两次去哈尔滨兽医研究所，寻求仇华吉团队帮助，养殖场先后两次采集场区样品（每次 5 个部位）送检，经检验，均为合格，未发现场区内存在非洲猪瘟病毒，遂决定复养；8 月，该场从辽宁北票宏运牧业购入 110 头原种后备母猪，从四平梨树红嘴子养殖集团种猪场购入 45 头原种后备母猪，复养成功。

2. **主要措施**

（1）请长春市无抗养殖领导小组、长春市及榆树市畜牧总站专家老师进行技术指导，得到了长春市无抗养殖协会杜运升会长的指导和支持，特别是彭激夫教授的指导。

（2）在猪舍净道上铺生石灰和大粒盐，猪舍四周从墙根向外铺 1.5 米宽的生石灰和大粒盐，同时舍内用熏香消毒。

（3）严格控制外来人员、车辆出入场区，减少售猪频次；做好养殖场区、猪舍、人员、车辆等的彻底消毒工作。

（4）加强生猪的饲养管理，包括饲料、兽药、疫苗等。注重营养供给，调剂饲料配方，按猪只不同的生长阶段科学投饲不同营养标准的全价日粮，并根据猪只的体重、采食情况等适时调整日粮配方；合理使用兽药，不滥用各类抗生素，全程饲喂长春市无抗养殖协会提供的保健中草药，增强整个猪群的抗病能力；做好生猪养殖防疫工作，制定适合本猪场的免疫程序，合理并安全使用各种疫苗，重视对相关防疫制度的制定，提高相关防疫技术，推动生猪防疫工作不断向前发展。

（5）畜禽养殖废弃物无害化处理和资源化利用，病死畜禽按照相关规定做好无害化处理工作。场区已按照相关标准建设了储粪池和储尿池，猪粪进入储粪池经过 6 个月发酵后还田，猪尿及脏水通过管道进入储尿池，经发酵后用罐车拉出进行还田，确保做到畜禽养殖废弃物无害化处理和资源化利用。

三、复养增养成效

养殖场在养殖过程中，全程采用"无抗"养殖技术，饲喂无抗养殖中草药饲料，取得了良好的饲养效果。同以前未全程添加中草药生物制剂相比较，母猪产程缩短 17.7％，产仔窝重提高 22％，产活仔数提高 15％，仔猪断奶成活率提高 20％，仔猪断奶体重提高 7.8％。通过对各项数据进行统计，可以得出以下结论：采用"无抗"养殖技术、饲喂无抗养殖中草药饲料，可以提高母猪质量，保证母猪健康，提高仔猪成活率和断奶体重，提高整个猪场育肥猪的出栏头数，进而提高猪场整体的生产效益和经济效益。

四、在复养增养和疫病防控等方面值得同行借鉴的经验、启示或建议

总的来看，非洲猪瘟不可怕，可怕的是恐惧心理，所以，科学防控、树立信心最重要。一要建章立制，循规蹈矩；二要看好门、管住人；三要消毒灭源，设立哨兵；四要满足营养，增强机体免疫力。总之，要向养孩子一样养猪，才有望复养成功。

吉林伊通温氏农牧有限公司
复养增养情况介绍

一、基本情况介绍和当前生猪生产情况

伊通温氏农牧有限公司位于吉林省伊通满族自治县马鞍山镇东风村与北岗村交汇处，于 2012 年 11 月 26 日在伊通满族自治县市场监督管理局注册成立，注册资本为 1 000 万元。

公司自 2016 年起，生猪生产持续下滑，经济受到严重冲击。但公司始终把农户的利益放在首位，坚持"农户有利润可算、增强社会效益"的原则。为此，公司一直在加强饲养管理，增强技术措施，引进新品种，并在保证仔猪成活率及饲料利用率上下功夫。由于公司一整套的管理及扶持政策，与该公司签约的农户"风起云涌"。2018 年年末是生猪生产最低谷的时候，县农业农村局出台政策，为与温氏集团合作的农户在建设猪舍、粪污改造等方面给予了补助。

全县与温氏集团合作的猪场包括以下几个：

（1）位于马鞍山镇北岗子村的温氏集团种猪厂（总厂）。

（2）位于伊通满族自治县伊丹镇第三中学农场的吉林省兴科牧业有限公司。该厂于 2017 年建厂，占地 2 万米^2，共有猪舍 8 栋，年出栏 16 000 头。

（3）位于伊丹镇东升村的乾东牧业小区，于 2018 年建厂，占地 1 万米^2，共有猪舍 4 栋，年出栏 8 000 头。

二、采取的主要措施

一是保证种猪的饲料品质及种公猪品种。目前，在实际生产中，饲养种公猪已经不再是为了与母猪进行交配而生产仔猪。现在饲养种公猪主要是为了强化其配种能力，同时能够得到比较优质的精液，而营养因素是影响种公猪精液品质的主要因素。

二是完善生猪的疫病防控体系。强化猪场的卫生和消毒措施，保证生猪的机体健康。猪场要有围墙，按生物安全等级进行分区管理，有监测记录和规章制度，在猪场的整体规划、场内区域的划分及制度的制定等方面做出总体要求。

三是加强物资管理，保障生产安全。生产、生活类物资均由公司统一集中采购，规划好入场时间和频次。所有物资禁止直接进场，必须经过物资中转站，表面采样后进行消毒，以批为单位，经检测合格后由专人专车定期运转至猪场。由此创造一个相对安全的生产环境，维持生产的稳定性和可持续性。

四是重视生猪的饲养管理，合理搭配饲料。在国家畜牧政策的号召下、温氏集团的带动下、市场行情的刺激下，现在全县的养猪热情异常高涨。

三、复养增养成效

伊通温氏农牧有限公司在伊通有种猪场一处，现有种母猪 5 000 头，当前该公司以"公司＋农户"的方式经营，主要经营生猪养殖与销售、粮食收购、饲料加工与销售，现有农户自建的每批每栋饲养 1 000 头猪的圈舍 40 栋。

四、在复养增养和疫病防控等方面值得同行借鉴的经验、启示或建议

在 2018 年辽宁发生首例非洲猪瘟后，分公司立即响应集团要求，不断完善生物安全体系。目前种猪场通过降低人员物资进出场频率、优化物资车辆进场流程及消毒体系、物资全面检查合格后再进入场区等方法，保证了场内生产正常有序开展，为与公司合作的养户提供了优质的猪苗，在行业内赢得了良好的口碑。任何一个公司，要想在当今日益竞争激烈的市场中取得一己之利，必须打造出自己独特的品牌产品，要把企业信誉放到第一位。

非洲猪瘟在先进管理模式面前不可怕

——吉林省腾祥牧业科技有限公司

近年来，由于受非洲猪瘟疫情的影响，生猪生产价格忽高忽低，市场波动较大，十分不稳定，创造了历史的极限点。2018 年猪肉价格最低 8 元/千克，导致一些中小养猪户关闭停养。为了稳定生猪养殖信心，扩大生猪生产恢复发展的好势头，发挥养殖户的示范引领和辐射带头作用，现将生猪复养增养较好的吉林省腾祥牧业科技有限公司情况报告如下：

一、吉林省腾祥牧业科技有限公司简介和生猪生产情况

吉林省腾祥牧业科技有限公司是一家集种猪繁育、商品猪养殖、现代化智能猪场建设及技术推广为一体的生态养殖基地。公司成立于 2018 年年初，总占地面积 360 800 米²，总建筑面积约 4 万米²，预计总投资 1.8 亿元，现已投资 5 000 万元。公司现有建筑面积 12 500 米²，有标准化猪舍 5 栋，每栋 2 500 米²。年出栏育肥生猪 30 000 头，预计项目全部建成后，年出栏育肥生猪将达到 40 万头。公司有员工 21 人，其中技术人员 10 人、管理人员 11 人。在技术人员中，有 5 人为高级职称，其余为中级职称。公司建有 300 多米²的现代化办公室，猪场生活区内建有门卫室，汽车消毒间，员工宿舍 10 间，男、女洗漱间各一间，员工食堂一间。所有员工统一着装，严格按照公司工作制度管理。公司现存栏生猪 1.2 万头，其中种猪 0.48 万头（种母猪 4 000 头、种公猪 800 头），年出栏可达 3.6 万头。企业具有节能生态环保、人员精简配置、防疫隔离管控、猪群高效流转的特点，具备产品智能化、数字化的优越特性，更是食品安全、科技创新、乡村振兴、产业兴旺的代表，规模化、生态化发展是企业的发展目标。公司与国际接轨，积极响应全面贯彻农业现代化、智能化的号召，利用温控大数据、传感器等技术，将经验变成精确的控制。员工通过设备管理猪群健康，把生产员工从繁重的体力劳动中解放出来，有更多的时间关注猪群健康，从而真正保证猪肉品质和食品安全。

二、复养增养的主要历程和采取的措施

2018 年年底是生猪生产最萧条的时期，由于非洲猪瘟疫情，禁止生猪外运，再加上 2019 年春节前集中出售，使生猪出现了历史最低价格，猪肉最低达到 8 元/千克，毛猪价格为 6 元/千克。公司在春节前出栏的共二批 1.5 万头猪，每头猪赔 1 000 元，共计赔付

1 500万元。虽然公司受到了建场后就亏损的局面，但大家始终没有灰心，仍然坚持"发展就是动力"的理念，更坚定了发展的信心。公司不断采取措施，提高劳动生产率，一步一步走出低谷，直到2019年下半年出现了大幅度的转机，最高生猪价格达到了40元/千克。

1. **加强管理，减少疫病的发生**　管理主要包括人员的管理和料车的管理。人员的管理包括外来人员和驻场人员的管理。外来人员一般不得进入生产生活区；对于必须进入的外来人员，首先进入门卫消毒，然后进入洗浴区进行洗浴，方能进入隔离区，隔离3天后才能进入生产区。场内人员一律实行封闭管理，每天上班走员工通道，到更衣室换工作服消毒后方可上岗。下班后到更衣室换洗后再穿便装回宿舍，并且每半年休假一次。饲料运输车消毒三次，隔离4小时后，经检测合格后方可进入生产区，将饲料卸入专用饲料机内。这样可有效控制外来疫病隐患的发生。

2. **用先进的技术引领发展**　首先，在猪舍的建筑上，采用隔热保温的建筑模式，这样能够在小环境下有效控制温度和湿度，节能环保，智能环境控制系统的温感探头可收集环境数据、温度及风速。经过环境气候数据比对和运算后，中央控制系统输出相应操作指令给变频联动风动系统、自动湿帘、通气装置等来调节风量，从而达到预设的温度要求，保证空气清新、湿度适宜的生长环境要求，同时采用全进全出的养殖模式。其次，在粪污处理上，采用水泡粪的方式，实行发酵还田、种养结合、资源再利用的生产模式，实现养殖与种植绿色循环发展。通过高湿堆肥沤制技术将粪污转化为有机肥，其工作原理是在高温条件下利用微生物，让粪便、矿物质腐化而实现无害化。在高温堆肥过程中，不仅可以产出氮、磷、钾等能被农作物利用的化合物，而且其产生的腐殖质是一种高分子有机物，长期使用可以缓解土壤板结，改善土壤肥力，从而实现农业资源的循环利用。将有机肥广泛施用于水稻、玉米、蔬菜，既达到了粪污处理的无害化要求，同时又打造了绿色农业种植，使农产品有机、无公害，实现真正意义上的"双赢"。

三、复养增养的成效

2019年共出栏育肥猪2.8万头，平均每头猪的利润为2 000元，出栏2.8万头猪可获纯利5 600万元；出售种猪1.2万头，每头猪可获纯利2 500元，销售种猪可获纯利3 000万元；以每头猪半年产粪310千克、尿730千克计算，可减少化肥投入25元（依据朱希刚的"农业科技项目经济效益和评估方法"以及猪场的统计数据资料获得），2.8万头猪可创生态效益70万元。

四、在复养增养和疫病防控等方面值得同行借鉴的经验、启示或建议

任何一个公司，要想在当今日益竞争激烈的市场中取得一己之利，必须打造出独特的品牌产品。为此，公司严格执行绿色无公害农产品生产要求，以生态养殖为理念，严格执行国家的有关规定，打造出了自己独有的农产品品牌，并在2019年8月获得吉林省畜牧

业管理局颁发的"无公害农产品证书"。吉林省腾祥牧业科技有限公司以生态养殖的理念，严格执行政策要求，在各级政府的关怀支持下，科学饲养，为当地经济建设履行应有责任，也为现代智能猪场标准化建设以及美丽乡村建设做出了有益示范。

总之，虽然养猪业发展存在着一定的困难，但总体趋势还是好的。只要我们运用高新技术，科学管理，用现代装备改造传统畜牧业的养殖方式，提高劳动生产率和资源利用率，不断优化畜牧业生产结构，以资源环境承载能力为依据，加强生态环境保护和污染治理，转变畜牧业发展方式，推进结构调整，提升产业竞争力，在不久的将来，畜牧业将呈现基础设施完善、营销体系健全、管理科学、资源节约、环境友好、质量安全、优质生态、高产高效的新格局。

全力打造东辽黑猪全产业链

——吉林双天生态农业有限公司

东辽黑猪是由长白山野猪驯化圈养并经长期选育而成的，是吉林省优秀地方畜禽品种。东辽黑猪肉质鲜嫩多汁、瘦而不柴、肥而不腻，是猪肉中的极品。2015年，东辽黑猪及肉被认定为"国家地理标志保护产品"，这是吉林省第一个活体物被认定为国家地理标志保护产品。

一、基本情况介绍和当前生猪生产情况

吉林双天生态农业有限公司是一家集东辽黑猪保种与繁育、商品猪饲养、饲料研发和生产、猪肉产品深加工为一体的农业产业化市级重点龙头企业，创建于2009年6月，坐落在东辽县凌云乡万平果园。公司占地面积58 700米²，建筑面积12 500米²，其中养殖区21 000米²、种植区32 000米²、生活区5 700米²。2019年存栏可繁母猪1 210头、后备母猪326头、种公猪35头、商品猪2 320头。

二、复养增养主要历程和采取的主要措施

（一）科技创新

公司高度重视产品科技创新及研发工作，以吉林农业大学为技术依托，同东辽县畜牧局协作，为东辽黑猪的繁育、推广提供强有力的技术支撑。东辽黑猪肉经吉林省肉品检验中心检验，各项指标均已达到国家绿色标准，已成为高档猪肉消费市场的最佳品种组合。公司建有科学完备的疫病防控体系，建有人工采精室、化验室、消毒室、粪便处理体系及各种公用配套设施，2010年被农业部评为"生猪标准化示范场"。

（二）强强联合

为突破限制企业发展的资金瓶颈，快速恢复生猪发展产能，稳定生猪生产，2019年10月12日，东辽县人民政府正式与浙江天圣控股集团有限公司、天天田园控股集团有限公司签署双天现代农业产业园"项目投资协议书"；浙江天天田园控股集团有限公司董事长葛云明与东辽黑猪保种繁育有限公司经理张晓明签署合作协议。

浙江天圣控股集团是一家集化纤、印染、新能源、房地产、物业、贸易投资等多产业于一体的大型综合性民营企业集团，是中国民营企业500强之一、浙江省百强企业，正引

领着现代科技农业的发展方向。浙江天天田园控股集团是一家以生猪养殖、畜禽屠宰和畜产品销售为主体的产业链省级农业龙头企业，主要打造科技农业、生态农业的发展与建设。

此次浙江天圣控股集团有限公司和浙江天天田园控股集团有限公司共同出资，注册资本1亿元，成立吉林双天生态农业有限公司。这是浙江省绍兴市与吉林省辽源市缔结友好城市关系以来，在双方政府的助推下，为促进两地合作共赢、共同发展，作为两地政府对接的第一个合作落地的实质性项目，具有重大意义。

三、复养增养成效

吉林双天生态农业有限公司东辽黑猪全产业链项目收购原辽源市东辽黑猪保种繁育有限公司资产，计划总投资10.5亿元，布局东辽黑猪原种繁育、生猪规模化养殖、肉食品加工、饲料生产加工、农牧结合种植基地等全产业链项目。

1. **原种场** 目前已投资9 000多万元，收购东辽黑猪3 200多头，计划在安恕投资9 500多万元建成东辽黑猪原种场，年出栏5万头。建成后占地约380亩，建筑面积约4.6万米²，计划投资1.5亿元。

2. **规模养殖场** 计划投资7亿元在凌云建设年出栏20万头的东辽黑猪规模养殖基地，养殖基地占地面积约980亩，建筑面积约20万米²。

3. **屠宰场** 计划投资1.5亿元建设辽源市唯一的5A级生猪定点屠宰场，年屠宰加工生猪50万头，其中辽源市定点屠宰20万头、自营屠宰销售30万头。屠宰场占地面积约40亩，建筑面积约2万米²。

4. **配套饲料加工及种养基地** 投资5 000万元建设年产20万吨的养殖场配套饲料加工基地，并打造农牧结合的生态循环农业项目，配套2 000亩的饲料种植基地。

四、在复养增养和疫病防控等方面值得同行借鉴的经验、启示或建议

防控非洲猪瘟的主要措施是阻断传播媒介、灭鼠、定期进行消毒等。具体包括：饲养员进入猪场必须换衣服，并经过消毒；圈舍周边路面撒工业盐；圈舍每两天消毒一次，定期点艾草（香）；外购生猪车辆远离猪场；饲料卸到院外，饲养员自己将饲料运入院内。

改造升级 严防严控 复养增养迅速

——吉林省扶余正邦养殖有限公司复养增养经验

一、养殖发展与现状

扶余正邦养殖有限公司注册成立于 2012 年 8 月 14 日，注册地址为扶余市三井子镇，注册资金 8.27 亿元，主要经营范围为种猪繁育，仔猪、商品猪养殖与销售，饲料销售。

扶余正邦养殖有限公司是正邦集团旗下公司。正邦集团总部位于江西南昌，是农业产业化国家重点龙头企业，名列中国企业 500 强、中国民营企业 500 强。

自 2018 年我国辽宁发生首例非洲猪瘟疫情以来，公司曾经一度走入生猪调运受阻、生猪价格跌入低谷、生猪存栏量锐减的困境，至 2019 年 6 月，公司生猪存栏 9.3 万头，其中能繁母猪从原来的 3.2 万头减至 2.1 万头。但公司敏锐地感觉到市场暴跌必有暴涨，为了尽快恢复生产，从 2019 年年初开始，公司先后投入 5 000 多万元用于增加和升级设施，对下辖的 4 个养殖场的环境进行了全面的升级改造，增加了防鼠、防蚊、防蝇、防鸟等设备，阻断一切野生动物可能带来的接触性传播，加强管理，防范非洲猪瘟发生。

二、采取的主要措施

一是全面排查评估，改造升级。公司组织技术人员到下辖的 4 个养殖场实地仔细查看猪舍、围栏、周边卫生防疫情况，评估养殖场防范疫情风险的能力。将原有开放式猪舍改造成封闭式猪舍，改造项目包括增设风机、水帘、防蚊网、料塔、洗消间，整改圈舍、围栏、猪舍屋顶及墙面等。改造提升完成后，有效阻止了蚊蝇、虫鼠进入场内，养殖场的整体饲喂环境得到提升，防疫能力进一步提高。现在生猪价格一路高涨，养殖场能迅速回本，同时还能快速获得经济效益，有利于养殖场的持续正常生产。

二是严防严控，阻断传播。疫情发生后，公司积极学习了解疫情防控知识。公司了解到非洲猪瘟病毒最怕高温，加热至 60 ℃只需 20 分钟就能把非洲猪瘟病毒杀灭。为了响应自治区关于非洲猪瘟防控工作的号召，更好地完善生物安全管理体系，公司以场为单位，在进场唯一道路 1～2 千米处建设全自动车辆烘干站（防非消毒中心）作为公司的养殖配套设施。防非消毒中心通过物理恒温加热至 70 ℃，30 分钟能有效杀灭非洲猪瘟病毒。该项目实施后，猪场在生物防控体系上阻断了外进物资与车辆流动带来感染的风险。此外，公司还购置全封闭空调断奶仔猪转运车 7 辆、散装饲料运输车 7 辆、散装饲料中转料塔 30 多个，有效切断了非洲猪瘟病毒对公司运输车辆和物资的污染。同时，组建了 1 个非

洲猪瘟病毒自检实验室，对进出生产区的人员、车辆、生猪、物资以及水源和环境进行监测，确保公司生产运营的每一个环节都安全合格。

三是加强管理，保障生产。自国内发生第一例非洲猪瘟疫情起，公司就建立了严格的防疫管理体系，严控养殖场人员的出场次数，人员物资必须通过隔离消毒，检测合格后才能进场。在疫情严重的时期，更是限制人员流动，实行猪舍单人管理模式，每天进行猪场内外消毒。把各场的食堂移至场外，由场外食堂统一配餐并经过检测消毒后，派送到各场内。总的来说，就是用隔离、消毒、检测切断一切可能传播疫情的人员和物资，创造一个相对安全的生产环境，维持生产的稳定性和可持续性。

三、复养、增养的成效

目前，公司生猪存栏 16.5 万头（其中能繁母猪 2.4 万头、后备母猪 2.9 万头、公猪 396 头、哺乳小猪 2.1 万头、生长育肥猪 9.96 万头），种猪场的能繁母猪已恢复正常养殖规模数，并在不断扩大中；养殖场大部分已恢复生产。

四、获得的经验

（一）时刻关注市场动态，及时做出反应

在非洲猪瘟疫情期间，大部分遭受巨大损失的企业和养殖场在很大程度上是因为对疫情的反应迟钝、重视不够。正邦养殖有限公司在非洲猪瘟刚在国内冒头时，就建立起了一整套科学、完善的防控系统，所以才能平安度过此次疫情。另外，要有预见性，把控生猪市场变化，及时调整生猪繁殖育种方向。正邦养殖有限公司在疫情期间大量培育种猪，当生猪价格上涨，国内掀起一轮养猪热潮时，公司可以以较高的价格销售种猪，迅速抢占市场，实现了利益最大化，使公司快速度过低迷期，促进公司平稳发展。

（二）精细化管理，严格控制成本

饲料是养殖过程中消耗成本最大的部分，正邦养殖有限公司很早就意识到了这个问题，建立了自己的饲料厂，购买自己的饲料运输车。只要购买相对应的饲料原料进行加工，就能满足公司养殖场对饲料的需求。这样既节省运输成本，又能抵御市场成品饲料涨价的风险。同时，购置料塔，测膘喂料，科学控制饲喂量，避免造成饲料浪费，进一步节约成本，实现利益最大化。自给自足还减少了人员物资的流动，可降低疫情传播的风险。

（三）加强管理，提高员工福利

受非洲猪瘟疫情的影响，公司严格控制猪场人员和物资的流动，同时建立了餐饮配送系统，保障员工的正常生活。由于防控的需要，减少了员工的外出，但另一面提高了员工的工资福利。在节假日，公司还常常举行各种活动，发放各种节日礼品，极大地丰富了员工的生活。福利待遇高、工作氛围好，才能让员工们全心全意为公司服务，公司的发展才有未来。

坚持标准化、产业化发展，提升增产保供能力

——黑龙江笨笨乐农牧科技发展有限公司生猪增养典型案例

黑龙江笨笨乐农牧科技发展有限公司是农业产业化省级重点龙头企业，创建于2009年，公司注册资金5 000万元，是集种猪繁育、商品猪饲养、生猪屠宰加工、专卖店销售、沼气热电联产，种、养、加、销为一体的综合性农牧企业。2019年9月26日，国务院副总理胡春华来公司考察调研时，对公司的生猪生产、粪污无害化处理、资源化利用和以非洲猪瘟为主的重大疫病防控等工作给予了充分肯定和高度评价。

一、当前生猪生产情况

几年来，公司秉承"低碳、环保、绿色、安全、产加销一体化"的生产发展理念，坚持标准化建设、规模化饲养、产业化经营。从保护和改善环境出发，以实现农业有机废弃物减量化生产、无害化处理、资源化利用、可持续化发展为原则，加快建立现代生猪产业体系，迅速使公司的现代化规模养殖基地达到国际标准水平。截至2019年，公司总资产12 165万元，其中固定资产8 939万元、流动资产2 526万元；生猪存栏15 756头，其中种公母猪和后备母猪2 050头，出栏各类猪只36 560头；屠宰场屠宰加工生猪8.56万头，公司直营专卖店、加盟店销售"笨笨乐"品牌猪肉785吨。

二、生猪增养主要措施

为贯彻落实中央和省农村农业工作会议精神，调整优化农业结构，大力发展生猪生产，2020年，在原有生猪生产规模的基础上，又新扩建猪舍11 700米^2，新增能繁母猪900头，新增各类猪出栏20 000头（已动工建设）。到10月扩建项目完成后，整个公司年出栏各类猪的产能将达到60 000头。

一是坚持标准化，建设现代规模生猪生产基地。黑龙江笨笨乐农牧科技发展有限公司的生猪养猪基地占地面积10万米^2，整个基地四面环山，周围2千米内无厂矿、学校、医院等公共场所和居民区，自然生态环境良好，四周的森林是动物防疫的天然屏障。

基地内现建有砖混结构建筑房舍1.90万米^2，其中标准化猪舍1.81万米^2、管理用房920米^2。猪场采用自动给水、自动上料、轴流风机通风工艺，漏缝地板排粪污，通过地下400～600 pp管道排污至粪污罐发酵，生产沼气。

公司所属的牡丹江市双赢肉类食品有限公司创建于2002年，是市政府定点生猪屠宰

加工企业，设计产能为年加工 30 万头，主要生产白条猪二分体、四分体和部分分割肉，公司生产的各类产品主要供应牡丹江市场，同时销往国内其他城市。

加工厂现有建筑物 9 800 米²，其中屠宰车间、排酸车间、分割车间 5 850 米²，冷库 1 500 米²（2 000 吨），待宰车间 1 200 米²，办公室、化验室、库房等管理用房 2 250 米²，总投资 3 100 万元。该加工厂获得了质量管理体系 ISO 9001 认证。

二是加强粪污无害化处理，实现资源化利用。为使畜禽养殖企业达到减量化生产、无害化处理、资源化利用，公司于 2017 年进行了大型沼气热电联产项目建设。建设项目主要包括：①粪污发酵罐 3 185 米³（高 6 米钢混结构）；②沼液池 27 000 米³；（70 米长×55 米宽×7 米深）；③固液分离间 300 米²、控制中心 169 米²、预处理 324 米³。除上述土建工程外，公司还引进了以德国发电机组为主体的设备仪器 16 台套，拟筹建年生产 2 万吨的有机肥厂。

三是提高生产水平，做大做优规模养殖。近几年，生产方式落后、生产水平低、饲养成本较高的散户小场已不具备竞争力，正在逐渐退出市场。发展标准化、适当规模养殖是新形势下加快畜牧业转型升级的重大举措。加快规模养殖的发展，首先要提高养殖水平，包括畜舍工艺、品种选择、饲养管理等方面。黑龙江笨笨乐农牧科技发展有限公司在发展规模养殖过程中，主要注重以下几个方面的工作：

1. **精心选址布局** 生猪养殖基地选择在四面环山、没有任何污染的地方，猪舍选择在风向的上风口，通风朝阳。

2. **选择优良品种** 公司选购的生猪品种是"新丹系"丹麦种猪，此猪的特点是产仔率高、增重速度快、瘦肉率高、PSY 高。公司所饲养的母猪，每头年产仔 2.3 窝，每年一头母猪产仔 27.2 头。

3. **配套先进设备** 通过自动给水、自动上料、自动控温、自动排风、漏缝地板排粪尿工艺，改善舍内环境，降低发病率，提高工作效率。整个猪场饲养 2 050 头种猪，每年出栏各类猪只 36 000 多头，只用饲养员 12 人、技术人员 6 人、管理人员 5 人。

三、生猪增养成效

1. **经济效益大幅提高** 通过全体员工的努力，2019 年，公司生猪生产取得了可喜的成果。生猪生产基地销售种猪、二元母猪、商品仔猪、肥猪 36 560 头，销售收入达到 6 769.52 万元，实现利润 2 427 万元。

2. **生产水平全省领先** 一是发情期准胎率达到 95%；二是平均每头母猪产仔 2.3 窝；三是 PSY 达到 27.2 头，产仔成活率达到 92.4%，保育成活率达到 96%，料肉比为 2.65∶1。公司安排农民工就业 20 多人，转化粮食 6 485 吨。

四、生猪增养经验总结及建议

1. **经验总结** 一是科学饲养管理。饲养管理包括母猪配种、饲料配制、猪群管理等多个方面，公司认真贯彻落实生猪规模养殖场生产规范所规定的各项技术要点、工艺流程和方式方法，制定完善的岗位责任制、奖罚制度及绩效工资等激励措施。二是有效的疫病防控。疫病防控是规模养殖场的重中之重，是减少发病率、死亡率的关键所在。为此，公司一抓各项制度的落实，近几年，先后制定完善猪场安全管理制度、免疫标识制度、药品管理制度、疫情报告制度、病死猪无害化处理制度、引种及检疫申报制度、消毒制度、培训制度等10多项制度；二抓各项记录的落实，落实了配种记录、产仔记录、保育成活记录、猪死亡记录、各种猪免疫记录、用药记录等；三抓疫病防控设备、仪器、设施的落实，按照防控要求，建设了消毒池、紫外线喷雾消毒间、防疫通道和化验室，配备了消毒设备仪器、机械、化验室所需仪器、防护服和水靴、消毒药品等物品和物资；四抓各环节岗位责任制的落实，明确饲养员、技术人员和管理人员的工作职能、工作任务和工作目标，划分责任和奖罚标准。

2. **建议** 在目前大集团扩张占领市场的大形势下，本土企业、中小规模场、散户的生存空间不断下降。针对这种情况，我们提出如下建议：一是做优做细生产管理，提高生产成绩，才有生存空间；二是对于三元母猪留种问题，需按照后备猪进行饲喂管理，同时加强配种技术管理；三是非洲猪瘟仍时有发生，任何养猪企业都不能放松生物安全管理，制度必须落实落靠，生物安全怎么做都不过分，但也要避免频繁带猪消毒。此外，引种必须隔离检测，外购精液必须有非洲猪瘟检测报告。

笨笨乐农牧科技发展有限公司将继续秉承标准化饲养、产业化经营的理念，做强做优生猪养殖，打造安全、放心的猪肉品牌，带动提升周边生猪养殖企业的标准化养殖水平，建设环境友好型农牧业。

充分发挥企业优势　提升稳产保供能力

——黑龙江望奎牧原农牧有限公司生猪增养典型案例

2018 年，受非洲猪瘟疫情影响，全国生猪存栏量持续下滑。据统计，截至 2019 年 12 月，能繁殖母猪存栏同比下降 31.6％，生猪存栏同比下降 32.7％。黑龙江望奎牧原农牧有限公司（以下简称"望奎牧原"）在生猪生产形势极其严峻的情况下，充分发挥企业优势，努力提升稳产保供能力，在生猪增养方面取得了显著的成效。

一、望奎牧原生猪养殖基本情况

望奎牧原位于黑龙江省绥化市望奎县，成立于 2017 年 6 月 6 日，注册资本 10 000 万元，是牧原股份全资子公司。公司主营业务为畜禽养殖及销售、良种繁育、粮食购销、饲料加工销售、畜产品加工销售和猪粪处理，建设内容包括生猪养殖场、公猪站、无害化处理中心、洗消中心等，现有员工 300 人。公司计划 5 年内投资 14 亿元，围绕"全自养、大规模、一体化"的生猪养殖模式，建设年出栏 80 万头的规模化养殖基地、年产 24 万吨的饲料加工厂以及配套的病死猪无害化处理中心、公猪站、消毒站等项目。项目达产后，可新增产值近 32 亿元，创造就业岗位 6 000 个以上。

二、望奎牧原生猪增养的主要历程和采取的主要措施

（一）增养主要历程

望奎一场于 2017 年 8 月开工建设，建设地点为望奎县东郊镇厢兰五村，占地面积 495 亩，拟建设 7.5 万头规模的全线场，总投资约 8 703.29 万元，现已运营；望奎三场于 2018 年 5 月开工建设，建设地点为望奎县厢白满族乡正白后头村，占地面积 199 亩，拟建设年 4 万头规模的全线场，总投资约 6 983.26 万元，现已运营。

（二）采取的主要措施

1. **借力政府扶持政策**　建设养殖场所在地政府积极帮助协调建材进场及生猪调运；在生猪保险中，母猪保险实行统保，入保的保费全部由县里财政承担；县农业农村局积极帮助争取国家生猪规模化养殖场建设补助项目，公司预计获得中央预算内补助资金 500 万元。

2. **提升良种供应能力**　公司持续引进国内外优良种猪，保障生猪生产需要，确保生

猪世代遗传进展稳步提升，从种质资源方面保障生猪遗传品质不退化，确保生产效率有效提升。

3. **保障饲料质量安全** 公司在饲料原料采购、饲料生产加工、饲料运输等环节均制定了严格的质量标准，确保饲料品质符合国家标准，从源头上对食品安全进行了控制。公司的全部生猪均为自养，在饲养各个环节制定了严格的技术标准和质量标准，健全了食品安全控制点记录，建立了从猪肉追溯至断奶仔猪的生猪批次质量追踪体系，有效保障了食品安全。

4. **严控生产管理成本** 实施一体化的产业链模式，减少中间环节的交易成本，有效避免了市场波动对公司生产造成的影响，使得整个生产流程可控，增强了公司抵抗市场风险的能力。

5. **提高生产效率** 不断对猪舍的设计和建设进行研究和创新，带领公司技术团队，对猪舍设计环节持续进行研发、创新、改进。公司现代化猪舍为生猪提供了洁净、舒适、健康的生长环境，自行研制的自动化饲喂系统显著提高了生产效率。

6. **发挥粪污资源化节能环保优势作用** 一是坚持"减量化生产、无害化处理、资源化利用、生态循环"的环保理念，以资源综合利用为出发点，在各养殖场建设环保工程配套设施，对养殖产生的粪水进行固液分离，沼液发酵还田。对固液分离后的液体粪尿进行充分的厌氧发酵，增设黑膜沼气，加大产气量。在养殖场建筑内外进行大面积绿化工程，积极打造生态园林式养殖场。二是充分采用现代化的低耗、节能、环保设备。半漏缝工艺设计的智能产床、碗状饮水器、自动饲喂系统等装置，提高了生猪对水、饲料的利用效率，减少了浪费，从源头上减少了污染物的排放。三是猪粪污、生产生活污水用于沼气发电。公司将猪场粪污、生产生活污水通过厌氧发酵进行无害化处理，产生的沼气用来发电和做饭，沼液、沼渣进行资源化利用，实现了农牧结合、化污为肥、零污染排放。

三、望奎牧原生猪增养成效

1. **保供源泉基本稳定** 望奎二场、四场和八场项目于 2020 年 4 月开工建设，建设地点分别在望奎县灵山满族乡厢红七村、灵山满族乡正白后三村、火箭镇正兰四村，总占地面积 785 亩。项目拟建设 8 万头、5 万头、5 万头规模的全线场，总投资约 25 000 万元。目前，环评备案、设施农地手续均已办理完成。

2. **出栏数量大幅提升** 当前公司存栏生猪 20 000 余头，保育段养殖周期 2 个月，年产 6 批次，育肥段养殖周期 4 个月，年产 3 批次，母猪养殖周期 1 年，年产 2.5 胎。2020年年底预计出栏 37 000 头，其中育肥猪出栏 23 000 头、种猪出栏 2 800 头、仔猪出栏 9 000 头、后备猪出栏 2 200 头，可获利润 5 000 万元。

四、望奎牧原生猪增养取得经验及建议

1. **取得的经验** 望奎牧原至今无一例疫情发生，主要得益于内部较完整的疫病防控管理体系。一是饲料高温消毒、管链运输。对原料实施高温烘干灭菌，确保饲料无菌。散

装运料车全密封运输，全场管链运输，车辆不进入养殖场。二是猪舍升级。高效空气过滤，有效过滤病毒；独立新风系统，避免猪圈之间交叉通风，减少人畜接触。三是生物安全管理，标准更严格、措施更彻底、管理更实效。外部道路分级管理，内部道路专车专用，车辆清洗消毒；内部人员隔离7天并消毒，外部人员严禁入场；禁止各类猪肉进入厂区，食材消毒时间达到8小时以上。

2. **建议**　一是资金保障能力亟待进一步提高。生猪养殖是一个资本占用率高、资金流转率慢、风险性高的行业。建议当地政府给予适当的资金援建、贷款贴息、生物保险等项目支持，推动生猪养殖业快速发展。二是良种利用模式亟待进一步改进。受疫情影响，优质种猪的异地运输存在较大风险，也不利于公司的安全生产防疫。未来应进一步研究和应用猪的人工授精技术，提高受胎率，提升优良种猪品种的利用率。三是粪污资源化利用率有待进一步提升。积极应用科学的粪污资源化利用典型模式，采取服务外包、还田消纳等新型粪污处理模式，提升公司的粪污资源化利用率。

目前，望奎牧原公司正处在发展的关键时期，在稳步建设基础上，将继续担负起社会责任与使命，引领企业持续健康发展，解决当地就业问题，实现用工本地化，推动经济社会和谐发展。未来，公司将充分发挥自身优势，打造安全、高品质猪肉食品第一品牌，同时积极探索粪污资源化循环利用模式，坚持走环境友好型、资源节约型发展道路，推动农牧业转型升级，为现代畜牧产业发展做出新的更大的贡献。

逆势而上增项扩建　多措并举保障供应

——黑龙江林甸牧原生猪增养典型案例

非洲猪瘟疫情暴发以来，黑龙江林甸牧原农牧有限公司（以下简称"林甸牧原"）高度重视疫情防控工作，从生物安全管理和技术措施等方面多措并举，至今无一例疫情发生。2020 年，公司为保障生猪市场供应，勇于担当、逆势而上、克服万难，在林甸陆续建成 3 个养殖场并相继投产，为周边市场提供了充足的肉源，有效缓解了猪肉供应紧张的情况。

一、林甸牧原生猪养殖基本情况和当前生猪生产情况

林甸牧源是牧原食品股份有限公司出资设立的全资子公司，于 2017 年 4 月 17 日注册成立，位于黑龙江省大庆市林甸县，注册资本 30 000 万元，主营业务为生猪养殖与销售。林甸牧原计划总投资 52 亿元，建设年出栏量 300 万头的生猪养殖场、年产量 30 万吨的饲料厂及日处理 20 吨的病死猪无害化处理中心。

目前，首批工程林甸 1 场 20 万头规模全线场已建成投产。场区占地面积 2 825.3 亩，位于红旗银光种羊场，距离林甸县 35 千米，现生猪存栏近 11 万头，其中能繁母猪近 2 万头。在林甸 1 场 20 万头规模全线场建成投产的基础上，2020 年续建的林甸 3 场 10 万头全线场已部分投产，同时还续建了林甸 6 场 20 万头全线场和新建林甸 15 场 10 万头全线场。

二、生猪增养的主要历程和采取的主要措施

林甸牧原 3 个养殖场的顺利建成和投产，离不开当地政府的高度重视和企业内部采取的一系列行之有效的措施。

1. **政府部门高度重视**　一是不断优化营商环境，加大企业投资力度。聚焦企业堵点、难点问题，不断出台利企便民措施，从企业根本需求出发，强化政策流程再造，简化企业落地流程与办理环节，节约成本和时间，形成清晰高效的政策体系，进一步增强企业的主体活力和投资力度。二是落实优惠扶持政策，促进企业快速发展。在企业生产建设中，不断加大政策扶持力度，从建场之初的水、电、路等多方面的补贴扶持，到疫情防控期间的复工复产补贴，都有效保障了企业施工建设进度，促进公司尽早完工达产。三是扩大生产养殖规模，拓宽企业增收渠道。不断强化行业部门信息提供，方便企业优先建场选址，大

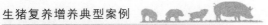

力提升企业养殖规模，形成从养殖到加工一体化的产业链条，促进企业全面增产增收。

2. 加强生物安全管理 一是在运输管理方面，外部道路分级管理，内部道路专车专用，车辆要进行清洗消毒，散装运料车进行全密封运输，全场管链运输，车辆不进入养殖场，从根本上杜绝了车辆、饲料携带病毒进入养殖场的可能；二是在人员管理方面，强化人员和物资管理，内部人员隔离7天采样检测合格后方可进场，外部人员严禁入场；三是在物资管理方面，禁止猪肉及各类猪肉制品进入厂区，所有食材消毒8小时以上；四是在饲料管理方面，高温消毒，管链运输，对原料进行高温烘干灭菌，确保饲料无菌。

3. 实施设施设备升级改造 对猪舍进行升级改造，新增空气过滤系统，打造防病、防臭、防非洲猪瘟的三防猪舍。通过在进风口增设四层高效过滤器，有效隔绝空气中的蚊虫鼠蚁、大分子颗粒及疫病分子，保证进场空气安全健康。在猪舍内部增加独立通风系统，保障场区内栏位之间的空气不交叉流通，防止病毒在猪群内部交叉传染。出风口增设除臭装置，保障出场空气洁净、无污染。

4. 加快相关配套设施建设 日处理20吨的病死猪无害化处理中心现已建成，目前在投产运营中。2020年新建年产量30万吨的饲料厂、年屠宰300万头的屠宰场以及公猪站等项目，将打造"饲料—养殖—屠宰—加工—仓储—物流—营销"全产业链加工体系。

三、林甸牧原生猪增养取得的成效

经过多方努力，林甸牧原生猪增养取得了显著的成效。

1. **生猪产能得到恢复** 2019年年末，公司生猪存栏6.6万头，其中能繁母猪1.4万头。截至2020年一季度末，生猪存栏近10万头，其中能繁母猪近2万头，能繁母猪同比增长283%。2019年营业收入达14 485.68万元，净利润397.28万元。截至2020年一季度末，营业收入6 360.95万元，净利润2 989.89万元，较2019年一季度营业收入增长522%。

2. **保供稳价效果明显** 林甸牧原为周边市场提供了充足的肉源，猪肉供应紧张的情况得到有效缓解，基本做到了生猪供应充足、价格稳定。

3. **有效促进产业转型** 通过政府政策支持，生猪养殖企业的生物安全水平有了极大的提高，设施化、规模化水平稳步提升。

四、在生猪增养方面取得的经验

1. **通过严格管理，保障生物安全** 公司通过对饲料进行多次高温消毒、在养殖场外增加饲料中转站等措施保证饲料安全；养殖场新增洗消中心和移动洗澡间，对进入场区的人员、车辆和物资进行严格的消毒和隔离，杜绝人员、车辆和物资携带病毒进入场区；人员进入普通养猪场需要隔离3~5天，并对衣物进行彻底浸泡消毒，个人物品不得擅自带入生产区。专用转猪车辆不得挪用，外来车辆在指定的地点严格消毒、烘干后再进场装猪。另外，通过对销售区进行改造，将销售区内部隔离分区，防止客户与装猪台接触。

2. **通过积极应对，促进产业转型**　通过政府政策支持，生猪养殖企业的生物安全水平有了极大提高，设施化、规模化水平稳步提升。林甸牧原不仅将传统养猪业向工业化发展，还注重向智能化跨越，发展大数据智能化养猪，通过猪舍空气过滤系统、节水系统、自动化供料等，发展集约化生猪复养增养。大规模集约化的经营模式有利于建立完整的品质控制体系，提升生猪的产品质量；有利于建立完善的疫病防控体系，提升企业疫病防控能力；有利于减少中间环节交易成本，提升企业的盈利能力；有利于实施标准化、机械化和集约化养殖，提升劳动生产效率，节约社会资源；有利于环保设施的实施，减少环境污染。因此，企业大规模一体化经营的模式将成为生猪养殖业的发展趋势。

严把四关科学增养　逆势而上稳产保供

——鸡东三德牧业有限公司生猪增养典型案例

2018—2019 年，非洲猪瘟疫情在全国大面积蔓延，鸡东三德牧业有限公司在中央非养殖大县生猪养殖场粪污资源化利用项目的拉动和省级财政贷款贴息政策的扶持下，科学决策，严控疫情风险，不断扩大生产规模，严把"四关"，较好地发挥了稳产保供作用。

一、生猪养殖基本情况

鸡东县三德牧业有限责任公司成立于 2016 年，位于黑龙江省鸡东县向阳镇向阳村南 1 500 米处，占地面积 36 万米^2，2017 年年底完成养殖场建设，总投资 1.3 亿元。建有猪舍 27 栋，建筑面积 82 712 米^2；办公及生活区 3 398 米^2；公猪站 900 米^2；无害化处理中心 132 米^2。场内化验仪器设备和粪污处理设施齐全，有干湿分离机 4 台，分离机房面积 816 米^2，有储污池 3 座，共 48 000 米^2，还有排污地下环网 8 000 余延长米。

二、生猪增养主要历程和采取的主要措施

公司能持续科学增养得益于中央粪污补贴项目和省级财政贷款贴息补助扶持优惠政策的拉动，同时又与企业苦练内功并实施严把"四关"的措施密不可分。

（一）中央粪污治理项目的实施和省级财政贷款贴息补助扶持优惠政策的出台，为科学增养注入新动力

2019 年国家实施非畜牧养殖大县生猪规模场粪污资源化利用补助项目，该场经申报获得项目补贴 130 万元；为鼓励生猪规模场复养增养积极性，省级财政出台了贷款贴息补助政策，该场贷款 3 000 万元，获得补贴资金 130.5 万元。粪污项目和资金贷款贴息补助扶持政策为该企业科学增养注入了新动力，增强了企业增养信心，缓解了资金紧张的压力。

（二）企业苦练内功严把"四关"，为科学增养提供多方保障

1. 严把场址选择和场区规划关，为科学增养提供环境保障

（1）在场址选择方面。三德牧业有限公司位于黑龙江省鸡西市鸡东县向阳镇向阳村南山脚下，三面环山、背风向阳，远离城镇居民区，周边无化工厂和同类养殖企业。靠近山脚，无噪声，交通便利；地势高燥，高于历史洪水线以上，可避免雨季洪水的威胁；空气

质量新鲜，且通风良好；水源充足，水质良好。

（2）在建造和区域规划方面。猪场在立项建设前，定位为高标准、高质量、严防疫，生产车间环境舒适，生活环境宜居，猪舍带宿舍，宿舍像宾馆，猪舍能住人。整个猪场的经营活动分为外围区、内围区，内围区又划分为外生活服务区、内生活区、防疫隔离区、生产区和车间；生产区又分为种猪区、育肥区和粪污处理区。

2. 严把饲料安全关，为科学增养提供饲料保障　为了从源头到饲喂全过程饲料产品质量安全可追溯，公司实施高标自动化饲料厂与生猪养殖场一体化模式。自供饲料能有效降低养殖饲料成本，提升生猪养殖经济效益，同时，饲料厂与养殖场一体化还有效降低了购置饲料带来的生物安全风险，提升了生猪养殖场的生物安全水平。

（1）严把饲料原料入场关。选用当地非转基因的玉米做配合饲料的主要原料。入厂饲料原料必须有检测合格报告，检测不合格的饲料原料坚决不得入场。

（2）严把饲料安全保管关。进厂原料按类挂标识牌，以免在做成品料时出现错误添加的现象，同时做好饲料原料及成品料的防鼠、防霉、防潮工作。

（3）严把饲料安全生产关。为了保障饲料产品的质量安全，严格按照《饲料质量安全管理规范》组织生产，实现从饲料原料采购到产品销售的全程质量安全控制。饲料中不添加兽药、激素及农业农村部明令禁止添加的物质。

3. 严把生物安全关，降低疫病发生风险

（1）在种猪引种上，严把非洲猪瘟流入关。猪场于2018年8投入生产，当时正值沈阳暴发非洲猪瘟疫情，公司成立了专职防疫队伍，果断采取封场措施，未再引种，采取自繁自育模式和分区定岗的措施。不断创新，从提升猪群免疫力着手，强调猪吃得好、住得爽、拉得顺。防疫重在管理，团队待遇优厚，生活环境优越，学习氛围浓厚，公司经常组织养殖技术人员学习疫病预防与控制知识，上下同欲，严于流程管控。

（2）在非洲猪瘟防控上，严把猪瘟传播切断关。猪场生产及一切相关经营活动采取"分区、定岗"措施，猪场外围、内围双重洗消，从传染源头进行控制；人员、环境分类管理，从传播途径进行阻截；营养全面、环境宜居、提升免疫力，从猪只健康出发，呵护易感动物。

（3）在防疫制度和设施建设上，严把设施与制度关。不断完善防疫设施，健全防疫制度，配备病死猪无害化设施，科学实施畜禽疫病综合防控措施，对病死畜禽实行无害化处理，保障养殖场安全生产，提高生产效益，降低疫病危害，防止传染病蔓延，确保动物产品质量。

（4）在粪污无害化处理上，严把发酵处理关。粪污处理采取干湿分离技术模式，干湿分离设施齐全且全年正常运转。粪污经固液分离和发酵堆肥处理后，可成为优质有机肥料施入农田，促进黑土修复，提升耕地地力，实现变废为宝和资源化循环利用。

4. 严把饲养管理关，为科学增养提供技术支撑

（1）生猪良种化。公司选用高产、优质、高效的生猪良种，良种率达到100%，采取自繁自养技术模式，不从外地引猪，有效预防了引种带来的风险。

（2）养殖设施化。养殖场选址布局科学合理，畜禽圈舍、饲养和环境控制等生产设施设备可满足标准化生产需要。

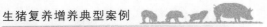

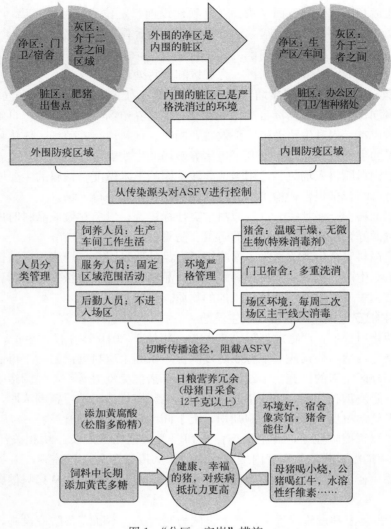

图1 "分区、定岗"措施

（3）养殖规范化。制定并实施科学规范的畜禽饲养管理规程，配备与饲养规模相适应的畜牧兽医技术人员，严格遵守饲料、饲料添加剂和兽药使用的有关规定，生产过程实行信息化动态管理。实现了科学养殖规范化管理，特别是在母猪管理上，达到了产房仔猪成活率98%以上，母猪生产12天后日平均采食哺乳料可达12千克以上，三胎母猪淘汰率不超过20%（一般母猪到三产时淘汰率达50%～60%）和断奶7天的发情率高达90%以上的较高管理水平。

三、生猪增养取得的成效

一是对外缓解生猪供应紧张局面。通过采取以上措施，扩大了生猪养殖规模，提升了商品育肥猪供给能力，不断增加生猪养殖经济效益，有效缓解了生猪供应紧张的局面，为生猪稳产保供做出了贡献。

二是对内企业新增经济效益显著。公司于 2018 年引进原种母猪 1 290 头，存栏二元母猪 3 000 头，实现年出栏育肥猪 6 万头，销售收入 1 亿元，纯经济效益收入达 2 668 万元。2019 年新增存栏二元母猪 2 500 头，新增出栏育肥存栏 5 万头，纯经济效益达 4 778 万元，向社会提供商品育肥猪 10 万头。

四、生猪增养取得的经验及建议

（一）取得的经验

一是严把"四关"，科学推进增产。公司现在仍处于生猪增养的黄金时期，正在努力克服当前生猪养殖技术的难点和安全风险，继续逆势而上。采用先进的生猪养殖技术，持续扩大养殖规模，不断提升稳产保供能力，生产出安全、绿色的畜产品。2021 年，公司将抓准时机，继续扩大养殖规模，预计生猪存栏达到 6 万余头，育肥猪出栏数量达 12 万余头，新增纯经济效益 2 760 万元，将为缓解生猪供给紧张局面和生猪稳产保供做出新的更大的贡献。

二是在畜禽养殖技术上力求精益求精，在畜产品质量安全上追求尽善尽美，在服务上力争优质高效，在价格上保证物有所值，继续开拓进取，勇于创新，以一流的产品、一流的服务，共创一流"三德"，实现企业、政府和社会多方共赢的新局面。

（二）建议

当前，生猪养殖效益处于高位运行，非洲猪瘟疫情形势仍然比较严峻，生猪养殖面临的主要困难包括引进原种猪困难、资金紧张和生猪养殖水平不高。针对上述问题，建议全面推广生猪人工授精技术，继续实施贷款贴息补助免息优惠扶持政策，深入开展生猪养殖先进技术网上培训和专家现场技术指导服务。

上海市崇明区生猪增养典型案例

——上海明珠湖农业科技有限公司

为切实贯彻落实国务院和市政府关于稳定生猪市场保供稳价工作，崇明区积极应对、多措并举，全力推进上海明珠湖农业科技有限公司4万头生猪养殖基地建成投产。

一、基本情况

该基地位于崇明区绿华镇华西村西北角，四周人烟稀少，防疫条件较好。基地占地面积230多亩，于2019年8月底建成，2019年10月正式投产，建设总投资8000多万元，其中财政支持3100多万元。基地建成母猪舍、公猪舍、育肥舍、保育舍、后备猪舍等建筑物，养殖棚舍建筑面积为31 850米²，可以饲养2 000头母猪，采取自繁自养模式，考虑动物福利模式，年上市生猪设计为4万头，如满负荷运转，最多可以达到年上市5万头的产能规模。

猪场建筑设计和猪舍结构借鉴北欧模式，布局合理，土地利用率高，采用与新技术配套的设施设备、完整的防疫消毒系统、自动供料系统、粪污收集处理及还田利用系统，具有养殖猪群流转高效、生产能耗低、环保无污染、猪群福利养殖、养殖人员工作效率高等特点，是具有领先水平的智能生态猪场。

二、主要管理与技术措施

1. **生猪分区养殖，全进全出**　猪场按照生猪不同群体分区饲养，猪舍内部又分隔成若干区间和小单元，保证分区采用生猪闭环全进全出的养殖模式。

2. **封闭式管理，保障生物安全**

（1）饲料用散装料罐车装运至猪场大门外，然后送至围墙内的集中料塔，再通过输送料线自动送至各猪舍。

（2）场内专用装猪车在场内转运生猪至场门口旁专门的装猪码头，由专门的转运车从装猪码头将猪运至场外中转站，再由另外的专用运输车将生猪运转到其他猪场或屠宰场。所有车辆在驶向猪场方向时均经消毒烘干处理。

（3）猪场工作人员进入生产区要洗澡、消毒，更换工作服，采取封闭式管理。如有人员有事离场，再进猪场时要到指定地点隔离3天以上，并对所有携带的物品进行消毒处理。在进入猪场时，必须再次洗澡、消毒。

（4）严禁外来人员进场，由专人统一采购食材、生活用品等，凡进入猪场的物品必须经严格消毒。完善各项生物安全措施，严格执行并落实到位。

（5）定期对猪场及周边环境进行消毒，灭苍蝇、蚊子、鼠等。每 2～3 天更换一次场门口及生产区门口消毒池中的消毒水，一切消毒设施由专人定期进行保养检修。

三、增养成效

仅半年时间，该公司的生猪存栏从 0 增至 8 300 多头，其中存栏生产母猪 1 500 头、后备母猪 800 头、乳猪 2 500 头、仔猪 3 500 头。

四、主要经验

一是要有安全可靠的养猪环境和符合生物安全条件的设施。二是注意切断传播途径，这是在无疫苗免疫形势下防控非洲猪瘟等重大疫病的关键措施。三是猪群流转全进全出，及时清洗消毒，定期消灭苍蝇、蚊子、老鼠等疫病传播的中间宿主。

打造立体化生产防控体系
全力推进生猪复产稳产保供

——江苏汉世伟食品有限公司保供纪实

江苏汉世伟食品有限公司隶属于天邦食品股份有限公司，是集育种、饲料、生物制品、养殖、屠宰、销售为一体，国内产业链最齐全的农牧企业。公司于 2015 年进驻大丰，以"现代化、规模化、集约化"为导向发展养殖业，养殖基地遍布草庙、草堰、新丰、大桥、小海等镇。2019 年，仅大丰地区的生猪销售量就达到 32 万头，销售额突破 12 亿元，其中 10 万头生猪订单销往上海拾分味道肉制品有限公司，销售额达 3.5 亿元。

一、基本情况

公司统一配备美国谷瑞自动化料线设备，在生产设施上采用自动化料线饲喂，密闭料罐车直接将饲料运送到场，有效减少了人工及粉尘；配备先进的水位控制饮水系统，节约水资源，减少污水排放；配备以色列进口的蒙特集成电脑环境控制设备，通过感应探头收集猪舍环境数据，结合养殖需求设置相关参数，自动控制燃气加温及降温设备，实现猪舍舒适环境控制；安装智能化监控及监测设备，推行智能电子耳标，实时远程清点猪只数量，监控猪群健康状态，评估猪群长势和体重。推广全漏粪板饲养模式，结合智能化环控，猪群饲养密度达 0.81 头/米^2，有效节约了土地资源。

二、采取的主要措施

严把"四关"，在车辆、饲料、人员、物资等关键环节，建立四级生物安全体系，突出非洲猪瘟防控，细化落实各项疫病防控措施。

一是严把车辆消毒关。采取固定车辆、固定人员、固定地点的模式进行点对点猪只运输。所有车辆进入猪场前需经公司固定第一清洗点（第四级防控）清洗合格后，进入公司车辆洗消中心（第三级防控）清洗消毒，再进入公司车辆高温烘干消毒车间（第二级防控）高温烘干消毒，采样检测合格到公司下属猪场，再经各猪场冲洗、雾化消毒（第一级防控）后，方可装运公司猪只。

二是严把饲料储运关。加工原料采取病原检测、高温蒸汽消毒等措施，防止饲料传播疫病。饲料运输实行全程密封，固定饲料罐装车辆，点对点运输，绞龙装卸，全程无人为接触。

三是严把人员传播关。建立疫病防控能力强的专业化团队，完善多级人员进出防控体系，进入养殖场人员需在隔离点（第四级）淋浴消毒、更换全部衣物，检测合格，隔离36 小时后由专车送至养殖场外围消毒间（第三级），经淋浴消毒、更换全部衣物后进入场区生活区，在生活区消毒间（第二级）隔离 24 小时后经淋浴、更换全部衣物后进入养殖场生产区，进入猪舍前在更衣间（第一级）再次更换衣物后才可以接触猪只。

四是严把物资供应关。由中央食堂统一为各场提供经高温加热的全部餐食，避免菜品物资带来疫病。生产生活物资集中消毒放置后，运输至各场。各场区物资经消毒熏蒸、高温烘干后方可进入场区生活区，经过再次熏蒸消毒后才可以进入生产区使用。配备先进的猪只病原及抗体检测实验室，实验检测专业人员可快速、准确检测猪只生产中的各类病原及猪只抗体，为疫病防控体系的建立提供了有力保障。

三、复养增养成效

江苏汉世伟食品有限公司在区委区政府的坚强领导下，承担起企业的社会责任，积极做好生猪稳产保供工作，采取"三步走"战略，源头设计，精细规划，全力保障市场供应，为全区的稳产保供大局多做贡献。

第一步：保足母猪种群。受到非洲猪瘟影响，全国生猪养殖业遭受重创，生猪存栏大幅下降，母猪锐减，汉世伟食品有限公司的母猪场几乎覆灭。但公司自加压力，在逆境中谋生存、求发展，及时赴全国各地补栏种猪，全面恢复母猪场生产，保证各级母猪场生产母猪存栏，积极组织布局复产保供。目前，汉世伟食品有限公司的母猪场已基本全面满负荷投产，其中，原种母猪场 1 个（经产母猪 5 000 头）、扩繁母猪场 2 个（经产母猪 1.6 万头）、商品代母猪场 2 个（经产母猪 1.6 万头），均满负荷生产。新建 2 个商品代母猪场（规模 1.3 万头母猪）已经引进后备猪。汉世伟食品有限公司以较高的生产水平和成熟的母猪场防控体系，为全面复产提供保障。目前，母猪场以 80% 的产能供应大丰地区。

第二步：提高商品猪产能。目前，大丰地区所有规模化场改造均已达到公司立体化防控体系要求，并全面投产，现存栏生猪 8 万头。汉世伟食品有限公司目前每月供应大丰地区断奶苗猪 4 万头，同时，公司与外省养殖企业签订了 2 万头/月的苗猪采购订单，确保公司在大丰市场的猪苗供应。

第三步：恢复生猪养殖基本面。公司在一以贯之强化立体化防疫操作，确保母猪场满负荷生产的基础上，积极扩大母猪存栏规模，目前已开工新建 1.6 万头规模能繁母猪基地，保障现有规模化育肥场满负荷运行，确保年出栏生猪突破 30 万头。同时，以规模化场为中心，辐射周边合作养户，复制建立立体防控体系，扩大育肥猪存栏规模，力争年内存栏规模超 35 万头。

射阳鑫源畜牧有限公司增养典型案例

2018年以来，受非洲猪瘟、养猪周期、环保压力等影响，射阳县生猪产业状态低迷，生猪存、出栏量大幅度下降，导致生猪供应出现较大缺口。为恢复生猪生产，射阳县积极落实国家、省、市激励政策，扎实做好疫情防控工作，同时，通过扶持规模化养殖场、加大招商引资力度、完善产业链等措施，多措并举，推动生猪稳产保供。目前，已形成以射阳鑫源畜牧有限公司为典型的生猪复养增养案例。现将有关情况介绍如下：

一、公司基本情况

射阳鑫源畜牧有限公司成立于2019年，坐落在射阳县临海镇后涧村委会六组境内。公司现有员工32名，其中专业技术人员13名，是一家集规模化，自动化，标准化为一体的现代化生猪养殖企业。公司占地270亩，于2020年1月开始投入生产，现存栏母猪2 400头，二期工程和配套的育肥场正在建设之中，建成后可年出栏肥猪10万头。全场采用自动料线、自动温控、自动清粪工艺，全场无死角监控，坐在办公室就可以监控全场生产情况。

二、主要措施

（一）改变设计理念

在非洲猪瘟新常态下，射阳鑫源畜牧有限公司的设计颠覆了过去多年的生猪生产养殖理念。该公司的生物安全防控整体上分为"一个中心、两类人员、三种车辆、四个基本点、五级防护和七个小区"。一个中心为行政办公中心；两类人员为生产人员和服务人员；三种车辆为人员专用、物资专用和生猪专用；四个基本点为人员隔离点、物资接收消毒点、车辆洗消烘干点一、车辆洗消烘干点二；五级防护为办公点、场外消毒点、场大门、分区大门、生产通道；七个小区为后勤生活区、后备培育区、妊娠分娩一区、妊娠分娩二区、公猪区、无害化专区、售猪区。

（二）强化生物安全防控

一是办公区外移，远离生产场。办公中心是外界和猪场联系的纽带，也是病毒的集散地。办公人员不得随意去菜市场、屠宰场、其他养殖场等高风险地方，因工作原因确实需要去的，一定要进行沐浴、更衣、换鞋后方可返回办公地。办公人员在工作期间不得携带任何小宠物和肉制品到办公室。办公区每天需要用消毒药拖地一遍，过程拍照上传。二是加强场外前置隔离点的生物安全管理。做好隔离点的消毒工作，地面和周边环境用消毒药每天进行消毒。隔离区的餐具和厨房的餐具绝对分开，任何无关人员不得进入隔离区域的楼层和房间。隔离人员使用的所有物品都要进行彻底消毒，隔离人员离开后，专职人员马上对隔离房间进行整理、消毒。地板需要用消毒药拖地，房间臭氧密封消毒至少 2 小时以上，隔离房间的打扫工具必须每个房间专用。三是加强消毒室的管理。隔离点熏室、外场大门室、内场大门室实行三级熏蒸，每一级消毒室有明确的责任人。每次消毒之前彻底清洁消毒架，消毒架采取镂空阻断式设置。进入消毒室的物品必需去掉最外层包装，单层摊开，且只有专职人员可以进入消毒室。熏蒸室必须保证良好的密封性，每次消毒必须有详细的消毒起始时间记录，每次消毒必须全进全出，消毒后的物品需及时配送，以免二次污染。四是人流控制。到达公司前先检测、洗澡，在隔离点洗澡、更换隔离服，隔离 48 小时，更换专用周转服，由公司专车送达猪场门卫，在生产分区消毒通道洗澡，更换内场专用工作服。五是物流控制。总部隔离点核对收货，去除外包装消毒，专人专车往猪场递送，场外消毒点再次对车辆进行消毒，猪场大门消毒房以多种方式重复消毒，配送给生产分区消毒房继续消毒后才可进入内场仓库。六是饲料控制。饲料供应厂家的饲料车不进场，隔墙将饲料打入生活区料塔储存，场内自备车辆再中转。场内自有料车打料也不进生产区，隔着围墙把饲料打入生产区内的料塔。饲料厂家的饲料车和司机都是专用的，不往别的猪场送饲料。七是拉猪车流管控。拉猪车必须是公司自有专用车辆。公司总部洗消中心对车辆进行精洗、消毒、烘干，凭洗消中心开具的洗消证明（洗消中心负责人拍照上传）开车去猪场。八是定期灭鼠、灭蝇、灭蚊等，消灭其他生物隐患。场内不允许饲养除猪之外的任何其他动物，每天检查围墙有无损坏，及时发现、及时修补，避免猫、狗等小动物入场。每周进行灭鼠检查工作，及时补充鼠药，杜绝场内老鼠活动。每两周在场内外投放毒饵，消灭在场区内或场区附近活动的流浪猫、狗。每日清理剩饭、剩菜，不乱扔乱倒，必须装在垃圾袋中投送出场外，防止蚊蝇滋生。在蚊蝇活动的季节，积极采取灭蚊、灭蝇工作。

（三）加强检测

为及时有效地对猪群进行检测，公司在原有的基础上又增加了一套病毒检测设备，设置两个独立分开的小型检测实验室，配备 2 台 PCR 仪器，明确 3 名专职检测人员。对于有可能进入猪场的人员，在公司总部外围就先行检测、隔离、再检测，合格后才能进场。所有需要进场的菜品、生产物资、员工行李都必须在检测合格的基础上再放行；运送饲料的车辆、驾驶员先检测再进场。对日常精神不振、食欲降低、体温升高等任何有异常的猪只，第一时间采样检测，每周至少对猪群随机采样检测一次。

（四）实行"分区分色"管理

为避免频繁进入猪场带来的生物安全隐患，又不失监管力度，在建场之初，特采取"分区分色"管理措施：场内分成多个独立的小区，每个小区都有独立的围墙封闭。实行不同岗位不同工作服制度——内场生产人员为灰色工作服＋黄色水鞋，后勤服务人员为橘色工作服＋白色水鞋，生物安全人员为蓝色工作服＋黑色水鞋，场外客户人员为蓝色工作服＋黑色水鞋。在猪场的四周围墙和各个生产分区大量增加摄像头，现在公司生产区安装

了 196 个摄像头，这样公司管理者在办公地就能通过视频看到生产区内的人员有没有在岗或串岗。

三、复养增养成效

由于前期的增养准备工作充分、饲养管理工作到位，自 2020 年 1 月投产以来，该场后备猪有效利用率达 95％，批次化配种成功率为 96％，配种分娩率达 92.62％，窝均健仔数 12.83 头，已成功保育仔猪 2 000 头，增养工作进展顺利。该场的成功增养调动了社会资本投入生猪养殖。在该场带动下，射阳县正在建设万头猪场 2 家，即将开工建设万头猪场 3 家。

四、经验、启示和建议

（一）打造强大的生物安全体系

在非洲猪瘟新常态下，公司提出生物安全体系只有更好、没有最好，分别在离场外 17 千米、500 米处建设第一和第二洗消烘干中心，确保每一辆进入猪场饲料车、装猪车必须经过两次清洗、消毒、烘干，同时，检测必须为非洲猪瘟阴性。猪场外围建成围墙和防疫沟，防疫沟四周外有不低于 50 米的缓冲区，加设防疫网隔离。围墙内分成 7 个带有围墙和防疫沟的独立小区，实行"分区分色"管理。

（二）打造健康猪群

首先，要引好种。生猪养殖，种猪是关键。一定要引种阴性种猪，一次引种，后期选育种猪，持续培育能繁母猪，保障母猪产仔扩群和仔猪供应。其次，加强饲养管理。公司坚持"以养为主，防养并重，防重于治"的总方针，通过科学防控、科学饲喂，实现生猪死得少、长得快，管理好饲养员、管理好猪群、管理好环境，保证好猪舍的温度、湿度和饲养密度，保持舍内清洁与干燥，坚持舍内四季通风、空气流动，并做好生猪调运、病死猪无害化处理各个环节的防控工作。

（三）思人所思，想猪所想

公司老板要站在一线工人的角度上加强人员管理，进行团队建设，改善工人的生产生活环境，实行人性化管理。公司老板要站在猪的位置上设计猪场建设，考虑猪在什么温度、湿度等环境下最舒服，提高猪的生活舒适度。同时，要对工人实行绩效考核和季度或年度分红，提高工人的积极性和主人翁意识，这样才能养好猪。

积极补栏增养　勇担保供重任

——中粮肉食（江苏）有限公司增养简介

中粮肉食（江苏）有限公司是东台市生猪生产重点龙头企业，由于国内外的非洲猪瘟疫情，公司生产受到一定影响，产能下降。公司多措并举，积极应对，勇担保供重任，取得了预期成效。

一、基本情况和当前生猪生产情况

中粮肉食（江苏）有限公司是江苏省农业重点企业，公司从事饲料加工、种猪繁育、商品猪养殖、生猪屠宰、肉制品深加工、冷链配送等肉食全产业链经营。生猪养殖按照"规模化、标准化、无疫化、无害化"的目标，建成五大养殖小区，共计 17 个标准化养殖场，形成年出栏 110 万头生猪养殖的设计规模，其中包括 2 400 头原种场 1 座、4 800 头祖代场 2 座、4 800 头母猪场 4 座、15 000 头母猪场 1 座、2 400 头母猪场 1 座、10 万头商品猪场 10 座，合计产能 5.5 万头母猪，年销售种猪 8 万头、苗猪 40 万头、育肥猪 62 万头。截至 2020 年 4 月底，能繁母猪存栏 31 765 头、后备母猪存栏 9 922 头、哺乳仔猪存栏 51 191 头、保育猪存栏 77 823 头、育肥猪存栏 73 782 头。

二、复养增养的主要措施

（一）清洗消毒阶段

养殖场制订并完成详细的清洗和消毒计划，清洗、消毒计划内容包括：不同车间及单元的栏舍、地沟、墙面、风机等清洗和消毒完成计划；除猪舍外，大环境（包括除草、灭蚊蝇、灭鼠等）、工作间、出猪台等区域的清洗和消毒完成计划；宿舍、办公室、餐厅、仓库、门卫、大环境（包括除草、灭蚊蝇、灭鼠等）等区域的清洗和消毒完成计划；配套沼气站的清洗和消毒完成计划。以上工作均需安排对应的责任人监督执行，保证高效完成养殖场的全面清洗和消毒工作。

1. **物资**　对消耗性物资，如工作服、胶鞋、垫板、扫把等进行销毁处理；料槽、保温灯、铁锹、斗车、拖车、维修工具等物资经清洗、擦拭和两次浓度 2% 的戊二醛熏蒸消毒。疫苗擦拭后进行熏蒸消毒；化药有密闭包装的进行浸泡消毒，再进行熏蒸消毒，无密闭包装的则进行熏蒸消毒。

2. **猪舍**　对猪舍栏位、走道、墙面、风机等区域进行清洗、消毒、干燥，所有栏位

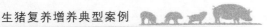

使用火焰喷枪消毒；同时对地沟进行彻底的清洗、消毒，地沟排空后投放烧碱覆盖；完成清洗、消毒后，密闭猪舍，使用熏蒸机熏蒸1～2小时（根据猪舍容积和熏蒸机功率确定时间），密闭24小时以上；猪舍加强灭鼠、灭蚊蝇工作；清理猪舍周边杂草。

3. **办公室/工作间** 清理所有无价值物资，进行销毁处理，对办公桌椅、柜子等进行擦拭、清洗、消毒；地面使用消毒剂（1：100过硫酸氢钾）拖地完成清洗、消毒，之后密闭办公室，使用熏蒸机进行熏蒸消毒。

4. **出猪台、道路、赶猪通道等** 彻底清洗消毒，喷洒石灰乳。

5. **餐厅** 对所有桌椅、柜子等进行擦拭、清洗、消毒；冰箱使用消毒剂（1：100过硫酸氢钾）擦拭、清洗、消毒；地面使用消毒剂（1：100过硫酸氢钾）拖地完成清洗、消毒，之后密闭餐厅，使用熏蒸机进行熏蒸消毒。

6. **仓库** 对维修工具、耗材等进行清洗消毒；地面使用消毒剂（1：100过硫酸氢钾）拖地完成清洗、消毒，之后密闭仓库，使用熏蒸机进行熏蒸消毒。

7. **药房** 对货架进行清洗消毒；疫苗擦拭后进行熏蒸消毒；化药进行熏蒸消毒；地面使用消毒剂（1：100过硫酸氢钾）拖地完成清洗、消毒，之后密闭药房，使用熏蒸机进行熏蒸消毒。

8. **场内转猪车等车辆** 执行运猪车辆清洗、消毒、干燥标准操作程序，彻底清洗消毒，烘干（70℃，30分钟）或自然干燥。

9. **加强灭鼠、灭蚊蝇工作** 清理生活区周边的杂草。

10. **沼气站** 沼气站物资、办公室、宿舍、车辆、道路、仓库及餐厅的灭鼠、灭蚊蝇、除草、清洗消毒等工作参照生产区和生活区清洗消毒要求执行。

以上清洗消毒工作完成后，进行第二轮清洗消毒，两轮清洗消毒工作完成时间控制在两个半月之内。

养殖场按规定完成第一轮清洗消毒，采集每单元栏舍样品、生产区环境样品、地下水样品、生活区环境样品、沼气站样品等进行实验室检测。若实验室检测阳性，则重新清洗消毒，直至所有检测均为阴性，第一轮清洗消毒完成，进行第二轮清洗消毒。第二轮冲洗完成后采集每单元栏舍样品、生产区环境样品、地下水样品、生活区环境样品、沼气站样品等进行实验室检测，若实验室检测阳性，则重新清洗消毒，直至所有检测均为阴性，第二轮清洗消毒完成。从第二轮清洗消毒完成，且实验室监测均为阴性起开始计算空栏时间，养殖场应至少空栏6个月。

（二）哨兵猪引进阶段

投放前要求：从猪舍空栏第三个月起，每周采集栏舍、环境、地下水源等样品进行实验室病原排查，所有病原监测连续6次均为阴性后，可投放哨兵猪。

哨兵猪要求：来自健康水平较高的场区，且为健康猪只，不可选择病弱猪，猪只病原携带相对简单。

投放比例及要求：①配怀舍，投放80千克猪只，投放比例≥2%，打开所有栏门；②后备舍/隔离舍/公猪舍，参考配怀舍投放；③分娩舍，投放10千克小猪，每单元投放5头，拆除产床与产床间的隔板，打开产床后门；④保育舍，投放10千克小猪，每单元投放 20 头，打开所有栏门；⑤育肥舍，投放 30 千克小猪，每单元投放 20 头，打开所有栏门。

哨兵猪投放后，每天采集异常猪只（厌食、发热、皮肤发红）的口腔、鼻腔、肛门拭子进行实验室病原排查，连续 42 天病原检测为阴性后，对生产区、生活区、沼气站再次进行彻底的清洗消毒，然后引种进猪，恢复生产。

（三）全面复养阶段

场区引进哨兵猪 42 天后，确认猪群健康状况没有问题；按照养殖场设计存栏进行引种，满负荷运行。

（1）猪群引入前，所有猪只逐栏采集口腔液进行相关病原检测，结果为阴性后方可引入。

（2）引入后，观察 42 天，确认猪群健康没有问题，开始全面复养。

（3）复产后，对整个公司的生物安全系统进行管控，围绕饲料厂、养殖场、屠宰场相关环节建立生物安全制度，包括人员隔离、洗浴、餐食管理、车辆管理、物资管理、死猪处理，并制订各个环节的疾病监测计划。

（4）每周召开养殖场生物安全会议，查漏补缺，及时解决存在的生物安全隐患。

三、复养增养成效

公司养殖场全部复养成功，并建立了系统的疾病防控方案，营造了浓厚的遵守生物安全制度的氛围，增加了员工抵御疾病入侵风险的信心。目前，公司整体生产运营呈现蓬勃发展的势头，预计能够完成本年度集团的生产任务，为盐城市"稳产保供"做出应有的贡献。

四、经验、启示和建议

目前，整个中国养猪业处在风险与机遇并存的时期，企业唯有做好生物安全才能经历这次大考，并抓住机会发展壮大。要牢固树立"管重于养、养重于防、防重于治"的理念，对疾病防控进行系统化的思考，制定各个环节详细可落实的生物安全制度，并将生物安全制度作为公司的文化深入到员工内心。目前，整个行业面临的疾病压力空前，要制订各个环节具体可操作的采样监测计划，根据监测结果，及时发现公司目前存在的风险点，针对该风险点制定相应的解决措施，并跟踪落实。做好猪群基础免疫、保健工作，尽可能地净化系统内的疾病，提高猪群的抗病能力。在非洲猪瘟防控阶段，需要及时监控猪群动态，做好实验室检测，建立自己的实验室，及时高效地完成病源排查，为防控赢得时间。

江苏众成牧业有限公司生猪增养在行动

2018 年，受非洲猪瘟、养猪周期和环保压力等影响，生猪产业状态低迷，生猪存栏、出栏量大幅度下降，导致全国性生猪供应出现较大缺口。为恢复生猪生产，大丰区积极落实国家有关政策，扎实做好疫情防控工作，同时，通过扶持规模化养殖场、加大招商引资力度、完善产业链、规范禁养区划定范围等措施，多措并举，推动生猪稳产保供。目前，已形成多家典型的生猪成功复养案例，江苏众成牧业有限公司也在其列，现将有关情况介绍如下：

一、养殖场基本情况

江苏众成牧业是一家拥有 3 条 650 头母猪生产线和代养合作家庭农场 10 余户的专业化养猪公司，年出栏设计达 3.8 万头。现存栏 4 261 头，其中种公猪 27 头、纯种猪 100 头、父母代猪 560 头（其中能繁母猪 495 头）、商品猪 3 574 头。预计 2020 年出栏生猪 1 万头，2021 年可出栏 3 万～3.5 万头（其中断奶仔猪 2 万头）。

在非洲猪瘟的严峻形势下，公司第一时间对猪场内部生物安全设施设备进行升级改造，优化生产及生物安全流程，定期组织生产人员进行培训考核，提高其生物安全意识和对非洲猪瘟的认知，同时取消自繁自养一体化育肥模式，采取育肥猪家庭农场代养合作模式，减少单点猪群密度，降低防控压力。在大丰区相关部门和领导的支持与帮助下，经过 1 年半的学习摸索和总结，公司目前生产稳定。

二、复养增养采取的主要措施

1. **建立生物安全体系** 江苏众成牧业有限公司围绕"体系建立、刻意训练、重复监督、不断完善"十六字方针开展生物安全工作。

（1）通过专家指导、同行交流以及公司全员讨论，制定并落地了适合江苏众成牧业有限公司的生物安全流程及相关奖惩制度，明确了岗位职责及相关责任人。

（2）每周定期开展两次生物安全流程及制度培训，每月进行两次考试，并对成绩优异者和不及格者进行奖惩。在所有关键位置设立醒目且通俗易懂的流程图及各种标识。

（3）所有关键点的消毒视频、台账记录必须及时上传至公司内部微信群，场长每日对生物安全工作及台账记录进行检查，生产总监及兽医总监每两周进场一次，对场内生物安全工作进行检查和指导。

（4）通过线上线下的专家培训课程、同行交流会议、相关资料查询及日常工作实践总结，不断完善和优化生物安全流程。

2. 设施升级改造

（1）公司投资升级改造了自动料线设备，由传统袋装料人工装卸进场，改为通过机械自动供料至每条猪舍，减少了车辆进场和人员装卸造成的污染。

（2）对猪场四周围墙进行查缺补漏，设立防鼠带，完善物理屏障，猪舍栋与栋之间建设连廊系统，密封连接，确保猪的活动空间没有蚊蝇、老鼠等。

3. **种猪自主繁育**　养猪行业，种猪是关键。江苏众成牧业有限公司在非洲猪瘟防控严峻、生猪控制调运期间，为保证种猪的更新和种源的健康，采取外购原种精液，经检测合格后再和场内母猪回交留种的措施，在保证公司产能不受影响的同时，进行扩群增产。

4. **强化科学检测**　所有物资、车辆、人员全部经检测合格后方可进入猪场，猪场环境及猪只定期检测，出现问题及时封锁上报。

三、复养增养成效

2019 年，公司能繁母猪存栏 480 头，累计出栏生猪 8 700 头。发展代养合作家庭农场 10 余户，带动就业岗位 20 余个。年销售额 2 000 余万元，创造利润 300 余万元。

为响应政府号召，公司于 2019 年年底投资 1 200 多万元新建了 2 条存栏 650 头母猪的生产线，支持生猪保障供应事业。

四、经验、启示和建议

（1）严格遵守国家相关法律法规，开展生猪养殖经营工作，及时向防疫及动检部门上报猪场猪群防疫情况。严格按照国家规定合法销售，未经检疫开票不销售一头猪。坚决按政府要求执行病死猪的无害化处理。

（2）科学制定建设适合本养殖场的生物安全流程，制定的生物安全流程通俗易懂、便于操作，能够长期有效地执行下去。避免照本宣科、生搬硬套，适合自己的才是最好的。

（3）合理使用工具，猪场能用机械的地方尽量不使用人工，在提高效率的同时还可以避免人为因素造成的失误，如自动料线、高温自动报警、断电报警、时控开关、电动拖病死猪车等相关设施设备的升级使用。

（4）非洲猪瘟对养猪人而言是一个全新的挑战，凭运气和经验养猪的时代已经过去了。新养猪人需要不断学习，提高认知和技能水平，多看书、多查资料、多学习非洲猪瘟的相关知识，知己知彼。现在互联网很方便，可以通过多媒体进行线上培训和交流，对照自己猪场的情况思考该如何进行改善和提高。

探索"二三三"模式　促进生猪养殖增产提效

近年来，受非洲猪瘟、猪周期双重影响，浙江省缙云县生猪养殖产业受到较大冲击。为确保增产保供，缙云县积极探索"二三三"模式，规模生猪养殖场通过加强基础设施建设、提高从业人员素质，有效推进增养。浙江缙云县天顺牧业有限公司在该模式的探索中走在了前列。

一、企业基本情况

缙云县天顺牧业有限公司是一家集商品猪生产、肥料初加工为一体的民营企业，公司成立于 2016 年，占地面积 14 亩，其中猪舍 8 幢，面积 4 200 米²，管理用房 150 米²，饲料加工房 180 米²。现有能繁母猪 250 头，存栏生猪 3 800 头，年出栏量将达到 6 000 头以上。

二、主要措施

（一）完善"二封闭"，降低疫病传播风险

一是做好场区内外封闭。场区周边改造围墙 270 米，猪场大门口原有消毒池加深至35 厘米，每周至少更换池水和消毒药 2 次，建设 11 米长的洗消通道，确保出入车辆全面消毒，防止场外人畜进入场内，并设专人 24 小时看守，严禁无关人员和车辆进入场区。场区内部人员确需外出的，需要在安全区隔离 2 日后回场。

二是做好生活区和生产区封闭。场内职工进入生产区前要在消毒室洗浴更衣，经过严格消毒后才能进入生产区，场外购入的饲料和生产必需品必须有全新包装，经臭氧消毒后方可进入生产区使用。

（二）布局"三自主"，确保增养安全有序

一是自主开展能繁母猪培育。在 2018 年价格低迷时期，公司陆续引进新美系等优质种猪，坚持自繁自养，持续培育能繁母猪，通过精选，每年淘汰 30%，确保母猪质量。目前，场内优质能繁母猪数量已由原先不足百头提高到 250 头，每胎产活仔数均超过 10头，从源头上确保了仔猪供应，实现了稳定增产。

二是自主建设先进治污设施。公司是丽水市第一家全程发酵床试点企业，采用 3 000米² "离地高床发酵床模式"，实现养殖粪污"零排放"。在当前疫情严峻的形势下，为降低发酵床添置垫料时的疫病输入风险，公司投资 70 余万元，新建工业化污水处理设施550 米³，主要包括干污池、酸化池、沼气池、水压间、过滤池、氧化池及配套设备，利

用"猪一沼一有机肥一种植"模式，有效提高场区粪污资源化利用能力，限养量由原先的 4 000 头提高到 5 500 头，确保即使在满圈生产情况下也不额外增加粪污资源化利用压力，为增产保供工作保驾护航。

三是自主开展非洲猪瘟检测。作为缙云县首批"先打后补"试点企业，公司积极响应政府号召，承担企业主体责任，由公司出资购买非洲猪瘟检测试剂盒 6 500 余盒，通过强化与第三方检测机构合作，实现"每批必检"，有效提高了非洲猪瘟排查工作的针对性和有效性，有利于非洲猪瘟疫情"早发现、早报告、早处置"，有利于降低运输、屠宰、生产加工等下游环节的疫情传播风险。

（三）着力"三提高"，强化场区管理水平

天顺牧业与浙江加能生物技术有限公司签订了《猪场托管合同》，由加能公司派遣养殖人员和技术人员，提供饲料与兽药等生产资料，天顺牧业则以能繁母猪数支付托管费用，目前一年托管费约 40 万元。该托管模式有以下三方面优势：

一是提高生物安全水平。由加能公司派遣技术部副总监级别以上的人员及技术场长共同驻场调查，排查猪场问题，梳理猪场生产数据。在猪场人员管理、饲料管理、环境管理、免疫保健管理、数据管理等方面进行提升改造，制定实施《猪场改进方案》，制作"猪场整改项目进度表"，托管人员每周与天顺牧业负责人进行沟通，对猪场现代化与自动化建设进行改造调整，有效提高了猪场的抗风险能力，生物安全水平大幅提高。

二是提高规章制度执行力。健全的制度利于养殖场做好防疫防病，是养殖场的基本工作。公司积极完善岗位责任管理制度、封锁隔离制度、消毒制度、无害化处理制度、卫生防疫制度、免疫检测接种制度、饲料使用制度和兽药使用制度等，通过周例会和月例会不断深化教育，完善生产工艺流程，提高各类管理操作规程水平，使企业高效率运作。同时，通过绩效考核成绩增减奖金。

三是提高场区人员综合素质。猪场的运行情况直接受饲养人员专业素质的影响，目前，由加能生物技术有限公司负责组织饲养员的专业知识培训，提高饲养员的饲养水平和工作效率，使其具有明确的工作目标和发展方向，熟悉具体工作中的正确方法和操作程序。同时，在培训的过程中，保证常态化和制度化的合理落实，在实现养猪场生产目标的同时，培养饲养专业人才，从而使实际接触生产的工作人员熟悉并掌握具体的工作流程，一旦发生疫情，可及时采取有效合理的处理措施，将危害降低到最低，减少猪场的经济损失。

三、增养成效

在非洲猪瘟疫情的严峻形势下，天顺牧业有限公司积极摸索"二三三"模式，通过与浙江加能生物技术有限公司紧密合作，加强基础设施建设，提升生物安全防控水平，制定严格的管理制度，实现养殖场平稳安全有序发展，预计 2020 年年底可实现增养 1 700 头，存栏达到 5 500 头左右，为缙云县生猪稳产保供起到一定的推动作用。

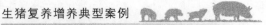

四、经验分享

（一）降本强基有优势

天顺牧业有限公司与加能生物技术有限公司强强联手，天顺牧业有限公司具有土地、环保设施等先期优势，通过加能生物技术有限公司配套提供的低价饲料、兽药、防疫和基础设施建设指导等服务，大幅降低了物资调运中的防疫风险、资金压力和建设投入，实现了降本增收。

（二）增产提质有优势

天顺牧业有限公司按照加能生物技术有限公司提供的统一标准改造栏舍、建立制度、强化管理、完善隔离、购置设备，再加上加能生物技术有限公司技术人员的加入，使天顺牧业大幅提升了场区的生物安全水平和养殖技术水平。在该模式下，天顺牧业的 PSY 提升到 20，增栏达到 1 500 头，明显高于全县平均水平。同时，具备非洲猪瘟检测排查能力，为增产保供起到了一定的示范作用。

（三）绿色发展有优势

天顺牧业采用离地高床发酵床和工业化污水处理相结合的废弃物资源化利用技术，可以有效减少治污成本，还能带来一定的经济收益，从而带来生态效益和经济效益的"双赢"。工业治污技术年运行成本为 5 万元，采用发酵床技术，年运行成本为 15 万元，但通过有机肥销售，该场可实现收入 27 万元，完全可以补偿治污成本，更有利于缓解增产带来的环保压力。

改造提升扩产能　精细管理提效益

受非洲猪瘟等重大动物疫情及猪周期影响，全国生猪存、出栏量明显下降。猪粮安天下，生猪增产保供工作尤为重要。宁波市积极落实国家、省级有关政策，扎实做好疫情防控工作，同时，通过扶持规模化养殖场、加大招商引资力度、完善产业链、重新规范划定禁养区等措施，多措并举，推动生猪增产保供工作。宁海农发牧业有限公司就是其中的典型。

一、公司概况

宁海农发牧业有限公司注册成立于 2019 年 10 月，由浙江兴农发牧业股份有限公司 100％控股。公司成立之初，提出三步走的战略规划：第一步，投资 1.2 亿元，收购振宁一洲，租赁绿生、海渡牧业，并将这三家养殖场提升改造，建成存栏母猪 3 000 头、年出栏商品猪 6 万头的自繁自养一体化猪场。第二步，积极在当地寻找合适的土地资源，扩建宁海农发二期项目，建成年出栏生猪 4 万头的商品场。第三步，依托地方政府、国企等资源，共同打造生猪养殖、屠宰、深加工、饲料生产及生物科技研究等全产业链项目，促进地方经济和民生的共同发展。

宁海农发牧业有限公司项目一期经过提升改造，现已投产，目前生猪总存栏 8 445 头，能繁母猪 2 828 头，已累计出栏 3 548 头商品猪。

二、主要措施

（一）管理措施

根据公司《兽医防疫规程》要求，成立了增养扩能领导小组，明确职责和目标，制定一系列质量管理制度、防疫及饲养管理操作规程，并建立工程改造小组，采用生物安全最高标准建设和改造原有基础设施，强化生物安全防控体系。采用封闭式管理，不允许员工随意进出场，给予员工经济奖励，建立中央食堂，完善生活福利措施，保障封场措施的有效落实。

公司依托成都天邦股份有限公司的技术支撑，组建有增养扩能经验的专业技术队伍进行现场管理，配套建设疫病检测、消毒评估实验室 1 座，配备相应的检测仪器设备。同时，在政府业务主管部门的政策和技术指导下，响应政府号召，在质量管理、生猪保险和病死猪无害化处理、污水纳管等方面花大力气，既解决了后顾之忧，又增强了养殖信心。

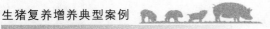

（二）技术措施

1. **加强饲养管理、改善饲养小环境**　采用自动料线进行全价饲料饲喂，配备先进的环境控制设施设备，采用水泡粪工艺，保证猪舍的卫生清洁和排污处理，根据猪的不同生理阶段给予合理的营养、温湿度和新鲜空气环境，最大限度提高猪的健康水平。

2. **加大防控和监测、切断传播途径**　实施严格的生物安全措施，对重要疫病进行血清学和环境监测，制定科学免疫程序，进行防疫注射，防疫密度达到100％。消毒工作贯穿于猪饲养的全过程，把好猪舍、环境、进出车辆、人员等出入口消毒关，切断疫病传播途径。对工作人员进行防控知识培训，提高防控意识，严密部署，做好防控工作。

3. **自繁自养，全进全出**　完善猪群的饲养工艺，母猪的配种、怀孕、分娩、哺乳、仔猪断奶、小猪保育、中大猪育肥以流水线方式进行，按周进行全进全出饲养，以保证持续向市场供应产品。

4. **配套智能化、数字化设施设备，实时监控养殖场内外环境**　在每幢猪舍内均安装视频监控设备，实现对人流、物流、猪流，以及污水处理各环节的全程视频监控。

三、增养成效

2019年11月开始引进后备母猪3020头、仔猪9000余头。生猪自2020年3月开始销售，累计销售3548头。2月底后备母猪开始配种，预计2020年年底存栏可达3.3万头，具备年出栏生猪6万头的产能。

四、经验分享

1. **重视母猪培育**　"精养种猪，实现多生"，任何时候都不能忽视母猪的重要性。自繁自养母猪既能够减少引种费用，又可避免引种风险。无论养猪市场如何改变，都要坚持养好母猪，安稳猪源。否则，等仔猪价格上涨时再临时养母猪将为时已晚，临时引种也只能面临"远水解不了近渴"的局面，而且需要极大的成本投入。

2. **关注市场行情**　自全国非洲猪瘟疫情发生以来，市场行情不断变化，饲料价格也随之波动，时高时低。一方面，要把握市场形势，争取购买质优价廉的饲料。另一方面，在生猪的销售中，要把握市场动态，适时调整猪群结构，掌握出售时机，规避市场风险，实现利益最大化。

加强生物安全防控 保障生猪增养提量

传统的生物安全措施受到非洲猪瘟的严重挑战，不少养殖场在这场防控战中败下阵来，遭受了重大的经济损失。浙江省金华市宏业畜牧养殖有限公司抢抓机遇，前瞻研判，严把生物安全防控关，研究探索实施"十项举措"，科学构筑生物安全防控网，提升综合防控水平，为生猪增养提量保驾护航。公司猪场增产效果显著，还帮助带动了一批规模养殖场实现增养，取得了较好的收益。

一、企业基本情况

金华市宏业畜牧养殖有限公司成立于 2016 年 9 月，由福建傲农集团与金华市畜牧养殖有限公司合资组建。公司位于婺城区白龙桥镇，注册资金 2 500 万元，总投资 7 000 万元，全场占地总面积 300 亩，有各类猪舍 33 000 米²，母猪存栏 2 000 头，生猪存栏 19 000 多头。全场现有员工 50 名，其中专业技术人员 20 名。公司先后获金华市"四星级规模养殖场""省美丽牧场""省级生猪精品园""婺城区农业龙头企业"等称号。

二、主要措施

宏业畜牧猪场始终把"非洲猪瘟生物安全防控"作为一切工作的重中之重，加大非洲猪瘟防控的硬件设施投入，制定严格的生物安全消毒管理制度，强化制度流程的培训与执行，确保猪场安全生产。

一是完善防控设施。公司按照国际先进标准建设非洲猪瘟防控生物安全设施，目前建设有德国凯驰自动化车辆清洗消毒中心、非洲猪瘟检测实验室、车辆高温消毒烘烤房、物资高温消毒烘烤房、场外中转料塔、门卫淋浴消毒间与物资消毒房、散装饲料中转车、场外售猪二次转运台、生物安全监控视频设备、分区隔断防鼠板墙等配套设施，确保非洲猪瘟防控无死角，全方位防止非洲猪瘟病毒从外界传入。

二是设置安全通道。猪场严格按照进场净道、出场污道分区管控，所有的人员、物资、车辆在入场前必须经过彻底的清洗消毒，并经过非洲猪瘟实验室人员取样，检测结果为阴性后方可入场。同时，实验室检测人员每周定期对猪群进行采样监测，实时监控猪群健康状况，确保猪场全年无疫情，健康安全生产。

三是严格车辆清洗消毒管理。凡转猪车、饲料车、施工车必须在场外 3 千米处的洗消中心进行采样检测，经清洗、高温烘烤、场门口 2 次清洗等消毒程序后方可到指定区域作业。具体消毒及检查措施见表 1。

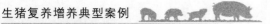

表1　车辆的消毒及检查措施

消毒对象	到场车辆：料车、转猪车、其他车辆
消毒方式	车体：清洗喷雾消毒；消毒液：复合戊二醛（1∶200） 驾驶室：酒精（75%）；轮胎消毒：烧碱（3%） 高温消毒＋烟熏消毒；70℃高温60分钟
非洲猪瘟检测	车体、轮胎、驾驶室等处采样检测
消毒地点	首次：场外洗消中心；二次：烘干房 消毒范围：车体、车头、底盘、轮胎、驾驶室等
监督方式	消毒拍照＋消毒报表；到场检查
检查标准	以车辆无污渍、无粪便为准 驾驶室必须干净整洁、无粪污
监督人	赵建勇、田献礼、王艳

注：每周日将车辆消毒照片和消毒报表汇总报兽医。

四是加强饲料场外中转消毒。饲料是猪场使用量最大的物资，为杜绝饲料车辆在运输过程中携带非洲猪瘟病毒，猪场购置专用散装饲料车并安装全球定位系统（GPS），对车辆在往返饲料厂与猪场路途中的行驶轨迹进行监督，确保专车、专人、专线，有效规避运输途中的风险。场外饲料散装车按照猪场的消毒流程消毒后，把饲料卸到场外的饲料中转料塔内，再经过中转料线把饲料输送到生产区的每一栋猪舍料塔内。

五是强化人员入场消毒。所有入场人员在入场前必须经过严格的调查，包括最近去过的地方、有无接触发病动物等，可疑人员严禁进入猪场，必须在场外指定专用隔离室隔离24小时，再经专业人员对其毛发、衣物、皮肤、鞋子物品等进行严格采样，非洲猪瘟病原检测呈阴性后方可进场，并按照消毒程序，在门卫洗澡、消毒，且随身衣物全部在消毒桶内浸泡消毒并在门卫洗涤，同时拍照存档记录，以便后期监督查阅追踪。然后，在生活区隔离24小时后方可进入生产区工作。具体消毒及检查措施见表2。

表2　人员的消毒及检查措施

消毒对象及方式	所有入场人员：生产、行政后勤、采购、财务、人事、施工人员等 人员洗澡、淋浴消毒，更换鞋、衣服；物品及衣物经臭氧消毒24小时
非洲猪瘟检测	毛发、皮肤、衣物、鞋底等处采样检测
隔离时间	在场外与生活区分别隔离24小时
检查方式	入场填写"入场消毒报表"
监督人	赵建勇、田献礼、李金邦

注：进场大门后进行洗澡更衣；更换衣物放置臭氧间过夜，24小时消毒

六是严格物资消毒。新到场设备、休假人员物品及衣物等物资放置门岗消毒间消毒。具体消毒及检查措施见表3。

表 3　物资的消毒及检查措施

消毒对象及方式	食材（蔬菜、瓜果、米面）
	购买的所有物品、药品、疫苗，入场人员身穿衣物和携带的物品
	臭氧＋烟熏消毒 6 小时以上；紫外线灯管消毒 24 小时
	水电材料、衣物等耐高温品
	高温消毒＋烟熏消毒：70 ℃高温，60 分钟
监督人	赵建勇、田献礼、李金邦

七是狠抓生产区人员消毒。所有人员进入生产区必须在洗消办更换白色拖鞋，淋浴、更衣，所带物品等必须经紫外线照射消毒后方可进入生产区进行相关工作。具体消毒及检查措施见表 4。

表 4　生产区人员的消毒及检查措施

消毒对象	进出生产区及猪舍：人员、物品（手机）、胶鞋、工作装
消毒方式	人员：淋浴更衣；物品：臭氧＋紫外线照射 30 分钟
	脚踏盆/工作胶鞋：烧碱（3%）；工作服：新洁儿灭（0.1%）
消毒地点	洗消办；走廊；猪舍门口
	消毒范围：人员、手机、胶鞋、工作服等
监督方式	消毒拍照＋消毒报表；到场检查
检查标准	衣服干净整洁、工作胶鞋鞋底干净无粪污
	工作装由洗衣房洗涤，干净无粪垢
监督人	赵建勇、田献礼、各区主管

猪场每日必须对场内道路、走廊、转猪台等重点区域进行彻底消毒。具体消毒及检查措施见表 5。

表 5　重点区域的消毒及检查措施

消毒对象	生产区走廊、转猪车、转猪台、转猪人员
消毒方式	转猪车：清洗喷雾消毒；消毒液：农福（1：400）或烧碱（3%）
	走廊、转猪台：烧碱（3%）
消毒地点	道路、走廊、转猪车、转猪台
	消毒范围：地面、车辆等
监督方式	消毒拍照＋消毒报表；到场检查
检查标准	以车辆无污渍、无粪便为准
	走廊/转猪台地面必须干净整洁、无粪污
监督人	赵建勇、郑智钢、各区主管

八是升级防鼠防蚊防控措施。为防止人员跨区域流动以及老鼠携带非洲猪瘟病毒跨区传播，生产区按照不同功能，划分为公猪区、配种区、分娩区、保育肥区等区域，建立区域隔断墙。为防止夏季蚊蝇携带病毒传播，在各栋猪舍建立防蚊网。

九是加大实验室监测力度。公司在猪场外建立疫病检测实验室，配置荧光 PCR 仪、无菌操作台、生物安全柜、高速离心机、恒温箱、酶标仪等设备，以及非洲猪瘟检测试剂盒（美国爱德士）、蓝耳、伪狂犬等 PCR 荧光检测试剂盒，以便及时对异常猪群、车辆、人员、环境等进行采样检测，并在第一时间采取应急处理方案。

十是做好待售猪、病死猪无害化处理二次中转防范措施。猪群销售和病死猪无害化集中处理过程中的车辆、人员等是猪场生物安全防控中的最高风险因素。为此，猪场在 3 千米外建立二次转运销售中心，并自购专用转运车辆进行转运，杜绝社会运猪车辆与人员接近猪场。病死猪无害化冰库建在猪场围墙外，并使用自购专用车辆定期将病死猪送至政府无害化处理中心。

三、增养成效

（1）2018 年 10—12 月，宏业畜牧养殖有限公司完成扩产升级改造，由母猪存栏 1 200 头、年出栏 3 万头商品猪扩产为母猪存栏 2 000 头、年出栏 5 万头商品猪。

（2）2019 年下半年，指导金华市金帆生态养殖有限公司建立综合防控措施，有效降低输入性疫病风险，保护了现有的生猪产能，帮助其实现增养提量。

（3）2019 年 12 月，公司租赁龙游格林养殖场进行育肥猪养殖，目前生猪存栏 5 000 头，2020 年目标完成出栏 1 万头商品猪。

（4）2020 年 4 月 15 日，公司与武义县桃羚家庭农场达成合作协议，双方共同出资兴建设计存栏母猪 1 800 头、年出栏 4 万头肥猪的商品猪场。预计 2021 年公司可实现年出栏 10 万头商品猪的目标。

四、经验分享

1. 配合畜牧防疫部门做好联防联控　积极参与市政畜牧防疫部门组织的非洲猪瘟联防联控措施，严格按照要求提升改造非洲猪瘟综合防控设施，每周定期上报猪群健康状况，定期对猪群采样，进行非洲猪瘟检测。定期参加畜牧防疫部门组织的非洲猪瘟防控、实验室检测等技术培训会议，切实做好非洲猪瘟防控工作。

2. 完善升级，改造综合防控设施　做好非洲猪瘟防控工作离不开完善的清洗消毒设备设施，公司自 2018 年以来，累计投入 500 万元，建设完善自动化车辆清洗消毒中心、非洲猪瘟检测实验室、车辆高温消毒烘烤房等防控设施，确保生物安全防控无死角，杜绝非洲猪瘟病毒从外界传入。

3. 强化消毒管理，做好猪群健康监测　为做好猪场外、生活区、生产区等相关区域的消毒工作，猪场成立专业化的生物安全清洗消毒小组，每日对道路、设备、仓库、车辆、生产物资等进行清洗消毒，并拍照发到猪场微信群内接受监督。猪场兽医每日上午、下午及时对异常猪群进行采样送检，做好猪群健康预警工作。

4. 精细化饲养管理，提高猪群健康水平　公司坚持"以养为主，防养并重，防重于治"的总方针，全程使用营养全面的傲农集团全价颗粒饲料和全自动化环控设备，为猪群生长提舒适的环境，每日、周、月定期进行猪群健康监测，全程为健康保驾护航。

加强疫病防控，改造升级圈舍

——安徽省铜陵市五祥畜牧科技有限公司生猪复产案例

一、基本情况

安徽五祥畜牧科技有限公司位于铜陵市义安区顺安镇，成立于 2008 年，注册资本 800 万元，是一家自然人投资控股的民营企业。公司占地 180 亩，建筑面积 6 200 米²，土地和环评备案材料齐全，"动物防疫条件"审查合格，是一家取得"种畜禽生产经营许可证"的自繁自养生猪规模养殖场。公司常年存栏种猪 700 头左右，年生产优质种猪 1 万多头、商品猪近 5 000 头。

2018 年，全国多地发生非洲猪瘟疫情。迫于压力，公司主动清栏近 3 个月，直接经济损失 800 多万元。随即，公司投资近 1 000 万元实施全场改造，提升生物安全及养殖管理水平。

二、复产措施

1. **增强防疫认识，严格场区管控** 经历非洲猪瘟疫情后，公司负责人崔三反等深刻认识到生物安全的重要性，清栏后立即采取措施，加强人流、物流管控。一是为猪场配备了清洗消毒设施设备，购置消毒设施 3 套、人员洗浴设施 1 套，分别建立了一级消毒通道和二级消毒通道。二是开展防疫知识培训，提高全场工作人员的防疫意识和水平，组织参加各类防疫培训 50 余人次。三是在养殖场入口和场内重要生产场所设立防疫标语标牌，杜绝无关人员、车辆进场，时刻警示工作人员执行防疫制度。

2. **进行场舍改造，提升防疫水平** 一方面，对猪舍外环境进行彻底改造，清空栋舍周边一切杂物（杂草、垃圾），周边道路和沟渠用水泥硬化或铺撒碎石子。固化施工完成后，用烧碱水清洗、消毒，覆盖黑膜，进行隔离管控，防止二次污染。实行雨污分流，隔断排水沟和排污口，划归各栋舍分别管制。另一方面，对场内 9 栋猪舍进行改造，种猪舍采取限位栏分槽饲喂，引进恒温自动饮水系统、保育舍智能保温装置、自动化的风机和水帘等，采用高强度塑化漏粪板，减少饲养员进舍次数和猪群间的相互感染。同时，猪舍顶部和四周全密闭，有效防止鸟类、蚊虫、鼠类传播疫病。

3. **强化制度执行，规范生产管理** 公司采取全封闭式养殖，养殖场配套有员工宿舍、菜地、食堂，还配备了网络和一些娱乐休闲设施，场内 4 名养殖工人吃住都在养殖场，经过消毒后方可从生活区进入生产区。平时需要什么生活用品，也是由专人购买，经过严格

的消毒程序后再送进场内。另外，公司还建立了物联网管理系统，在猪舍和重要区域设置了摄像头，实时画面直连管理层电脑和手机，提高了管理效率。

三、复养成效

2019年3月，公司开始复养，首批引进新美系曾祖代杜洛克、大白、长白种猪24头。通过一年多的繁育，现存生猪276头，其中能繁母猪133头、种公猪5头、二元种猪138头。

四、启示

一是预防为主，防控有效。大多动物疾病可以通过有计划地加强管理以及实施正确的免疫程序加以预防和控制，即使是没有疫苗可用的非洲猪瘟，在实施科学有效的防控措施后，依然是可以预防的。

二是自繁自养优势明显。在传统中低规模、专业程度不高的生猪养殖情况下，加上市场波动等因素的作用，很多养殖场难以做到"全进全出"，自繁自养就很好地避免了场外调运仔猪的风险。

三是产业升级势在必行。动物疫苗属于非常特殊的商品，它只有在安全、有效、质量都达到了相关标准后，才能作为商品上市使用。目前看来，可能在较长时期内没有非洲猪瘟疫苗可用，在这种情况下，如果没有较高的生物安全和管理水平，将无法抵御动物疫病的风险。

抓管理　强防控　扩产能

——安徽安泰农业开发有限责任公司生猪复养增养案例

一、基本情况

在质量兴农、绿色发展的战略目标指导下，安徽安泰农业开发有限责任公司坚持以种猪繁育为核心、产业衔接为重点，推动合作共赢，加大科技投入，注重资源整合，实施品牌战略，快速成长为安徽省最大的生猪产业集团，成为种、养、加、销一体化，产供销一条龙的大型农牧企业，是安徽省农业产业化龙头企业甲级队、省级示范联合体、安徽省院士工作站、省民营科技企业、中国畜牧兽医学会养猪学分会副理事长单位、安徽省猪业协会会长单位、国家"十二五"和"十三五"生猪产业体系综合试验站站长单位、农业农村部畜禽标准化示范场、国家核心育种场、全国畜牧行业先进企业、首批中央财政三产融合项目试点企业。

公司在广德、肥东、巢湖、颍上、固镇、灵璧、泾县7个县市有3家省级龙头企业、11家子公司、12个猪场和1家食品加工厂。通过"公司+农户""公司+专业合作组织+农户"模式，直接带动3 000余户农户养猪，现阶段年提供后备种猪10 000头，出栏生猪18万头，屠宰生猪15万头。同时，公司建设了5 000亩林场和苗木基地，实现了生态农业经济的良性循环。目前，已初步形成以种猪繁育为龙头，以标准化养殖为核心，以屠宰加工配套服务为延伸，以"公司+农户""公司+专业合作组织+社员（农户）"为依托的新型产业化模式，建立了"饲料—养殖—屠宰加工"全产业链。

二、复养的主要措施和方法

（一）管理措施

公司为了尽快恢复产能，先后出台多项举措，积极加强基础设施建设，提高生物安全防控能力，制定了严格的管理制度。

1. **加强基础设施建设**　为了更好地控制和改善猪场环境，杜绝病原侵入，公司于2019年对所有猪场进行了升级改造。根据公司规定，所有猪场的人工投料改为自动投料，增加高温消毒设备和喷雾消毒机，增加自动喷雾消毒设通道，对老旧设备改造升级，改造完善粪污处理设施设备等。在场外建立非洲猪瘟检测实验室，由专职人员负责。

2. **提高安全防控体系**

（1）设施设备管理。场外建设洗消中心和烘干房，实行三级消毒，从物料进场到人员进场，均严格按照消毒程序进行消毒。饲料尽量由原来的袋装料换成散装料，新购置灌装饲料运输车，降低在运输过程中传播非洲猪瘟的概率；加强车辆管理，所有饲料车辆拉饲料前要到洗消中心清洗消毒，然后抽样检测合格方可到饲料厂拉料，饲料进场前要再次进入洗消中心进行消毒，并用 70 ℃ 高温热烘半小时；所有拉猪车辆进场前首先到洗消中心进行清洗消毒，消毒后加温烘干，再取样检测，检测合格后方可到场拉猪。

（2）场外道路管理。每个场由专人负责场外道路及场周围大环境消毒，场外道路每天一次烧碱喷洒消毒，大环境每周两次消毒。

（3）场内道路管理。场内生产、生活区内道路每周要有 4 天进行弥雾消毒。生产区每天进行雾线喷雾消毒。

（4）人员管理。场内职工严格执行"三色管理"，生产区、生活区和销售区着装分开，进入不同区域必须更换衣物；进出场人员必须经过消毒通道，减少进出次数；入场前，人员先到办公室隔离消毒汗蒸（包括所有携带物品），再由专人专车送到场。禁止外来人员进入。

（5）物资管理。所有进场物资在公司消毒后，由各场对接人员专车送到场区消毒后再进场；蔬菜及各种食品必须经单向通道进入，先清洗消毒，经 2 个小时臭氧消毒，方可拿进食用；任何生肉及肉制品不得带进猪舍食用。

（二）技术措施

1. 进猪前的技术措施

（1）猪舍冲洗。空栏后，及时进行彻底清理（拆除一切没必要存在的物品）、冲洗（包括地面、栏杆、料槽、饮水器、墙壁、漏板、窗台、风机、天棚、地板、加药桶、出猪台等），不留任何死角，同时将地沟集中处理干净。

（2）猪舍消毒。猪舍冲洗干净后，对猪舍及舍内设施进行三次喷雾消毒，每次消毒间隔 12～24 小时，最后用石灰乳对地面及墙壁进行涂刷消毒（本着一清、二冲、三消、四修、五空、六再消、七接猪的原则，彻底净化消毒）。

（3）猪舍高温消毒。使用火焰对地面进行高温消毒；使用燃油热风炉对猪舍室内进行 70 ℃、30 分钟的高温消毒。

（4）熏蒸消毒。使用甲醛（3 克/米³）对猪舍进行熏蒸消毒，密闭熏蒸 24 小时。

2. 仔猪入场后的技术措施

（1）合理分群。为了提高仔猪的均匀整齐度，从仔猪转入开始，根据其体重、体质等进行合理组群，对于个别病弱猪只，要进行单独护理。

（2）卫生定位。从仔猪转入之日起，在 1～3 天内完成卫生定位，使每一栏都形成采饮区、休息区及排粪区，为保持舍内环境及猪群管理创造条件。

（3）控制温度。保育舍采用地暖供温，外加红外线灯于仔猪躺卧处局部供温。断奶仔猪转入保育舍后的前两周，温度控制在 28～30 ℃，第三、四周控制在 25～28 ℃，以后随日龄的增长和仔猪抵抗力的增强逐渐降低环境温度，保育后期控制在 20～28 ℃。保育舍相对湿度控制在 60%～70%。

三、复养增养成效

2018 年非洲猪瘟影响我国之后，公司积极做好防控措施，经过一年的努力，取得了显著成效。2019 年，虽有非洲猪瘟流行，但生猪价格高、行情好，考虑到防控压力，经公司研究决定，减少饲养密度。虽然总存栏量下降了，但利润并未受影响。为响应政府稳产保供号召，2018 年年底，公司投资新建了存栏生猪 5 000 头的现代化标准猪舍一栋，2019 年出栏增加 12 000 头，新增利润 1 500 余万元，同时，所有场完成了自动喂料系统改造，在施村扩繁场新建了大型粪污资源化处理设施，有效减少了粪污污染问题，也缓解了防控压力。2019 年，分别在施村扩繁场等 5 个场投资 100 多万元，新建了消毒房和烘干房，总建设面积 1 300 多米²，确保了人、车、物进场安全。公司还投资 315 万元新建了广德市非洲猪瘟洗消检测中心。由于防控措施得力，公司免受非洲猪瘟疫情影响，同时在猪价高涨的形势下实现了利润最大化。从 2019 年 11 月起，各猪场按照设计的 70% 恢复产能。截至 2020 年 4 月底，存栏种猪已从 2 850 头增加到 4 892 头，存栏 5.37 万头，1—4 月已出栏屠宰育肥猪 8.2 万头，预计年底存栏 8.5 万头，全年可出栏屠宰育肥猪 28 万头，实现产值 6 亿元。2021 年 6 月可全面恢复产能。

四、经验启示

（一）高度重视，全员防非

公司成立非洲猪瘟防控小组，下发非洲猪瘟防控文件，全员签订非洲猪瘟防控承诺书；猪场成立以场长为组长的非洲猪瘟防控小组，分区分场设定责任人；公司与猪场设立非洲猪瘟专项考核，设立非洲猪瘟防控专项资金，实行阶段性奖励，全面提高员工的主观能动性。

（二）科学防控，切断传播

1. **人员** 全员参与学习、讨论并考试；严格休假制度，2 个月轮休一次；猪场稳住人、留住人、培养人；不在疫区和发病场招聘人员；各场统一配套人员洗澡消毒中心。

2. **车辆** 市场拉猪车风险最大，进行四级八次消毒；饲料车辆进行三级五次消毒；物资车辆进行二级三次消毒；小型车辆进行一级一次消毒，距场 1 千米以外停放；建立消毒点和车辆洗消中心，由专人负责；建设完善拉猪车辆洗消间、烘干房、饲料车辆熏蒸房、移动消毒机等设施。

3. **物资** 基建建材在物资熏蒸室集中消毒；动保产品在办公室统一消毒，集中配送；网购产品在办公室打开消毒，集中配送；禁止去农贸市场采购生活食材，由专人集中购买，并经熏蒸和浸泡消毒；零星物资在办公室统一消毒，集中配送。物资到公司仓库后，需经过氧乙酸和戊二醛密闭消毒 8 小时，并静置 48 小时，办公室再安排专人专车配送。物资需经过氧乙酸和戊二醛密闭熏蒸 8 小时并静置 48 小时后方可转运至猪场仓库。

4. **饲料** 公司与正大、新希望六和以及中粮饲料公司签订采购合同，确保饲料安全。

母猪饲料需经制粒蒸汽熟化 90 ℃ 3 分钟以上；车载袋装饲料用格利特熏蒸消毒半小时以上才可卸料（专人、专衣、专鞋，统一浸泡消毒并清洗）；放入场内仓库的饲料需场长负责用格利特雾化消毒过夜。

5. **病媒生物**　灭蚊蝇，灭鼠，驱鸟。

6. **水源**　安排专人巡视水源，定期检测，时时消毒。地下水、井水消毒用漂白粉 4～6 克，地表水用 9～12 克。

7. **检测与评估**　建立专门实验室，每天专人负责抽样检测，并上传检测结果；由技术部对抽样检测的数据进行分析评估，为场内提供指导和帮助。

（三）强化管理，不留盲区

1. **免疫保健驱虫**　做好猪瘟、蓝耳、伪狂犬、圆环、细小及乙脑等疫苗免疫，病毒性腹泻与口蹄疫的免疫；注意季节性疾病：流感、猪丹毒、附红细胞体、弓形体等；添加抗病毒（板蓝根）＋提高免疫力（黄芪多糖）饲料，辅助保健，体内外定期驱虫。

2. **猪群饲养管理——基础免疫**　按照各阶段猪群采食标准控制投喂饲料量；通过调节适宜环境，确保猪群吃进量。

3. **内部消毒**　生活区（宿舍、食堂、办公室、厕所、仓库等）做好定期消毒；生产区做好大环境消毒、带猪消毒、空栏消毒、局部消毒等。

4. **打造美丽牧场**　场内实行整理、整顿、清扫、清洁、素养及安全 6S 管理，降低猪场微生物载量。病死猪采用堆肥发酵、生物降解等无害化处理。

5. **风险排查**　请求政府排查猪场周边 3 千米的养殖情况，对风险较大区域，农户销售后暂缓进猪。

（四）实行全进全出养殖模式

全进全出制在猪群的疫病控制中发挥了重要作用。猪群实行全进全出有利于对畜舍进行全面消毒，可有效切断疫病传播途径，防止病原微生物在猪群内形成连续感染和交叉感染。随着养殖规模的不断扩大，全进全出制度显得更加重要。

福建省南平市宏远养殖发展有限公司复养案例

一、公司基本情况

南平市宏远养殖发展有限公司位于福建省南平市延平区王台镇，原存栏母猪2 200头，全场存栏25 000多头。2018年12月，因附近华荣养猪场暴发非洲猪瘟，连带扑杀，无害化处理了25 535头生猪。经多次严格洗消和当地动物疫病防控部门评估，空栏近一年。

二、复养增养措施

（一）完善生物安全措施

1. **建设猪车洗消中心、车辆烘干房**　该场联合王台镇生猪养殖企业，在镇上建立猪车洗消中心和烘干房，凡是生猪运输车辆，均需到洗消中心进行严格清洗、消毒、烘干。洗消点人员开具洗消证明，猪车司机才可凭条到生猪中转点装猪。

2. **建设生猪中转台**　在距离猪场生产区1千米外建设生猪中转台，生猪销售通过场内中转车转运至中转台。在生猪中转台设净区、灰区、污区物理屏障。中转车司机不得下车，与外部人员无直接接触。

3. **人员进场三级洗消**　进场人员需在镇上隔离点隔离48小时，经采样检测合格后进行第一次洗澡更衣（红色场服），由专门车辆送到猪场门口进行第二次洗澡更衣（灰色场服），进入生活区隔离24小时。生活区进入生产区仍需再进行一次洗澡更衣程序。所有的洗澡更衣通道均为单向进入。

4. **物资进场烘干消毒**　凡进场物资需要经过两次烘干或者消毒。在猪场大门口建有物资消毒间和烘干间，配备了烘干机、紫外灯、臭氧消毒机以及消毒桶。凡是能烘干的物资都进行60 ℃烘干40分钟的处理，不能烘干的物资用消毒水浸泡或擦拭。

5. **完善生物安全制度**　编制猪场生物安全手册，并将制度上墙，涵盖人员、物资、车辆、猪只、饲料、消毒、内部管理等细节。猪场设有生物安全经理岗位，相关工作由生物安全经理监督落实。

（二）升级改造猪场

1. **猪场实行分区管理**　以路为分界，将现有猪场分为母猪区和保育育肥区，各区用围墙隔开，不相往来。进入母猪区或者保育育肥区的人员必须严格洗澡更衣。饲养员和管理人员住在该生产区内，餐食由专人负责送到该区的餐厅。

2. **建中转料塔、料线**　在原有基础上建设中转料塔，完善饲料输送料线。自有饲料

加工厂停工，改为采购全价饲料，由饲料厂提供专用车辆运输。运输饲料的车辆需在烘干房用 60 ℃烘干 40 分钟，料车停在猪场围墙外，将饲料传输到中转料塔，再由中转料塔传输到各猪舍。

3. 改造场内栏舍　将定位栏母猪通槽改为不锈钢料槽，并加装水位控制器；育肥栏镂空的栏杆用实体阻隔；生产区内净道与污道分开。

（三）科学监测评估

依托南平市猪业协会实验室，对进场人员进行采样检测，定期对猪场内外道路、中转车、仓库、出猪台、水源、猪舍环境进行采样检测。有死亡猪或异常猪及时采集鼻黏液检测。

三、复养增养成效

2019 年 11 月 20 日，从武夷山武夷畜牧引进 3 000 多头生长猪进行二次育肥，于 2020 年 1 月 21 日首卖成功，至今出售商品猪近 2 000 多头。现存栏母猪约 1 700 头，其中 800 多头妊娠三元母猪已于 6 月陆续分娩，850 多头二元母猪已开始进行配种。

四、经验启示

一是落实生物安全防控措施是关键。成功复产需要经过科学严谨的洗消评估、硬件设施改造升级、生物安全系统化防控（包括车辆洗消中心、生猪中转台、烘干房、消毒通道、双门卫、净污道分离等）等步骤。复产进猪后，需要定期进行风险监测，场内生物安全制度必须落实到位。

二是整合上下游产业链，与同行抱团共渡难关。公司除认真做好生物安全防控措施外，在管理模式上也有所创新，携手福建南星动物保健品有限公司和武夷山武夷畜牧有限公司共同开展复养工作。其中，福建南星动物保健品有限公司负责制订复养技术方案并进行复养技术指导，武夷山武夷畜牧有限公司负责提供安全健康的猪源。公司停用场内自有饲料厂，全权委托福建省金华龙饲料有限公司生产质量及生物安全达标的饲料。同时，联合南平当地的疫点场华荣畜牧发展有限公司，整合成复养团队，共同发展。

三是增强员工的主人翁意识。公司吸收猪场骨干技术员工入股参与养猪，这些员工责任心更强，能将各项生物安全措施落地执行到位，确保了复养成功。

三级洗消中心为生猪增养保驾护航

一、基本情况

吉安市傲农现代农业科技有限公司成立于 2012 年，位于泰和县冠朝镇社下村涌塘组，为傲农集团旗下的一个种猪繁育基地，占地面积 1 000 余亩，存栏母猪 7 500 头。为有效防控非洲猪瘟疫情，该公司建设有大型无害化处理站，配备环保处理设备。

二、增养主要采取措施

（1）建立三级洗消中心。为彻底阻断非洲猪瘟传播，该公司建设了三级洗消中心。一级洗消中心在距猪场 6 千米处，具备清洗、消毒、烘干、实验检测、生猪转运等一体化功能，保证车辆、生猪的安全可靠。二级洗消中心位于距场区 2 千米处，包含物质人员管控中心、猪只出售转移中心、场内生产人员食品提供厨房、车辆清洗消毒烘干中心。三级洗消中心位于场区门口，划分为车辆清洗区、人员隔离区、物质烘干消毒区。

（2）进场人员、车辆、物资管控。遵守集团总部下发的管控措施，严格执行到位。进入生产区的人员须经过三阶段隔离点（三天四夜）隔离，同时，每到达一处隔离点，都须进行人体及携带物质采样检测，合格后进入下一区域进行隔离。隔离期间，人员须一直处于隔离房间，衣物进行浸泡清洗，物资放入物资烘干房进行臭氧及高温烘干措施。进入场区车辆在每级洗消中心的洗消车间都要经过清洗、烘干、消毒，同时，司机也须固定专人，不可随意更换人员，配合采样检测。进场物资须经过行政中心，拆箱消毒 24 小时，然后再去场区门卫处进行 24 小时消毒处理。

（3）对场区内所有宿舍、人员活动区域、猪舍、车辆、道路，每周进行环境采样检测，如发现非洲猪瘟阳性区域，立即采取隔离隔断措施进行管控。生产线每日对所有异常猪（不食、流产、死亡、腹泻等异常状态）进行采样检测。

（4）进入猪舍人员须洗澡换衣，猪舍内外物资和衣物分区域、分颜色管控。生产区使用的工具、衣物、药品一律不得转移至外界，进入猪舍的物资、药品都必须经过臭氧紫外线消毒。

三、增养成效

通过有效的防控措施，目前该场未检测出非洲猪瘟阳性样品，猪群也未发生过重大疫情。现有存栏母猪 7 500 头，预计年出栏肥猪 16 万头。

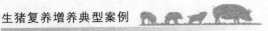

四、防控经验及建议

（1）生物安全管控必须严格按照标准执行，不打折扣地实施生物安全管制流程。一经发现违反操作的员工，须严肃处理。定期做好员工的针对性培训，强调生物安全管理的必要性及重要性，使全体员工时刻保持对非洲猪瘟的警惕。

（2）配置非洲猪瘟检测实验室很有必要，要做到对进场的所有物质、车辆、人员及异常猪、环境进行有效监控和有效管控。

（3）对外运输车辆（尤其是客户车辆）必须严格把关，须检测合格后才能接近本场隔离区域，一经发现结果呈阳性，立即告知车主离开本场，同时对可能接触的区域、人员、车辆进行消毒检测。

科企合作强信心　产技对接助复养

——江西省康辉生态农牧科技有限公司案例

一、基本情况

1. 企业简介　江西省康辉生态农牧科技有限公司成立于 2013 年 3 月，位于江西省铅山县河口镇柴家村和玉石村，占地 1 000 亩，注册资金 600 万元，总投资 2 亿元。该公司是一个以种猪繁育、生猪立体生态、现代化规模养殖为基础，以种植业为依托的市级农业产业化重点龙头企业。采用国内领先的养殖设计理念和先进的养殖设备，全封闭式温控系统，全自动料线，全水泡粪和污水异地发酵处理系统。

2. 养殖规模　2014 年年底开始投产，自繁自养，存栏母猪 3 000 头，年出栏生猪 6 万头。

二、主要历程和措施

1. 寻求技术支撑　2019 年 7 月，康辉生态农牧科技有限公司复养项目正式成立。成立之初即与江西省生猪产业技术体系合作，邀请专家指导，寻求专家团队的技术支撑。生猪产业技术体系专家团队制定了《猪场复养操作指南》，并针对康辉生态农牧科技有限公司的实际，对该指南进行了有针对性的优化，增加了实用性和可操作性。在专家团队的指导下，康辉生态农牧科技有限公司对非洲猪瘟的防控充满信心。

2. 风险评估　由专家团队对公司现状进行风险评估，评估的主要内容是发病溯源，了解之前发病的原因以及场内的进程。对整个猪场进行高低风险划分，确定高风险区域和低风险区域，为后续的栏舍清洗以及采样检测提供科学依据。评估猪场周边环境及水源等风险的大小，确保这些风险是在可控范围之后，确定康辉公司可以启动生猪复养。

3. 生物安全设施升级改造　建设洗消车间、二次中转台、专业检测实验室。洗消车间要有对卖猪车、饲料车的洗消烘干，以及对卖猪人员及门卫的洗消等功能。二次中转台起到卖猪中转、不接触外来车辆的作用。专业检测实验室要求具备各类病原抗原及抗体的检测能力。

改造消毒通道。改造升级猪场大门口的人员淋浴房及消毒通道，作为进场物资的中转仓库，具备熏蒸消毒功能。改造育肥区生产人员进入生产区、母猪区生产人员进入生产区的淋浴房及消毒通道。升级饲料车进入生产区的消毒通道，加设熏蒸消毒及车辆底盘消毒设施。

厨房及行政办公室外移。场区只保留生产区人员及后勤人员。厨房把饭菜煮熟后由专车送至场区。重新规划场区净道、污道和卖猪路线。

新增散装饲料车：育肥区1辆、母猪区1辆、饲料厂1辆。饲料厂的散装料饲料车负责把饲料运送至各生产区门口，经消毒通道后，将饲料转运至育肥区和母猪区的散装饲料车。

4. **培训** 组建生猪复养技术和生产团队，邀请江西省生猪产业技术体系专家团队对康辉生态农牧科技有限公司团队进行培训。培训的内容主要包括非洲猪瘟的基础知识及其防控、猪场生物安全管理、采样以及实验室检测、猪场内部的生产操作流程以及各项规章制度。在专家团队的指导下，建立健全康辉生态农牧科技有限公司的四级生物安全体系。

5. **清洗消毒** 根据康辉生态农牧科技有限公司现有的实际情况，结合当前猪场清洗消毒方案，由专家团队总结摸索出一套适合该公司的清洗消毒方案（表1）。

表1 清洗消毒方案

项　　目	清洗消毒方案
蓄水池	清洗干净—消毒药水浸泡—清水加漂白粉消毒
水线	饮水嘴、饮水器、接头用消毒药水浸泡，在水线中注入消毒药水，放掉再重新注入清水
栏舍	原位消毒—清理清扫—初步清洗—泡沫浸泡—高压冲洗—洁净度检测—消毒—病毒检测—白化—熏蒸—空栏干燥—进猪前消毒
水帘	清除杂物—喷洒浓度3%的烧碱—清水冲洗—蓄水池配置消毒药水，开启水帘循环12小时，其他地方用消毒水浸泡过的毛巾擦拭
料线料塔	拆卸—浸泡—擦拭—熏蒸
设备	用消毒水浸泡过的毛巾擦拭
环境	清理杂草和杂物—铺撒生石灰或硬化
药房	清理杂物—熏蒸，其他设备工具用消毒药水浸泡过的毛巾擦拭
生物媒介	定期消灭猪场的生物传播媒介，如鼠、蚊、蝇、蟑、蛆、鸟等及狗、猫
生活区	清理杂物和销毁木质物品—白化—熏蒸，办公室外移
场内中转车	检查车辆—预清洗—发泡—彻底清洗—消毒—驾驶室擦拭和熏蒸
人员物质通道	清理和清扫—喷雾消毒—熏蒸
外围环境	清理杂草和杂物—铺撒生石灰—建立防鼠带

6. **检测评估** 检测评估主要分两步，首先对栏舍的清洁度进行检测，如果清洁度没有问题，再对栏舍进行全覆盖采样，进行ASFV抗原检测，如果检测为阳性，则重新清洗、重新检测，直至栏舍检测为阴性。猪场生产区大环境、生活区以及猪场外围的采样检测均按上述办法执行。

7. **试养猪试养** 种源场的选择是关键。首先要做种源场的背景调查，其次就是检测。根据实际情况，在准备引进的种猪场随机挑选一部分种猪采集鼻拭子、口腔拭子和血液，检测ASFV抗原检测和抗体检测，确保双阴方可引进。试验猪的比例要控制在整个猪群的10%左右，尽可能降低饲养密度，做到隔栏饲养。

对试验猪开展持续监测。先进行第一次监测，即试养猪进场前两天采集栋舍门口环境拭子，进场当日采集哨兵猪口腔液（或鼻拭子）进行 ASFV 实时荧光定量多聚核苷酸链式反应（qPCR）抗原监测。接着进行 42 天连续动态监测，每周采集一次口腔液（或鼻拭子）进行 ASFV 抗原监测。其间，对发热、不吃料以及突然死亡等异常猪及时进行监测和确诊。

8. **正常生产** 根据猪场现有母猪存栏合理配置人员，按照比正常人员超出 20% 的比例配置。人员定岗定责，明确工作职责，绝对不允许串栏。严格执行公司已经建立的四级生物安全体系，相互监督和执行。制定科学的疫苗免疫程序，使用联苗和混合免疫的疫苗，尽最大可能减少打疫苗的次数，减少人与猪接触的次数，降低应激，降低风险。同时，根据猪群的健康状况，制订合理的药物保健方案，保证猪群健康生长。

9. **监测预警** 对猪群进行实时监测，出现异常情况及时上报、及时处理。做好人员培训和物资储备。

三、复养增养成效

目前，康辉生态农牧科技有限公司的各项生产指标一切正常，定期的实验室监测也正常。经过多方面的努力，公司复养后第一窝仔猪于 2020 年 4 月 7 日正式出生，4 月，母猪分娩总共 45 窝，断奶 5 窝。

目前，公司种猪存栏 3 088 头，其中原种母猪（经产）569 头、二元母猪 2 494 头、种公猪 25 头，母猪已达到满负荷生产状态。

四、复养心得体会

1. **技术支撑是生猪复养的重要保障** 对复养企业来说，最缺乏的是正确的技术指导和信心，康辉生态农牧科技有限公司寻求与生猪产业技术体系的合作，评估、改造、培训、监测等每一个重要环节都有专家团队把关，为复养成功提供了重要保障。

2. **健全猪场的生物安全体系是猪场成功复养的前提和关键** 发生疫病之前，在防控动物疫病上，主要靠疫苗和保健药物，生物安全措施相对简单，而且执行得不到位。非洲猪瘟不可治但可防，只有全面意识到生物安全的重要性，健全并贯彻执行，复养才有可能成功。

3. **检测实验室在复养的过程中起到了举足轻重的作用** 疫病防控好比一场战役，要定期监测，对生产区、生活区、办公区、环境进行全面采样，采用敏感、特异的方法检测，做到心中有数。因此，建立专业的检测实验室意义重大。

"集团＋公司" 模式的复养实践

——江西桃源金猪实业有限公司案例

一、基本情况

江西桃源金猪实业有限公司创建于 2008 年 3 月，主要经营生猪养殖。公司养殖基地位于江西省宜春市上高县徐家渡镇蛇尾村，总占地 919 亩，其中水面 250 亩，果树、苗木种植等 280 亩，猪场栏舍面积 4 万余米^2。

在非洲猪瘟疫情的影响下，2019 年，公司与双胞胎集团合作，采用"集团＋公司"的模式，借助大集团在技术、资金、人力、管理等方面的优势，开启了公司的复养增养之路。

二、生猪复养增养的做法

1. **生物安全设施改造**　受疫情的影响，场内严格落实各项疫病防控工作。由于栏舍较为简陋，为防止疫病从场外输入，公司加大了对猪场生物安全设施的改造，已对场内 3 万米^2 的栏舍进行升级改造，并购置了 12 套烘干机、消毒机，15 套水帘风机刮粪机，20 套自动饲喂线，5 座料塔，采用自动喂料系统，减少人员出入，防止老鼠、鸟类等其他动物将病毒带进场内。

2. **优化技术手段**　场内采用人工授精、全进全出的生产养殖模式，从生猪的配种、妊娠、保育、生长肥育到销售，实现一条龙的流水作业，保证场内有配种母猪、分娩母猪、断奶仔猪和育肥生长猪，均衡生产不脱节，最大限度地利用猪舍设备。从猪出生开始，一直到上市的整个过程，将母猪的同一生理阶段及其他猪的不同生长时期划分为若干连续的工艺阶段，每一阶段饲养着处于同一发育时期、具有同一饲养要求的猪群，经过一段时间的饲养后，按工艺流程转到下一个阶段。各个工艺阶段紧密结合，一环扣一环，均衡有序进行。

3. **猪场管理**　一是对猪场内部人员实行严格管控，禁止人员外出，禁止栏舍流动，进出栏舍之前必须进行严格消毒。二是加强对外来人员的管理，严格控制外来人员进入生产区内，如确实需要进入生产区，要严格消毒或更换防护服。三是要加强对外来物品的管控，饲料、药品、疫苗等生活物资采用接驳的形式运送到场内，外来的物品要进行严格消毒后才能使用。四是加强对猪场的消毒工作，空栏的栏舍要进行严格消毒后才能再进猪生产，道路及粪沟等附属设施要定期用生石灰进行严格的消毒和清理，储粪池、沼气池等粪污治理设施也要定期清理，防止病毒滋生。

三、复养增养成效

该公司自 2019 年 11 月引进 1 400 头母猪以来，生产情况正常，未发生重大动物疫病，发情母猪均已完成人工配种，母猪繁殖性能良好，仔猪长势良好。目前生猪存栏 5 500 头，预计 2020 年年底可出栏 1 万头左右。

四、复产建议

1. **寻求与大集团的合作**　面对生猪生产的新形势，有条件的企业可与集团上市公司对接洽谈，发挥大集团在资金、技术、市场、管理等方面的优势，通过收购、入股、合作、代管等形式，在逆境下创造条件，实现新建、改扩建和改造提升。

2. **拓宽养殖贷款渠道**　现阶段猪苗紧张且价格高，给生猪复产增养工作带来了不少困难，不少养殖户因资金缺乏不敢复养。因此，要拓宽养殖贷款渠道，创新金融信贷产品，提高贷款额度，细化养殖贷款政策，切实解决养殖贷款难题。

3. **继续做好重大动物疫病防控工作**　建立长效机制，将非洲猪瘟防控工作常态化，在非洲猪瘟防控措施落实到位的同时，加强猪场防疫制度，严格按照免疫程序对栏舍内生猪进行集中免疫，防止蓝耳、口蹄疫等其他重大动物疫病对复产增养产生影响。强化技术指导，多与上市公司进行交流，学习其先进的管理经验和技术，并结合自身实际情况，合理运用到猪场管理中去，保障猪场内的生猪稳定生产。

精细流程促复产 强力执行功自成

一、基本情况

南昌绿荷生态农业综合开发有限公司位于南昌市进贤县，公司成立于 2009 年，占地面积 180 余亩，全场有 23 栋猪舍，设计存栏规模 1 300 头母猪。2019 年，公司与傲农集团联手，成为由傲农集团和江西赣达牧业有限公司联合经营的生猪养殖企业，目前全场饲养 680 头怀孕母猪、1 000 头后备母猪、16 头公猪。2020 年 5 月开始有母猪分娩。

二、复产的主要历程和采取的主要措施

先后经历了清场、清洗、净化、改建、再次清洗、检测、优化流程、进猪、监测、配种等各个阶段，每个阶段均采取有效措施，杀灭病毒，净化环境，最后防控病毒。

1. **清场** 猪群处理完后，先对全场进行清理，所有木质、塑料、纸质物品（能燃烧的、价值不高的）全部清理，集中燃烧处理。所有可以使用、方便消毒、价值高的设备，全部用消毒水擦洗干净，入库备用，并定期熏蒸消毒。

2. **清洗** 全场大清洗，所有栋舍从上到下，包括地下粪沟，彻底清洗干净。掀开所有漏缝地板，一块一块清洗。粪沟先清理粪便，之后再清洗干净。

3. **净化** 清洗完成后，进行消毒净化。先对全场栏舍与猪场外环境进行喷雾消毒，每天一次，连续 10 天。然后对猪舍与场内道路进行火焰高温消毒，重复 3 遍。火焰消毒完后，用添加 3% 烧碱的石灰对栏舍内部的定位栏、产床、风机水帘、窗户、房顶、墙面、漏缝板、粪沟进行刷白。用 3% 的烧碱石灰水喷洒场内所有道路与猪舍间的空地。之后用 3% 的烧碱水浸泡整个污水道，污水池直接添加烧碱，杀死污水内的病毒。

4. **改造升级** 建设场外工作中心，把办公室、食堂、实验室、二次出猪台、洗消车间、烘干房等基础设施建设在场外 500 米的位置，把所有场内对接点放到场外洗消站。建设二次中转料塔，饲料车不进猪场。在大门口增加物质消毒烘干房，所有物资要进行高温消毒。食物经场外加工、做成熟食后，用专用车运至大门口，经物资消毒烘干房分装消毒进入场区。卷帘猪舍全部改建为玻璃窗的密封猪舍，在每个窗户上安装纱窗，防止蚊蝇与鸟。建设死猪无害化处理房，安装死猪无害化处理设备，及时无害处理死猪。建设粪污中转台，让外来粪车远离猪场。全生产区安装档鼠板，防止老鼠进场。购买安装净水设备，保证用水安全。购买中转粪车、中转猪车、中转料车与散装料车。

5. **全场再次清理清洗消毒** 改建结束以后，再次对全场进行清理清洗，尤其是对于施工改建的猪舍，施工垃圾全部清理，猪舍清洗干净，然后再喷雾消毒、烧碱白化。新建的场外设施也要清洗消毒。

6. **检测** 消毒完成后，对全场进行采样检测，每一栋猪舍全覆盖，并做好标记送检。如果出现阳性，则对阳性栋舍重新进行一遍清洗、净化，直到全场检测为阴性。所有的新建设施，消毒后也采样，检测不合格要继续消毒净化，直到全部检测结果呈阴性为止。

7. **优化流程** 优化流程主要包括人员入场洗消中心隔离流程、人员入场流程、人员上班流程、人员下班流程、人员休假出场流程、物资入场流程、卖猪流程（场外、场内）、粪污中转流程、死猪处理流程等，每一项流程都要详细、可操作。

8. **进猪** 进猪是复养的关键一环，也是不确定风险最高的步骤。车辆提前一天到拉猪点，采样检测非洲猪瘟阴性方可使用。合格车辆进入引种场的洗消中心，清洗、消毒、烘干，备用。确定押车人员，最少2人，第一辆车与最后一辆车各至少1人，监督车辆按线路执行。押车人员提前到引种场隔离。车辆到后，合格车辆的司机进入洗消中心，洗澡更衣。进场路线按照生物安全等级划分为几段（最少三段：出猪台、赶猪道、猪舍内），每段安排人员负责，互相之间不接触。进猪完成后，先把铺设的彩条布集中处理，然后清洗出猪台、消毒。进猪前一天，对整个赶猪道进行白化（石灰＋3％的烧碱水）。进猪当天，对整个赶猪道喷雾消毒一次。消毒完后，在赶猪道上铺彩条布。拉猪行进中，相关人员不下车吃饭，食物提前采购、消毒好。押车人员监督种猪装车，及时在交流群内反馈进度。在拉猪车转运过程中尽量不停车，及时反馈中途的情况。拉猪车到达后，先到一级洗消点进行第一道清洗消毒，之后到本场二级洗消中心洗消，然后到本场出猪台进行第三道消毒。按照制定好的流程，押车人员把猪驱赶下车，出猪台人员对猪进行喷雾消毒，赶猪道人员把猪赶入猪舍。进猪完成后，各段人员清理各段的彩条布，再对赶猪道进行消毒。出猪台人员先把出猪台清洗干净，消毒后，洗澡，再进入猪场。

9. **检测** 进猪后，每3天一次，对猪群进行采样检测，每周对全场环境进行采样检测，每天对异常猪进行采样检测，时刻掌控猪群情况。如有异常，及时处理，之后每天对异常猪舍采样检测，直到21天不出现异常为止。

三、复养成效

南昌绿荷生态农业综合开发有限公司于2019年12月开始进猪，其中包括1 800头母猪、16头公猪。在其后6个月中，检测全部合格，配种700头，预配后备猪1 000头，销售94头。2020年5月进入第二批后备猪的配种高峰期，且第一批母猪已于5月20日开始分娩。

四、防控经验

（1）清洗阶段须彻底。使用超高压清洗机，可拆卸的设备须拆卸下来，做到全面、不留死角。

（2）净化阶段须细致。不遗漏每一个地方，不留死角，确保净化效果。

（3）改建阶段非常重要。洗消中心把所有可能的入场风险控制在洗消中心门口，人员、物资、车辆都须经过洗消中心的清洗、消毒、烘干、隔离、检测，合格以后才能入

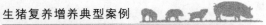

场，充分保证入场人员、物资、车辆的安全。

（4）实验室是防控的明灯。实验室是非洲猪瘟防控过程中不可缺少的关键一环，是决定能否成功的关键一步。

（5）流程的制定是防控的标尺。严格按照流程执行，做到制度化、标准化生产，才能很好地防控非洲猪瘟病毒。

健全生物安全体系助复养

一、基本情况

新干雪山牧业有限公司成立于 2011 年，位于江西省新干县金川镇灌溪村委上圩岭，是一个以种猪繁育、生猪立体生态、现代化规模养殖为基础，以种植业为依托的市级农业产业化重点企业。场区占地 300 亩，注册资金 1 000 万元，总投资 6 000 万元。采用国内领先的养殖设计理念和先进的养殖设备，全封闭式温控系统、全自动料线、全水泡粪和污水异地发酵处理系统。建有猪舍 28 栋和独立的种公猪站，栏舍建筑面积 20 000 多米^2，实行繁殖区、保育区、育肥区三点式生产，其中，种猪栏 10 栋、选种室 1 栋、种猪测定室 1 栋，另有饲料加工、仓库、职工宿舍等附属房面积 3 000 多米^2。2011 年年底开始投产，自繁自养，设计规模母猪存栏 1 000 头，年出栏 2 万头。

二、主要历程和措施

新干雪山牧业有限公司的主要历程和措施主要包括管理措施、检测措施、生物安全措施、猪群防疫保健措施几个方面。

（一）管理措施

1. **复养前风险评估**　2019 年 12 月 5 日，雪山牧业有限公司复养项目正式成立。复养前，邀请第三方专业动物保健服务有限公司技术团队对公司现状进行风险评估。对整个猪场进行高低风险划分，确定高风险区域和低风险区域，为后续的栏舍清洗以及采样检测提供科学依据。技术团队评估了猪场周边环境以及水源等方面的风险，在确保这些风险是在可控范围之后，确定雪山牧业公司可以启动生猪复养。

2. **饲料车流控制**　用专用饲料车拉料，运输车辆经过消毒通道后再进入洗消车间进行洗消，尤其是车底部死角要彻底清洗干净。车辆等待 15 分钟后，经过消毒通道，再将车辆烘干，进入场区外围。饲料车停在场区外，禁止料车进生产区，在场区外围输料，在围墙外通过专用管道打料进场，入料罐。

3. **人流控制**　人员入场先在门卫处更换鞋子衣物，在门卫处外部换洗间洗澡，更换生活区鞋子、衣物后进入生活区隔离 48 小时。进入生产区时，在内部换洗间洗澡，更换生产区衣物、鞋子，进入各栋舍时须分别更换鞋子和衣物。

4. **物品流控制**　入场物品在门卫处消毒，将疫苗、稀释粉等进行浸泡处理，器械、材料等进行烘干处理，之后再将所有进场物品进行臭氧消毒。进入生产区须提前一天将需要的物品放在消毒间，包括药品、器械、材料等，消毒方式主要有喷雾消毒和臭氧消毒。

厨房外移，只有熟食才能进入场区，避免食材消毒不彻底带来的风险。由外部员工将做好的熟食用固定的餐具送至门卫处，倒入场区的餐具里，用手推车带进餐厅供员工食用。

5. **动物流控制**　引种后的猪须采取措施，隔离30天。建立中转站，防止人员及猪的反向流动。人员内外分开，使用专门的中转车辆。建立专门的死猪处理通道及放置的冷库，及时处理死亡猪。配种精液使用本场公猪精液，不外购精液。

（二）检测措施

定期执行检测措施，主要包括环境检测、血样检测、水质监测，一旦出现异常情况及时上报、及时处理。

（三）生物安全措施

建立场区外围防护网，避免外来动物及人员随意进入场区。用铁皮瓦将生产区全部包围封死，形成生产区防护栏，避免人员及动物随意进出生产区。车辆在经过一系列消毒措施后，由专门的料罐车在生产区外围将饲料打进储存罐。各栋舍门窗全部钉防虫网，避免蚊虫传播疾病。每月的1号带猪双甲脒驱虫，驱除猪只体表寄生虫及环境蚊虫。定期灭鼠，每三个月对场区进行一次灭鼠。栋舍改造实墙隔断、饲喂料槽隔断，猪只隔开饲喂，定位栏饮水器一猪一个。人员衣物区域用不同颜色区分，外部生活区用红色，配怀产房用绿色，保育育肥房用灰色。人员固定栋舍饲养，进入各栋舍必须再次换鞋洗手。计划转群前，对赶猪道进行消毒，赶猪完后再次消毒。

（四）猪群防疫保健措施

一是通过检测安排疫苗，尽最大可能减少打疫苗的次数，降低接触猪的次数，减少应激，降低风险。二是根据季节及猪群状况调整保健方案。三是长期添加多维，增强猪只免疫力。

三、复产增养成效

自2019年9—10月引进原种母猪，现存栏基础母猪1 000头，目前生产情况一切正常。经过多方面的努力，雪山牧业有限公司复养后的第一窝仔猪于2020年3月20日正式出生；4月，母猪共分娩110窝，断奶30窝，平均窝产活仔10.8头。

目前种猪存栏1 000头，其中原种母猪（经产）1 000头、种公猪22头，母猪已达到满负荷生产状态。

猪场制定了规范的生产管理标准和操作规程，完善了管理制度，建立了完整规范的养殖档案和生产记录数据库。采用高床，水帘降温，恒温电热板、地炕式取暖等设备。执行严格的防疫制度，贯彻"预防为主，防治结合，防重于治"的原则，使种猪产仔的数量和质量明显提高。

粪污处理实行固液分离、雨污分流、厌氧发酵、生化处理等工艺，并采用绿狐尾藻生态湿地处理污水技术，建有固液分离机、厌氧发酵池、生化处理池和氧化塘等，环保设施齐全，实现了粪污无害化处理，并因地制宜采用猪—沼—林（果）的种养结合模式，达到了粪污资源化利用。

四、复养和疫病防控的心得体会

（1）非洲猪瘟防控是一场持久战，不可能在短期内改变现状，要做好打持久战的准备。防控成本高，但攸关猪场生命线，需加大投入。

（2）非洲猪瘟防控应从硬件建设和配套开始，必须预先提高硬件条件。

（3）消毒是生物安全的一环，但并不能完全等同于生物安全。面对非洲猪瘟防控的需求，不能完全依赖消毒剂，应该理性看待其作用。

（4）树立"木桶效应"意识，控制流动，切断传播源，建立完整的科学管理体系，环环相扣、多管齐下才能取得实效。

全程机械化智能化　环山生猪养殖领航

——莱西环山农业有限公司复养增养典型案例

非洲猪瘟疫情暴发以来，养猪从业者们谈"非"色变。面对日益严峻的非洲猪瘟防控形势，养猪从业者的养殖意愿大大降低。随着生猪存栏量的大幅下降，生猪产品供给形势异常严峻。为保证生猪生产稳定，莱西市畜牧兽医服务中心积极对接有意向投资生猪生产的企业，主动帮助协调办理相关手续，力争新的规模养殖场落户莱西。

一、养殖场基本情况介绍和当前生猪生产情况

莱西环山农业有限公司位于青岛市莱西市南墅镇盛家村，占地 45.95 亩，猪场始建于 2019 年，当年 10 月建成投产，现建有高标准猪舍 4 栋，其中后备母猪舍 1 栋、配怀舍 2 栋、产房 1 栋。猪场规划存栏 1 160 头基础母猪，采用四周节律设计，每批次断奶 2 300 头仔猪，年供断奶仔猪 27 000 头。截至 2020 年 5 月中旬，公司母猪存栏 1 160 多头，批次生产，实行"公司＋农户"模式，预计年底可放养断奶仔猪 270 000 头。

二、复养增养的主要历程和采取的主要措施

（一）主要历程

通过多方渠道了解到环山集团有意新建规模养殖场后，2018 年，莱西市畜牧兽医服务中心主动对接环山集团，在全市范围内帮助集团选择多处合适的养殖用地，最终公司在南墅镇盛家村村北确定了养殖场选址，成立了莱西环山农业有限公司，并于 2019 年 10 月建成投产。目前莱西环山农业有限公司已引进 1 160 头基础母猪，采用 4 周节律设计，每批次断奶 210 头母猪，月断奶仔猪 2 300 头，公司采取"公司＋农户"生产方式，公司提供仔猪，由农户育肥，再由公司回收，年可向社会提供仔猪 27 000 头。

（二）采取的主要复养增养措施

1. **严格选址**　莱西环山农业有限公司从建场选址之初就对疫病防控条件严格要求，选址远离公路、城镇居民区等人口密集区，避开繁华地带，选择人员流动性较少的荒山建场，有效做好物理隔离。

2. **建立健全相关制度，并严格执行**　在养殖场投入使用过程中，严格按照当地动监站要求，执行投入品采购使用制度、消毒制度、防疫制度、外来车辆与人员管理制度、无

害化处理制度、人员防护制度等。任何进入场区的人员、车辆须经过彻底消毒，未经彻底消毒禁止进入养殖场。

3. **设施设备先进**　猪场对空怀母猪猪舍、产房舍进行了保温隔热处理，为猪舍环境控制奠定了基础。空怀和怀孕母猪小群饲养、哺乳母猪单体产床饲养，尽量满足猪的福利需求。猪场采用最先进的设备，自动上料、自由饮水、精准饲喂、智能环境控制，减少人为因素的影响，实现精准管理。保温灯和电热板双重供暖保证了哺乳仔猪的保温需求，夏季湿帘＋风机联合作业有效避免了热应激的影响，漏缝地板＋自动刮粪减少了粪污发酵带来的恶臭。先进的设施设备，为猪的生长、繁殖提供了舒适的生活环境，为生猪稳产、高产奠定了基础。

4. **科学管理、封闭饲养**　实行"自繁自养、全进全出"的饲养模式，降低生猪饲养密度，提高生猪个体免疫力。

5. **加强安全防护**　在场内查找一切可能导致非洲猪瘟病毒传入的途径，逐一封堵；生产区和生活区严格分开，非生产区人员不得出入生产区；生产区设有洗澡设施，有专用工作服和鞋靴；场内有与外部交接用的专用车辆。

三、复养增养成效

截至 2020 年 5 月中旬，本场母猪存栏 1 160 多头，已出售仔猪 7 600 多头，窝产仔猪 12 头以上，断奶仔猪成活率 90％～95％，每月可生产仔猪 2 300 多头，预计 2020 年年底可向社会提供断奶仔猪 270 000 头。

四、在复养增养和疫病防控等方面值得同行借鉴的经验、启示或建议

（1）合理布局有利于生物安全防控和环境改善。

（2）加强与行业各部门的沟通，争取支持，快投产速度加。

（3）使用先进设备，有利于标准化生产和高效养殖。

（4）"公司＋农户"模式，专业繁育，利润相对较高。

（5）环山集团起步于饲料生产，因此，发展生猪养殖时，在营养供给和标准化管理方面有巨大优势。

莱西环山农业有限公司的投产为莱西市稳定生猪生产提振了信心，为生猪产品市场供应做出了贡献，更为疫病防控和重振养猪业树立了典范。

乘政策东风　生猪养殖唱响奋进歌

——青岛六旺庄园有限公司增养典型材料

在环保高压、禁养限养政策下，受非洲猪瘟等影响，生猪养殖风险加大，发展信心不足。胶州市畜牧兽医服务中心和上级各部门积极为养猪场落实有关国家政策，积极宣传疫情防控各项技术和措施，扶持规模化养殖场，坚定了养殖户继续养猪、养好猪、多养猪的信心。

一、养殖场基本情况介绍和当前生猪生产情况

青岛六旺庄园有限公司位于青岛胶州市胶西街道办事处西门村，始建于1997年，是一家以种猪和商品猪的生产及销售为核心业务的省一级种猪场。公司注册资金280万元，占地面积约38亩。公司先后引进了台系杜洛克、英系大白、瑞系长白和托佩克原种公母猪等多血统种猪500多头，现存栏3 000多头生猪，以出售断奶仔猪为主、育肥为辅。2020年4月投资170多万元新建一处1 000多米^{2}的分娩猪舍。

二、复养增养主要历程和采取的主要措施

（一）主要历程

2019年上半年公司母猪存栏不足300头，以出售仔猪为主，在仔猪销售利润低或难出售时才进行育肥。2019年下半年在胶州市畜牧兽医服务中心的动员和号召下，公司决定对产房、仔猪保育舍、粪污处理设施及消毒设施进行升级改造和扩建。

2020年完成了改扩建，实现了仔猪保育、哺乳母猪舍智能环境控制，增加了粪污干湿分离设备，新建了红泥沼气发酵粪水，完善了养殖场生物防控体系。新增育肥猪舍1 100多米^2，4月开工新建一栋1 000多米^{2}的分娩舍。

（二）采取的主要措施

1. **改进饲养环境**　猪舍进行保温处理，保温隔热功能得到改善。以前是老猪舍，四面透风，冬天采暖成本高，空气质量差，夏天热应激导致母猪采食量低，奶水不足。更换门窗、屋顶增加保温层后，取暖成本降低，环境控制变得容易实现。

2. **增加消毒方式**　作为种猪场，疾病暴发的风险更大更高，通过增加消毒通道和进行喷雾消毒，进出车辆、人员、畜舍、环境可定期且及时消毒，为猪场的安全架起了一道

防护墙，减轻了疫病防控压力。

3. 改进老旧设备 对产床进行了维修和更新，为母猪、仔猪的生产及生活提供了舒适的环境。以前的旧产床是个体户加工而成的，不够标准，易生锈、断裂、变形，经常造成仔猪和母猪的伤亡。维修和更新电热板后，保温更好了，仔猪损伤率降低；母猪采食、饮水、躺卧更舒适，断奶仔猪的成活率提高，体重增加。

4. 新建粪污处理设施 猪场粪水多、污水量大。2020 年投资建成干粪棚、污水池和红泥沼气池，购置了干湿分离机，对从猪舍排出的粪污及时进行干湿分离，粪渣在干粪棚堆肥发酵，污水进行厌氧发酵，产生的沼气用于取暖、做饭，沼渣和堆肥作为肥料还田，真正实现了种养结合和清洁生产。

三、复养增养成效

2020 年存栏母猪增加到 500 多头，总存栏量增加到 3 000 多头，已出售仔猪 2 000 多头，每头 7 千克左右，平均每只售价 1 900 多元；出售肥猪 1 200 多头。因设施设备升级改造，畜舍环境改善，母猪窝断奶健康仔猪数从 10 头增加到 11 头，死淘率从 6％降低到 3％左右，仔猪腹泻、咳嗽现象明显减少。预计全年将生产仔猪 8 000 多头。

四、在复养增养和疫病防控等方面值得同行借鉴的经验、启示或建议

1. **自繁自养、出售仔猪，风险小，利润高** 按目前肥猪价格，每出售 1 头肥猪，利润 3 000 多元，而饲养合同猪单头利润只有 300 元左右。考虑到价格的大起大落，猪场在仔猪价格高时可以多出售仔猪，在仔猪难以出售或利润低时，应进行育肥，分散风险，使利润有保证。

2. **对工人技术要求高，工人的责任心必须强** 母猪的发情和配种、仔猪的接产和哺乳、饲料原料的保质保量、日粮的配制和调制、猪舍的消毒和猪群的防疫，对工人的技术和责任心的要求都非常高，因此管理上必须跟进，否则猪价高并不等于效益高。

3. **机械化和环控自动化是规模猪场发展的必要条件** 机械化和环控自动化改扩建后，对工人的需求减少，对人的依赖减轻，母猪存栏量增长，猪健康状况改善，死淘率降低，因此有条件时对猪舍进行升级改造是必要的。

4. **政策和政府对企业的支持是雪中送炭** 肥猪跨省禁运、流通管控、严打非法贩卖、病死动物无害化、畜禽粪污资源化、项目资金支持等政策，对于养猪场就是雪中送炭。2020 年该场享受到了生猪改扩建的补贴 50 万元。

专业育肥　生猪养殖按下快捷键

——青岛利百农养殖有限公司

青岛利百农养殖有限公司成立于 2017 年 12 月，位于平度市蓼兰镇大吴庄村西，占地 150 亩，项目投产运行后预计年出栏生猪 40 000 头。

一、基本情况介绍和当前生猪生产情况

猪场总占地面积 150 亩，建筑面积 2 100 米^2，其中包括 8 栋育肥猪舍、4 栋单层管理用房、蓄水池、沼气池及其他养殖配套设施。该场采用全套生猪全程智能养殖设备和技术，实现了机械化生产和物联网管理的现代化饲养，为生猪健康生态养殖提供了基础和支撑。

该场进行专业育肥，常年可存栏 20 000 头，年出栏至少 40 000 头肥猪。

二、复养增养主要历程和采取的主要措施

（一）主要历程

2018 年开始进行规划，同时进行养殖用地备案、环境评价报告，于 2019 年年底完成畜舍建设和设备安装及调试。

2019 年，在平度畜牧兽医服务中心的支持下申报了国家生猪补贴项目，2020 年通过了青岛农业农村局的项目立项，并获得 80 万元的项目补贴。

2020 年年初，猪场与双胞胎集团签订了养殖合同，3 月中旬引进第一批仔猪 4 000 头，经过近 2 个月的饲养，仔猪长势良好，公司于 5 月底又引进仔猪 5 500 多头。

（二）采取的主要措施

1. **提高设施设备机械化程度**　猪场采用全漏粪地板自动饲喂设计。猪舍分为 8 栋 16 间，猪舍间采用相对分离式隔离设计，可以有效避免猪舍间的交叉传染，采用全漏粪虹吸排粪设计，节约了人力并减少人员进出猪舍次数，避免交叉传染。猪舍采用自动喂料系统，料车只在厂区外给料，饲料打进料塔，由给料设备自动输送。给水设备为自动给水。环控系统采用全自动控制系统，猪舍内的感应器实时传输舍内信息给控制室，由控制软件分析后指挥环控设备自动开启或关闭，实时解决猪舍内的环境问题，保证猪舍内的环境指标恒定。舒适、福利的环境，应激少，疾病少，猪的死淘率降低 2%～3%。

2. **采用有效消毒、管理措施** 猪舍采用封闭式管理，人员进出均进行 3 次严格消毒，并施行先隔离后入舍制度，非饲喂人员不得进入养殖核心区，有效地减少了传染源。

3. **科学粪污处理** 猪粪尿经过漏粪板被猪自行踩入下方粪池，在粪池内积攒 1～2 个月后通过虹吸方式自行排入集粪池，进行干湿分离。分离后的粪渣经过处理后制成有机肥还田；分离后的液体部分进入 20 000 米³ 的沼气池进行厌氧发酵，产生的沼气作为能源进行利用，沼液送入 30 000 米³ 氧化塘进行后期处理，处理后用于 5 000 亩果树、蔬菜和作物的种植。

4. **专业育肥，高效产出** 养殖场内全部为育肥猪，只进行育肥，待达到出栏体重时进行出售，年出栏量为 40 000 头。从断奶仔猪（7.5 千克）到肥猪（140 千克）出栏，饲养 5.5 个月左右，成活率大于 95%，四阶段饲料饲喂，饲料养分全面均衡，料重比小于 2.5：1。

5. **加强生物安全防控** 严格执行防疫程序，消毒工作贯穿于猪饲养的全过程及各个环节，切断疫病传播途径。对人员进行防控知识培训，提高防控意识，并定期进行抽样检测。

三、养殖成效

1. **饲育期缩短** 饲养母猪周期长，从仔猪到配种，从怀孕到产仔，从哺乳仔猪再到育肥出售，大约需要 20 个月左右，而专业育肥只需 5.5 个月的时间。

2. **利润稳定** 猪场与双胞胎集团的这种长期合作模式，既能充分利用猪舍，又能保证单栋猪舍全进全出，猪苗、饲料、生物安全防控、生猪销售等受市场影响小，利润相对有保障。

3. **管理有效** 生产管理上可实现标准化养殖、全程机械化操作，当年投产，当期见效。

四、经验与启示

1. **模式成熟，不走弯路** 从场区布局到畜舍建设标准，从设备选型到安装调试，从饲料配制到阶段划分，从防暑降温到猪舍环境控制，从清粪工艺到粪污处理，有样板可循，有标准可用，有指标要求，有考核标准，哪段时间喂什么料，哪个季节开哪个风机，只要照着做就能达到一定的成活率和料重比。

2. **风险分散、利益共享** "公司＋农户"的养殖模式，使饲养工作、人为因素对养殖的影响更小，对养殖场来说，利益不一定能最大化，但风险做到了最小化。

3. **减少周转资金** 俗话说，养殖成本的 70% 是饲料，而在"公司＋农户"模式中，农户只需每头猪苗交押金 200 元，不需要料库，不需要原料储存，不用配方师，不需要大量的技术员和饲养员。投入的绝大部分资金用于建设与购买设备，工作人员大幅减少，一个人可管理 2 000～4 000 头猪，因此资金的利用效率非常高。

4. **严格洗消，全程防控，阻断病源** 出场车辆全部经过洗消房，进行高压喷雾、火

烤、熏蒸等，防止通过车辆带进带出病原；仔猪被引进时，需经饲养工进行消毒后才能进入猪舍，每栋猪舍由专人管理，猪育肥出栏后由工作人员完成洗消方可离场；饲料、兽药、生活物资等必须进行消毒处理方可进入猪场的各个区域。只有如此，大规模专业育肥的疾病控制风险才能降到最低。

5. **政策支持是关键**　公司从准备养猪到寻找土地、环评，从规划到投产，离不开政策支持和政府扶持。各级技术推广部门提供培训、技术到户，相关部门帮助进行项目申请、提供资金补贴，给养猪人以信心和鼓舞。

因恐惧清场　受鼓舞升级装备重振养猪业

——青岛平度市东方升阳养殖基地

一、养殖场户基本情况介绍和当前生猪生产情况

平度市东方升阳养殖基地位于旧店镇大曲家埠村，占地4亩，设计存栏800头，年出栏2 000头，于2013年取得动物防疫合格证，获得无公害产地、无公害产品认证。2018年下半年受非洲猪瘟影响，主动清栏，投资200万元进行改扩建，2019年3月开始复养，目前共有存栏生猪1 245头，其中母猪280头；已出栏1 200头肥猪，预计2020年年底累计出售肥猪3 000多头。

二、复养增养的主要历程和采取的主要措施

该场通过动监站下发的非洲猪瘟防控知识手册、非洲猪瘟防控明白纸了解到非洲猪瘟是我国的一类动物疫病，其传染源为非洲猪瘟病毒感染的家猪、野猪和软蜱以及病死猪的血液、组织、分泌物和排泄物，通过直接接触、间接接触或软蜱叮咬均可传播。猪感染后，发病率和病死率可高达100%，可造成巨大经济损失和社会影响。但非洲猪瘟对人不致病，不是人畜共患病，而且只要通过科学的防控工作可很好地避免。

（一）硬件设施、设备改造升级，筑起"铜墙铁壁"

2018年下半年和2019年第一季度，该场投资200多万元，对猪场的消毒设施进行升级，对仔猪保育舍、母猪产房进行了保温和环境控制改造，新购置了产床，新建了空怀和怀孕猪舍，对肥猪舍进行了维修，为生猪生产生活环境的改善、防疫设施的完善建立了"铜墙铁壁"的硬件基础。

（二）强化人员管理，阻断人员传播疾病路径

整个猪场在设计时已将生活区和生产区分开，并分别配备专人进行管理；动监站工作人员进行检疫和收猪经纪人来看猪时，均由生产区工作人员以拍照、拍视频的方式进行。

（三）严把车辆进出关，车辆洗消彻底

外来车辆严禁入内，对于无害化处理车、生猪收购车和饲料运输车分别设置专场，并

用月卞三甲氯铵或火焰及时彻底消毒。

（四）做好记录，实现生产环节可追溯

该场在生猪购进、出售时依法做好生猪养殖档案的填写工作，包括生产记录、投入品购买和使用记录、疫病防控、消毒记录、无害化处理记录等，并于每月月底前填报"智慧牧云"相关数据。

（五）消毒制度化，阻断病菌病毒传播

该场在场大门口设有消毒池，人员进出设消毒通道，每天两次更换消毒液。出入猪场的人员和车辆都要经过消毒池消毒和喷雾式全覆盖消毒；每栋圈舍门口设有消毒垫，在进入圈舍时都要经过消毒；舍内根据湿度、温度、粉尘情况定期进行消毒或喷洒有益菌。

（六）防疫程序化，检测及时到位

该场制定合理的免疫程序，严格按照免疫程序进行免疫，并做好抗体检测和相关记录。不定期进行猪、设施、设备的病原检测，确保疫情可防可控。

（七）粪污无害化，防止病源外扩

该场建有沼气池、干粪棚、干湿分离机等粪污处理设施，做到生猪产生的粪污日日清、月月清。沼气池的建立不仅提供了能源，改善和保护了环境，还为农作物的高产和优质提供了有机肥料，更防止了病原的外扩。

三、复养增养成效

通过以上工作，猪舍环境改善，生物安全可控，母猪繁殖性能提高，仔猪死淘率大大降低。2019年3月复养，目前共存栏母猪280头，空怀和怀孕母猪单体栏饲养，出售肥猪1 200头，利润300多万元，预计2020年年底生猪存栏3 300头，累计出售肥猪3 000头。当前猪场养殖信心倍增，更加重视生物安全和猪的保健，对标准化养殖、精细化管理的认识更加到位，将标准执行得更细、更准。

四、在复养增养和疫病防控等方面值得同行借鉴的经验、启示或建议

（1）非洲猪瘟虽然可怕，但只要我们理性、科学地对待它，及时使用有效的防控手段，就可以避免遭受疫情影响。

（2）加强与动检部门、技术推广部门的联系，了解新情况，采用新工艺，使用新技术，做到"知己知彼、百战不殆"。

（3）重视设施、设备和环境的改善，改变脏乱差的生产环境，减少各种应激，提高猪的福利，实现高效生产、规范养猪。

（4）强化预防意识，避免损失后再进行补救和挽救。消毒、防疫是日常工作，是基础性工作，制度化、常规化能减少发病的机会，为稳产、高产奠定基础。

通过清场、复养，我们意识到，科学认清病毒、严格饲养管理、积极采取措施并及时学习专业知识和技能，就一定能养好猪、赚到钱。

山东曹县牧原农牧有限公司
恢复生猪生产的典型材料

一、企业基本情况介绍和当前生猪生产情况

山东曹县牧原农牧有限公司总规划建设年出栏 130 万头的生猪养殖体系，建设项目为 11 个现代化养殖场和 1 个年产 40 万吨的饲料厂，配套建设公猪站、日处理量 24 吨的无害化处理中心和年产 1.5 万吨的有机肥厂等项目。截至 2019 年 9 月，已建成年出栏 90 万头的规模，下一步计划在曹县继续征地 1 500 余亩。已建设场区为分别为曹县牧原一场、二场、三场、四场、五场、六场、九场、十场、十三场与邬庄公猪站、李岔楼公猪站，占地面积共 6 000 余亩。其建设项目和规模分别为：年存栏 4.25 万头母猪场、年出栏 90 万头育肥场及年存栏 4 万头后备场，配套建设有保育舍和育肥舍、后备舍、隔离舍、待配舍、怀孕舍、哺乳舍等。另有公猪站两个，年存栏原种猪 624 头。2020 年第一季度累计出栏生猪 11.37 万头。

二、恢复生产主要历程和采取的主要措施

(一) 管理措施

针对此次疫情，公司密切关注疫情动态，准备随时启动应急预案。同时，公司成立了以兽医部为主要负责部门的疫情防控领导小组，与国内外专家紧密结合，严格执行公司相关规定，加强公司内外部生物安全管理，防止疫情的发生。具体措施如下：

1. **严格消毒**　执行严格的消毒制度，完善生猪疫病防治措施，做好生物安全工作。为从根源上阻断病原微生物的物理传播，公司制定了《隔离消毒管理制度》《日常卫生消毒管理制度》等制度，并对猪场内人员流动路线、车流路线、猪群全进全出路线执行严格的消毒防疫措施。

2. **加强巡检**　做好区域疫情监测工作，重视信息的搜集。与疾病防控中心建立联系，收集本地及周围区域的疫情情况，密切关注动态变化，发现或听闻且经验证有疑似非洲猪瘟信息，必须立刻上报专项领导小组，做好疫情防控应急预案。同时，生产人员密切关注猪只健康状况，积极配合国家动物防疫部门做好防疫报告等工作。

3. **有效处理**　制定快速反应机制，防止疫情的扩散。如发现公司生猪感染非洲猪瘟，对于感染的生猪，积极配合国家相关部门进行扑杀、无害化处理、消毒，并在国家规定时间内禁止交易、生产、流通。

4. **加强培训管理**　加强对子公司经理、生产总监、场长、段长、一线饲养员、后勤

保障全员的安全意识培训管理，做到全员行动，杜绝外源疫情传入风险。同时，加强生产一线员工的防疫知识培训，提高防疫专业能力，一旦发现生猪出现疫情相关症状或不正常死亡，立即向相关责任人汇报，让公司及时了解和掌握情况。

（二）技术措施

1. **过滤体系**　建立高效的空气过滤体系，有效过滤病毒。在各个猪舍建立独立的通风系统，避免猪圈之间的交叉感染。

2. **智能化升级**　公司通过智能饲喂、智能环控、养猪机器人等为猪群提供洁净的生长环境，建立猪病预测模型，实现疫病实时监测与有效控制，辅助兽医进行远程诊断，减少人畜接触，最大限度地控制病毒进入场区。

3. **建设车辆清洗烘干中心**　所有进场或靠近猪场的业务车辆（饲料车、猪苗车、种猪车、猪粪车、垃圾车），在靠近猪场之前，都要在洗消中心进行清洗、消毒、烘干。烘干要求温度不低于 60 ℃，持续 30 分钟以上。

4. **建立处理设备**　建立无害化处理厂，确保"死猪零流失、病源零传播"。

5. **道路升级**　对外部道路分级管理，内部道路做到车辆专车专用和清洗消毒。

6. **确保饲料安全**　饲料全封闭运输，到场消毒，管链运输，确保饲料无外界接触，避免病毒通过饲料进入场区传播。

三、恢复生产成效

曹县牧原没有发生非洲猪瘟的病例，在全国产量偏低的现状下，仍保持较高的出栏量，并在 2019 年大规模建厂、快速投产，以此缓解社会的需求。

曹县牧原在 2018 年生猪出栏量达 55 万头，2019 年出栏量为 41.18 万头，2020 年一季度出栏量 11.37 万头。截至 2020 年 3 月 31 日，公司存栏生猪 32.84 万头，其中保育、育肥猪 19.34 万头，母猪 6.43 万头，仔猪 6.24 万头，公猪 394 头，预计 2020 年出栏量将达到 96.6 万头。

四、在恢复生产和疫病防控等方面值得同行借鉴的经验、启示和建议

公司对非洲猪瘟高度重视，在严峻的疫情下，发挥一体化养殖优势，通过对人、车、物进行严格管理和消毒隔离，切断病毒传播途径，全方位加强疫病防控水平，保证公司内的生物安全。同时增加了饲料高温消毒措施和猪舍内的新风系统，改造场内销售区，增加洗消中心和移动洗澡间，并对人员、车辆和物资进行严格的消毒隔离，从而有效防控了非洲猪瘟。

山东省东营市垦利牧原农牧有限公司生猪生产案例介绍

一、养殖场户基本情况介绍和当前生猪生产情况

（一）基本情况

东营市垦利牧原农牧有限公司成立于 2016 年 11 月，注册资本 2.7 亿元，现有员工 500 余人，为牧原食品股份有限公司的控股子公司，是一家集生猪饲养、销售，饲料加工，养殖技术推广于一体的"自育自繁自养大规模一体化"标准化养殖场区。计划总面积约 4 126 亩，建设 1 个饲料厂和 7 个饲养场。

（二）生猪生产情况

目前，垦利牧原年出栏商品猪 100 万头的生猪养殖建设项目，一场、二场已建设完成，三场正在建设中，预计 2020 年年底可实现年出栏 23.4 万头。

二、恢复生产的主要历程和采取的主要措施

公司创建了立体型生物安全防控技术体系。围绕猪场安全生产，首创"防病、防臭、防四害"的三防猪舍工艺设计关键技术，实现了外界新风过滤入舍、舍内精准通风、外排空气灭菌除臭，既节能减排和环保，又达到"防病、防臭、防四害"，是实现绿色高效安全规模化养猪的重要创新技术。在饲料安全投喂方面，集成创新了一套高温饲料灭菌、全程密封输送、舍内精准投喂技术体系，实现了饲料安全、精准输送和投喂。围绕猪、精、舍、人、物、车、水、料、气、四害、粪等方面，集成创新了 15 套标准化的防控技术体系，并首创了"物"的四级消毒技术流程、车辆的五级清洗消毒技术。通过全方位生物安全防控技术体系集成，实现了猪舍内外环境的安全舒适，保障了猪的高效、绿色、健康生产。

三、恢复生产成效

（一）生猪生产情况

垦利牧原年出栏商品猪 100 万头生猪养殖建设项目，目前已实现存栏生猪 10 万余头。2020 年第一季度实现生猪出栏 4.89 万头，销售收入 10 277.68 万元，净利润 7 487.17 万元。预计 2020 年年底可实现年出栏 23.4 万头，销售收入 6.8 亿元，净利润 3.65 亿元。

（二）资源循环利用情况

高标准处理养猪生产过程中产生的粪污和臭气，达到场区无害化处理。垦利牧原已投入使用沼液储存池 24.56 万米³，黑膜沼气池 2.78 万米³。粪污经过环保处理，沼液还田、沼渣变为有机肥，臭气无臭处理后实现无臭排放，保证环境的可持续发展。

四、在恢复生产和疫病防控等方面值得同行借鉴的经验、启示和建议

（一）实施产业链一体化经营，提高各环节的可控性

一体化产业链使得公司将各个生产环节置于可控状态，在食品安全、疫病防控、成本控制及标准化、规模化、集约化等方面具备明显的竞争优势。一体化的产业链减少了中间环节的交易成本，有效避免了市场上饲料、种猪等需求不均衡波动对生产造成的影响，使得整个生产流程可控，增强了公司抵抗市场风险的能力。

（二）建设高标准现代化猪舍，提高智能化养殖水平

公司通过研发智能饲喂、智能环控、养猪机器人等智能装备，为猪群提供高洁净生长环境，提高猪群健康水平，实现安全生产。同时，公司通过人工智能技术，建立猪病预测模型，实现疫病实时监测与有效控制，养殖过程数据自动采集与分析，对部分猪病提前预警，辅助兽医进行远程诊断。

（三）加强场内育种体系建设，提高种猪繁育水平

公司在发展过程中不断探索创新，建立了独特的轮回二元育种体系。目前，随着产业格局变化的加剧，这种独特的轮回二元育种体系所具备的肉、种兼用的特点，可以直接留种作为种猪使用，在现在母猪极度缺乏的形式下，为公司快速发展奠定种猪基础。公司通过轮回二元母猪的留种，既可以满足自身快速发展的种猪需求，又可以为市场提供优质种猪，形成了得天独厚的优势。

（四）加强营养饲料科技研究，提高营养供给水平

公司在拥有"玉米＋豆粕"型、"小麦＋豆粕"型配方技术的基础上，研发了大麦、原料加工副产品的应用技术，实现了对原料的充分应用。同时，应用净能、真可消化氨基酸体系设计低蛋白日粮配方，充分利用晶体氨基酸降低了豆粕用量，丰富了替代玉米原料的选择，不仅降低了传统饲料对玉米、豆粕的依赖，也大幅降低了氮排放，对环境更加友好。

（五）实施标准化流程化管理，提高养殖生产效率

公司针对原粮采购、饲料加工、生猪育种、种猪扩繁和商品猪饲养等业务环节的各项生产流程制定了一系列标准化制度和技术规范，实现生产过程中统一技术、统一标准、统一装备、统一人员、统一管理的工业化生产体系，推动公司养殖技术的进步和生产效率的提高。

东营正邦集团恢复生猪生产典型案例

一、养殖场户基本情况介绍和当前生猪生产情况

（一）基本情况

正邦集团是农业产业化国家重点龙头企业，国家高新技术企业，是以农牧、种植、金融等为主要产业的大型农牧企业，2018年实现总产值780亿元，位列中国企业500强第247位。东营正邦生态农业发展有限公司于2012年落户山东省东营市河口区，于2018年年底全面建成。

（二）生猪生产情况

集团现有规模化生猪养殖基地3个，可存栏母猪8.6万头，年出栏生猪可达200万头，2018年销售收入5.8亿元。

二、恢复生产主要历程和采取的主要措施

一直以来，东营正邦公司高度重视动物疫病防控，严格落实企业防控主体责任，全力做好非洲猪瘟防控各项工作。

（一）严格落实主体责任

进一步加大加密非洲猪瘟监测排查、消毒灭源、应急处置、无害化处理等防控措施，确保人员到位、措施到位、防控效果到位。加快摸排发现问题的整改进度，所有摸排中发现的问题已于2019年10月底全部整改完成。进一步完善各类防疫防控制度、消毒流程规定，严格执行疫情排查日报告制度，发现问题按程序及时上报，确保生猪产业稳定生产。

（二）加大资金投入力度

投资2000万元，加快4处无害化处理中心、5处猪只中转中心、物资中转中心的建设，配套病死猪无害化处理及洗车、消毒、烘干等设施20余处，真正实现养殖区与外来运输车辆的完全隔离，进一步夯实非洲猪瘟防控基础。

（三）推广"公司＋养户"养殖模式

进一步优化养殖结构，积极带动周边意愿强、经验丰富的养殖散户开展统一规范化入场经营，进一步提高出栏量，帮助农户增收致富，带动畜禽产业转型升级。

（四）打造"一二三四五六"生物安全防疫体系

在养殖基地打造一场布局、二段饲养、三级洗消、四流管控、五区划分、六色管理的生物安全防疫体系，加强根源防控。

三、恢复生产成效

非洲猪瘟形势严峻，公司及时采取了加强基础设施建设，完善生物安全防控体系，制定严格的管理制度，加大非洲猪瘟排查、检测力度，降低饲养成本等措施，目前取得了显著的成效：一是猪群扩增。后备母猪引种量加快，2020 年 4 月外引后备母猪 4 万头，实现后备母猪存栏满负荷生产。二是利润颇丰。公司严控饲养成本，又逢销售价格提高，取得了显著的经济效益。

四、在恢复生产和疫病防控等方面值得同行借鉴的经验、启示和建议

一是加强饲养管理，科学防控和精细化管理是保障猪场在非洲猪瘟大环境下生存发展的前提；二是重视母猪培育；三是严控饲养成本；四是时刻关注行情。

山东省海阳市恢复生猪生产典型案例

受非洲猪瘟疫情、环保治理等因素的影响，海阳市生猪生产受到严重冲击，生猪存、出栏量双双出现下降。为稳定生猪生产，保障肉类产品市场供应，海阳市积极落实国家和省的有关政策，扎实做好恢复生猪生产工作。同时，通过扶持规模化养殖场、规范禁养区划定范围等措施，多措并举，推动生猪稳产保供。目前，已形成以海阳市和兴畜禽养殖有限公司为典型的成功案例，现将有关情况介绍如下：

一、企业基本情况和当前生猪生产情况

（一）基本情况

海阳市和兴畜禽养殖有限公司成立于 2016 年 12 月，是一家集家畜养殖、种畜繁育、苗木种植、饲料加工、技术研发、疫病防疫、废弃物资源化利用于一体的现代化农业企业。公司注册资本 1 200 万元，现有员工 86 人，其中中级以上技术人员 30 人。公司下设和兴生猪养猪场、和兴肉羊养殖场、和兴饲料厂以及和兴生态休闲园，以企业增效、产业增值、环境生态为目标，不断做大做强。公司年产值近 1 亿元，创收 5 000 余万元，在发展的同时不忘回报社会，积极带动附近农民致富，牵头成立了海阳市家和畜禽养殖专业合作社，发展社员 700 余户。公司增加就业岗位，积极吸纳附近村民再就业，2016 年被山东省残疾人联合会评为"山东省残疾人就业扶贫优秀基地"。

（二）生猪生产情况

和兴猪场现存栏生猪 6 500 头，其中种公猪 12 头、能繁母猪 700 头。猪场扩建完成后预计生猪存栏 12 000 头，能繁母猪存栏 1 000 头。

二、恢复生产的主要历程和采取的主要措施

在非洲猪瘟的严峻形势下，公司经历了猪价下降、存栏减少、道路不通、压栏严重、饲料供应紧张等困难，及时采取了加强基础设施建设、提高生物安全防控体系、降低饲养成本、及时与属地政府沟通等措施，顺利地打开了被动的局面。采取的措施主要涉及以下几个方面。

（一）加强防控，杜绝病源

海阳市和兴畜禽养殖有限公司常年保持较高的免疫水平，严格按照防疫程序进行防疫注射。公司把消毒工作贯穿于生猪饲养的全过程，把好猪舍、环境、进出车辆、人员等出

入口消毒关，切断疫病传播途径。对人员进行防控知识培训，提高防控意识。

（二）自繁自养，稳定猪源

生猪养殖，母猪是关键。公司在价格低迷时坚持自繁自养，持续培育能繁母猪，为生猪产能恢复打下了坚实的基础。

（三）加大投入，保障资金

为保护生猪核心产能，公司先后投入 500 多万元对现有养猪场进行改扩建，完成产房、妊娠舍、保育舍、育肥舍等猪舍的粪污资源化利用设施及自动化饲喂系统辅助设施的更新改造，以及对母猪产床位的更新建设等。更新猪场原有的饲喂系统，实现生猪饲养过程中喂料的机械化；通过粪污资源化利用设施的更新应用，改善猪只的生活质量；通过母猪产床位的更新建设，保护生猪核心产能，同时提升猪肉的品质。

三、恢复生产成效

公司能繁母猪规模由 500 头增长到 700 头，产能大幅提升，通过出售二元母猪，带动了周边生猪养殖户的生产，经济效益和社会效益显著。

四、在恢复生产和疫病防控等方面的经验

（一）加强养殖管控

科学防控和精细化管理是保障猪场生存发展的前提。公司坚持"以养为主，防养并重，防重于治"的总方针，通过科学防控、科学饲喂，实现了猪场的持续发展。

（二）重视母猪培育

"精养种猪，实现多生"，任何时候都不能忽视母猪的重要性。自繁自养母猪既能够减少引种费用，又可避免引种风险。无论养猪市场如何改变，都要坚持养好母猪、安稳猪源。

（三）采用现代化管理

在经营管理过程中，采取现代企业管理模式，定人、定员、定岗、定位、定薪、定责，对每个职位进行有效的绩效考核，以提高人员的工作效率，减少消耗，增加产出，确保经济效益。

山东省龙口市张志军养猪场典型案例

张志军养猪场位于龙口市北马镇安家村以北约 1 000 米，远离学校、主要交通干线、屠宰场、无害化处理厂等。其场址、布局合理，符合动物防疫的基本要求。

一、养殖场户基本情况介绍和当前生猪生产情况

2019 年，龙口市对石材行业进行了大规模的治理，张志军积极响应号召，决定将多年积累投入到生猪养殖行业。经过紧张筹备，2020 年年初，张志军由原来的石材生产转型生猪饲养，饲养规模为每批次 1 000 头以上，计划年出栏 3 000 头。养殖场按照全进全出设计，粪污配建适合环保要求，整个饲养场不见粪尿，使用漏粪板和二级沉淀池等设备。

二、恢复生产的主要历程和采取的主要措施

（一）生猪饲养管理方面

采用当前较为稳妥的合同饲养方式，与青岛正大集团签订生猪饲养合同；沿用大集团、大企业的生产模式，实行全进全出，集中饲养、集中育肥、集中出栏。这样有利于猪场快速发展壮大，缓解短期内的市场供求困难，也有利于先进管理理念的实现。

（二）技术措施方面

采用青岛正大集团的提供的先进技术，依靠大集团的强大后盾，全场的饲养管理、技术引进由青岛正大集团提供。养殖行业不同于其他行业，专业技术就是一道壁垒和一道门槛。新入行的企业不是资金短缺，就是技术短缺，而依靠大集团和大企业成为解决这一问题的有效途径。

三、恢复生产成效

在生产上，猪场排除了市场价格高低起伏的风险，保障了企业的既得利益，解决了疫病防疫等方面的后顾之忧，从而可以专注于生猪的生产。俗语说"十招会，不如一招精"。在稳固的供销基础上，养殖者可以致力于生猪的快速出栏上市和养殖成本的快速回收。

张志军猪场投产之后，首批生猪饲养规模达到 1 000 余头，4 个月即可直接投放市场，全年预计可以投放生猪 3 000 余头，对保障生猪供应、维护市场供给起了一定的作用。

四、在恢复生产和疫病防控等方面值得同行借鉴的经验、启示和建议

采取"公司＋农户"的生产模式，符合养殖行业发展趋势。依托大集团、大企业提供的优质服务和良好的技术支撑，养殖场或企业可专注于某一领域的深入拓展，使得自己在这一方面获得丰富、独到的经验，从而更好地促进企业的快速发展。这样不仅降低了本场的饲养成本和市场风险，同时也能细化市场，让更加专业的生产者进入养殖行业，提高养殖生产资源配置效率。

抓好非洲猪瘟防控的"12345"，稳定生猪生产

——山东富通农牧产业发展有限公司生猪生产典型案例

一、养殖场户基本情况介绍和当前生猪生产情况

山东富通农牧产业发展有限公司位于临沂市罗庄区沂堂镇，于2012年开工建设。公司三面环山，远离主要交通干道，总占地面积1万余亩，主要规划建设项目有饲料加工、生猪养殖、生态农业、污水处理、沼气发电等。目前园区已建成投产繁殖母猪猪场2处，存栏能繁母猪3 000余头。

二、恢复生产的主要历程和采取的主要措施，包括管理措施、技术措施

（一）抓好猪舍外部防控，建立三级防疫体系

公司将整个园区划分为3个防疫区域。农牧园区使用围墙与外界隔离，农牧园区内的区域为一级防疫区，只有一个入口可出入，所有人员、物资、车辆必须经过严格的消毒后方可进入。在距离猪场约1.5千米处设立办公服务区，禁止外来人员及内部非生产人员进入园区、接触猪场。二级防疫禁行区采用园中园的模式，在园区内部划分出养殖区域，用围网和树木进行封圈隔离，禁止通行。三级防疫核心区即猪场，与二级防疫区用围墙阻隔，生产区又使用围墙与养殖区独立隔离。进入防疫核心区必须经生产部批准，生产人员必须进行消毒、洗浴、更衣、隔离，经化验检测合格方能进场，严禁施工、维修等外部人员进入猪场。通过建立三级防疫体系，有效阻断了猪舍人员流动等造成的疫情传播。

（二）做好生猪生产配套，建立四个中转中心

1. 配套建设车辆洗消烘干中心　在园区西南部距离猪场约1 000米处、生猪进出猪场的必经之路上，设置生猪运输洗消中心，进行运猪车辆的保温、热水清洗、消毒、烘干等工作，这样的同时解决了冬季车辆于室外清洗容易结冰、不利于清洗消毒的问题。根据拉猪车辆类型，确定洗消、烘干的独立空间大小及设施配备预算，设定拉猪车辆的行进路线，明确洗消中心所需人员及分工，明确污水的处理方式和方法，有效解决车辆清洗消毒问题。

2. **配套建设生猪、物资、人员中转中心**　生猪转运中心主要用于生猪的中转，管理较为严格，目的在于禁止外来运猪车辆和拉猪人员直接接触猪场。所有进场物资以及出售育肥猪、放养合同猪、淘汰猪全部由内部车辆负责运输至中转中心进行转运，并在中转中心进行严格消毒。在物资转运，特别是饲料转运方面，建设饲料中转料塔（共建设 6 座 30 吨的料塔），外部料车在外围墙处隔墙打料至中转料塔，园区内配置中转饲料车，确保内部饲料车不出场、外部饲料车不进园。人员中转中心主要设立了物资熏蒸消毒站及人员洗澡更衣点，所有进入园区的人员、物品、器械等必须于洗消站清洗、消毒、隔离。设定运猪车辆的行进路线，组建运输队及装猪队，明确人员及分工，配备各类中转车辆，包括运猪车、送菜车、食堂配送饭菜蒸车、无害化处理车、生活垃圾运送车、精液配送电动车等，做到专车专用。

3. **配套建立实验室检测中心**　结合非洲猪瘟防控形势的需要，从园区生物安全考虑，本着长期检测、经济有效的原则，加大科技投入，着力精准防控，建立荧光定量聚合酶链式反应（PCR）检测实验室，满足检测需求，提供有效的技术保障。

4. **配套建立后备猪隔离中心**　在园区内建立独立的后备猪隔离观察舍，引入的后备猪至少隔离观察 45 天以上，方可进入生猪生产舍进行管理，隔离舍管理方式及人员要求与正常生产猪舍相同。

（三）加强内部管理，落实五项措施

1. **建立场内洗消体系**　建立独立区域的消洗体系，母猪区与保育育肥区进行分区洗消，设立应急洗消点，一旦单个区域发生疫情立即启用；每栋猪舍或每区安装固定的、快接热水清洗机，用于冲刷工作靴；每栋猪舍单独规划设立洗消点；增加工作服清洗烘干相关设备。人员洗消区域配备物品熏蒸间，建立人员走廊和围网并封闭，预防鼠、鸟、蚊蝇等直接进入舍内。

2. **分区管理，强化内控**　构建污染区、缓冲区、洁净区体系，深化场内的淋浴分区、道路分区，工作服分区清洗及分颜色管理，人员与物资洗消分区，各区域的人员生活物品以及所有衣物全部由场内分颜色提供。对人员采取封闭式管理，给予适当的防疫、生活补助，配备娱乐设施。强化消毒工作，于疫情高发期在园区内部和猪场实施全员消毒，禁止一切风险源进入。同时，加强全员生物安全意识的培训考核，对成绩优秀者给予物质奖励。

3. **人防＋技防，确保生物安全防控关键位置防得牢**　在人员监督管理之外，利用现代科技手段，在消毒通道、洗消站、装猪台、中转站、人员进出通道等防控关键位置，安装 24 小时全方位实时高清监控摄像头，对所有进入园区的车辆、物品、人员及中转站内生猪状态实现实时动态监控，有效减少人为因素导致的入场把关不严、生猪状态不能实时掌握等情况。

4. **生产区内部改造优化**　将配怀舍饮水槽缩短为单节式，避免交叉污染；规划应急通道、应急路线、净污道；为舍外风机安装防尘布袋；饲料塔增加驱鸟器；装猪台升级改造为三阶段式，实现舍内人员不接触进入赶猪道、赶猪道人员不上出猪台、出猪台人员不接触运猪车辆。安装单向开关门，一旦进入装猪台，不能返回场内。

5. **做好细节管控** 以现有管理制度为基础，深化细节管理，主要做法是：进一步全方位完善场区的洗消细节；增加栋舍内的换用靴子；完善饮水管理、车辆轮胎处理等方面的细节。厨房管理实行专人、专车定点采购，中转中心及食堂内部建立紫外线和臭氧消毒间，所有物品经过 24 小时的消毒后才能送往猪场内。

三、恢复生产成效

在全国非洲猪瘟防控形势严峻的形势下，公司及时采取了严格综合防控措施，构筑了稳固的生物安全防控体系，并加大非洲猪瘟排查、检测力度，养殖状况保持稳定，生产有序进行，未发生非洲猪瘟疫情，企业经营利润颇丰。

四、在恢复生产和疫病防控等方面值得同行借鉴的经验、启示和建议

高度重视非洲猪瘟防控，强化顶层设计，基于非洲猪瘟防控的严峻形势，改造升级猪场基础设施、提高设施设备配置水平，提高猪场现代化、设施化水平，夯实硬件基础；优化猪场建设布局，从空间布局的优化入手，减少疫病传播风险；建立科学的生物安全管理制度和措施，并严格执行；加强饲养管理，提高猪场综合生产技术水平，提高抵御非洲猪瘟等重大动物疫病风险冲击的韧性。

威海大北农种猪科技有限公司
恢复生猪生产典型案例

一、企业基本情况介绍和当前生猪生产情况

威海大北农种猪科技有限公司是一家隶属于大北农集团的全资子公司，成立于 2008 年 10 月，注册资金 5 000 万元，建有标准化猪舍 65 栋，总建筑面积 29 000 多米²，总投资 9 000 万元，占地面积 152 亩。公司于 2009 年 2 月从加拿大吉博克种猪公司引进大白、长白、杜洛克原种猪，建立了加拿大吉博客种猪公司中国育种基地。威海大北农种猪科技有限公司正常运行生产时可存养基础母猪 1 200 头以上，年出栏商品猪 28 000 头，常年存栏各类猪 10 000 头。公司先后获得无公害农产品产地认证、威海市农业产业化重点龙头企业、威海市食品安全诚信联盟成员单位、山东省畜牧兽医协会副会长单位、加拿大吉博克种猪公司中国育种基地、"食安山东"全省性畜牧示范品牌引领企业等称号，2012 年被农业部确定为国家级种猪核心育种场，2015 年又被农业部确定为国家级畜禽标准化示范场。

二、恢复生产的主要历程和采取的主要措施

（一）制定严格的管理制度

为保证威海大北农种猪科技有限公司恢复复养一次成功，大北农北京科技集团对各养猪场中层以上管理人员进行了集中培训，除养猪技术外，还进行了科学防疫、防病消毒检测各相关程序的现场培训。同时，要求各集团都成立以区域总经理为核心的疫情防控领导小组，各分公司安排专门的技术检测和疫情防控消毒专业技术人员，负责督导检查分公司的防疫检测工作，并制定了防控消毒岗位责任制度。

（二）注重生物安全管理

公司一直坚持场内、场外每天正常消毒 2 次；对于运猪、运料外来车辆，必须于距场至少 500 米外处整车全面消毒一次，才允许靠场卸猪卸料。尤其是运猪车辆，必须于送货前一天在场方指定洗车点将车冲洗干净，晾干，并进行一次消毒；第二天装猪前，必须再整车消毒一次，方可赶猪装车。为确保非洲猪瘟病毒及其他病毒细菌得到及时扑杀和控制，大北农集团要求下属各分场统一购置价值 18 万多元的检测设备一套，以便及时对进场的所有物品，包括生产区的饲料、药品、燃料，伙房购进的米、面、油、蔬菜及全部日用品等进行有效检测，每周坚持抽样检测 3 次，并将每次检测的结果发至威海生物安全

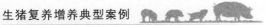

群。公司对养猪区域实行全封闭管理，员工由原来一个月休一次假（4 天）改为两个月休一次假（8 天），防止生产员工频繁进出生产区，将病毒细菌带入场内。生猪复养后，对生产区实行全封闭管理，除生产员工外，其他人员一律不准进入生产区。公司先后在宋村镇硝一村租赁了办公用房、员工休假返回场隔离用房、熏蒸用房，供后勤、财务人员办公、生产员工休假返回后隔离，进场物品熏蒸使用，有效减少病毒细菌交叉感染。为防止用袋装料，在运输过程中将病毒细菌带入场内传染给猪，公司投资了 23 万元，新建料塔5 座，改为用罐车运料。

（三）优化猪只生长环境

为保证猪舍清洁卫生、空气清新，让猪生活在一个舒适的环境里，公司投资 10 万元新上了 20 台套刮粪机，投资 15 万元新上外壳玻璃钢风叶不锈钢板风机 40 台套，投资 40万元建隔离墙、运料辅路、料塔基础，投资 340 万元更换了猪舍屋面的彩钢板，投资 110万元更换了屋顶檩条。为确保运猪运料车距场 500 米外就能及时消毒，还投资 4 万元新购可移动消毒车一辆。

三、恢复生产成效

2019 年 10 月，威海大北农种猪科技有限公司完成建设改造，开始恢复生猪生产。由于做到了科学防疫，消毒监管到位，引进的生猪健康状况及生长速度都非常好。目前，生猪存栏 6 144 头，其中能繁母猪 675 头、后备母猪 417 头、公猪 26 头、育肥猪 5 026 头。预计 12 月底生猪存栏可达 9 000 头，其中能繁母猪存栏 800 头，年可出栏生猪 7 000 头。

四、在恢复生产和疫病防控等方面值得同行借鉴的经验、启示和建议

一是高度重视养殖场的生物安全管理工作，建立了一套严格的生物安全措施并执行，覆盖人流、物流、车流及养殖生产多个环节。二是加快猪场改造升级，采用先进的设施设备，提高猪场硬件设施水平和生物安全硬件支撑。三是做好猪舍的环境控制，清洁生产，保持猪场较好的卫生环境状况，为猪只提供舒适的生活环境。四是以人为本，关注员工福利，提高员工工作积极性。

恢复生猪生产典型案例

——郓城昶腾农业综合开发有限公司

一、企业基本情况介绍和当前生猪生产情况

（一）基本情况

郓城昶腾农业综合开发有限公司养猪场位于陈坡乡石堂村北 800 米第二林场，成立于 2017 年 10 月，占地 24.5 亩，现固定投资 280 余万元，猪场有员工 10 人，其中技术人员 2 人。

（二）生猪生产情况

目前养殖区占地面积 10 000 米²，存栏生猪 3 000 头，年出栏 6 000 头。主营合同生猪育肥生产，采用粪肥还田、农牧结合、循环利用的模式，同时流转农户 300 亩耕地种植大田作物，用于消纳养殖粪便粪水等养殖废弃物，实现养殖污染零排放。

二、恢复生产主要历程和采取的主要措施

在当前的严峻形势下，公司加强基础设施建设，强化生物安全防控体系，制定严格的管理制度。

1. **加强基础设施建设**　为了更好地控制和改善猪场环境，杜绝病原体侵入，新建 60 米² 消毒室一间，安装自动喷雾消毒设备一套，购置了臭氧消毒机，完善了猪舍内的消毒设备，改造完善了粪污处理设施设备等。

2. **强化安全防控体系**　加强猪场的生物安全控制，对每个细节严格把控，从物料进场到人员进场均不放松。饲料运输使用密闭式罐车，减少生猪在运输过程中感染非洲猪瘟的概率，到场后经火碱喷雾消毒，等待半小时后进场；蔬菜及各种食品必须由单向通道进入并清洗消毒，经 2 个小时臭氧消毒后方可食用；任何生肉及肉制品不得带进猪舍食用；进入场区的饲养员、技术员，必须进行采样检测、宾馆隔离，合格后洗澡进场；生产、生活区内的道路每周进行 3～4 天弥雾消毒；生产区每周进行 3～4 天雾线喷雾消毒；养殖场禁止外来人员进入。

三、恢复、扩产成效

2017 年建场时，猪场可存栏生猪 2 000 头。2019 年猪场投资近 90 万元，建成存栏生猪 1 000 头的现代化标准猪舍一栋，出栏增加 2 000 头，新增年利润 50 余万元。2020 年，

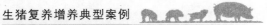

又扩建全封闭恒温、自动上料、自动除粪、自动化饲养猪舍4栋，建筑面积2700米²；建设2个料塔，4条自动料线，4条自动消毒雾线机及饲料库150米²，并新打深井一眼，建设800米³沉淀池1座。建成投产后可新增生猪存栏2000头，使存栏量达到5000头，年新增出栏生猪4000头，出栏生猪达到10000头，实现年利润近300万元。

2020年4月22日，中共中央政治局委员、国务院副总理胡春华到山东实地督导夏粮和生猪生产工作时，到该场实地考察，与猪场负责人深入交流，对猪场不断扩大生产规模、提高生猪生产供应能力、做好非洲猪瘟防控等给予了高度评价。

四、在生猪生产和疾病防控等方面的经验、启示和建议

(一) 加强饲养管理

科学防控和精细化管理是保障猪场在非洲猪瘟大环境下生存发展的前提。应坚持"以养为主，防养并重，防重于治"的总方针，通过科学防控、科学饲喂，实现生猪死得少、长得快。同时，搞好综合防控，抓好"三管""三度""两干""一通"，即管理好饲养员、管理好猪群、管理好环境，保证好猪舍的温度、湿度和饲养密度，保持舍内清洁干净与干燥，坚持舍内四季通风、空气流动，并做好生猪调运、病死猪无害化处理各个环节的防控工作。

(二) 实行全进全出

从生产防疫的角度出发，生猪生产应该有一定批次，每一批次的生猪养殖数量应该有一定规模，这样有利于管理和免疫预防，有利于实际的生产管理。每一批生猪生产完成后，即对畜舍进行全面消毒，有效切断疫病的传播途径，防止病原微生物在猪群内形成连续感染和交叉感染。这样的全进全出制度随着养殖规模的不断扩大、养殖技术的集约化而显得更加重要。全进全出制在猪群的疫病控制中发挥了重要作用。

济源市南山牧业猪场生猪复养情况

——南山牧业增养复养经验

一、南山牧业猪场基本情况

南山牧业猪场位于河南省济源市承留镇，该村位于济源市西南部，属于浅山区，方圆几千米都绿树环绕，空气清新。2009年，石海全投资100多万元在距村2千米外的荒坡地上建起了猪场，取名南山牧业。在他的苦心经营下，猪场规模一年比一年壮大，到2013年，年出栏量已经超过1 500头。生猪市场有起有落，但总体上，这10年时间老石养猪还是赚了，除支付3名饲养人员工资、供两个孩子上学和家庭必要的开支外，节余的部分老石又都投到猪场上，用于扩大再生产了。

就在老石养猪风生水起的时候，2018年下半年，非洲猪瘟席卷全国，面对突如其来的非洲猪瘟，老石和其他养殖户一样充满恐惧，虽然他养的猪暂时安全，但仍然害怕发生万一。就在2019年新年来临之际，他还是痛下决心，把场里的能繁母猪全部抛售，就连怀孕母猪也处理了，只留下200头小猪小心饲养着。

二、复养增养采取的主要措施

首先是对猪场内外进行大清洁、大消毒。从生产区到生活区，从地面道路到明沟暗渠，从圈舍房顶、墙体到设施设备，一个死角不留，几种消毒液交替使用，全面冲洗消毒，2019年一年仅消毒液就花费了五六万元。彻底消毒以后用高压水枪再冲洗，冲洗后又用火焰枪进行高温消毒，消完毒以后空栏放置2个月备用。

系统消毒工作完成后，在留下来的200头小猪中挑选了60头母猪作为后备猪培养，开始了复养。

投资5万元建立消毒室，严格人员、车辆出入管理。每次进场，要把场区外的衣物全部脱掉，洗澡后更换场区内工作服方可进场。场区外衣服与场区内衣服分区存放。每周2次对场区进行大消毒，每次卖猪或进料后全场也要大消毒。

为防控疫情，石海全辞掉了3名雇用人员，全家齐上阵，进行家庭养殖。家人几乎与外界隔绝，生活必需品能一次买完的绝不出去两次，即使是食用的蔬菜，买回来后都要在消毒室搁置一天再用。自非洲猪瘟暴发以来，全家人没有从外边买过一次猪肉。

为减少饲料购入次数，将原来的买浓缩料加玉米等原料自配改为现在的直接买全价料。每次进料都卸在场区门口，再由场内车辆倒入，所有外来车辆禁止进入场内。

在饲养管理方面，降低猪群饲养密度，原来一个圈舍养 40 头，现在只养 20 头。同时，给猪提供质量安全、营养全面的放心饲料，增强猪体免疫力。

三、复养增养成效

目前，南山牧业存栏能繁母猪 40 头，后备母猪 20 头。5 月又刚生了一批猪娃，8 月有 300 多头猪出栏，5 月刚生的猪娃赶到年关上市，预计全年累计出栏生猪将达到 1 000 头，养殖规模基本恢复到疫情前的 70%。

四、经验和启示

（一）疫病防控不可小视

过去对疫情的危害性认识不足，总认为它看不见摸不着，没有那么邪乎，甚至认为专家是在吓唬人。通过非洲猪瘟，我们深刻感受到疫病防控是决定养殖生死存亡的关键。

（二）疫病防控必须是全方位的

从内外环境卫生到定期消毒，从人员、车辆管理到饲料的采购入场，从饲养人员用餐到洗澡换洗衣服，只要是与养殖场有接触的人和物都必须严格把关，做好防控。

（三）疫病防控一定要关注细节

就拿进场洗澡更衣来说，过去都是在一间屋子里完成，现在要把一间屋子隔开，分污区和净区，设置单向通道，不能走回头路。

（四）疫病防控要形成制度

要把专家的意识转变为生产场长的意识，转变为每一个饲养人员的自觉行动，从防疫消毒到饲料采购，从饲料投入、饮水到养殖场废弃物处理都要有工作标准，要形成制度，切实抓好落实。

孟州市蓬祥养殖场重防疫、严管理，生猪复养增养效果明显

一、养殖场基本情况

孟州市蓬祥养殖场是集育、养、加、销于一体的现代化大型养殖场，位于河南省孟州市化工镇横山村南，由河南省畜牧规划设计院设计，由出资人孔伟建设并经营。该场遵循生态畜牧的原则，种猪场基础设施完善，采用高标准、先进、适用的饲养和环境管理技术，实现猪舍宽敞舒适、空气质量良好、有效控制疫病、环境清洁优美。整个猪场规划总面积 80 亩，投资 1 500 万元，拥有标准化猪舍 25 栋，主要养殖品种为大白、长白二元母猪和大白、长白、杜洛克三元仔猪。办公及生产用房、水、电、路、防洪隔离设施、消毒设备、粪便处理设施等配套齐全。当前全场生猪存栏超 2 000 头，其中妊娠母猪 220 头、后备母猪 100 头、商品肉猪 1 400 头、新生仔猪 290 头，预计全年可出栏商品猪 3 500 头。

二、采取的主要措施

该场面对突发的非洲猪瘟疫情，经历生猪价格下跌，深受重创，直接损失达 800 多万元。非洲猪瘟疫情过后，该场积极复工复产，聘请有多年养殖经验的兽医和畜牧专家作技术顾问，制定了严格的管理和消毒措施及免疫程序，从种猪管理到育肥猪生产均严格执行生猪无公害生产操作规程，制定了切实可行的生产目标，生猪复产有序推进。

(一) 坚持有效消毒

该场增加消毒次数，严格消毒程序，确保消毒效果，有效切断病原体的传播途径。

1. **选取不同消毒药交替使用**　选用 3 种以上不同成分的消毒药交叉使用，而非长期使用一种药物消毒。因为长期使用单种消毒液，场内的病原微生物会产生一定的抗药性，达不到良好的杀毒效果。消毒药物种类包括双季铵盐、过氧乙酸等。

2. **掌握消毒方法**　环境消毒每周 1 次，猪舍消毒每周 2~3 次，消毒时将药液以喷雾形式射向空中，有利于净化空气。一般消毒水使用量达到 80 毫克/米² 为宜。在实践过程中发现，当猪舍空栏时，使用 2.5% 的烧碱水浸泡 24 小时，再用清水冲洗干净，干燥 1 周后进猪消毒效果较好。

3. **其他工作** 严格场区人员物资进出登记消毒，完善门岗消毒设施设备，改善周围环境，切断病原传播途径。

（二）饲料营养均衡

全面营养的饲料是猪群保持健康的基础，后从母猪饲料做起，确保营养均衡，尤其是亚油酸补充充分，才能提高仔猪初生重和均匀度。根据不同阶段及时调整饲料配方，才能充分发挥猪群各阶段的生产优势，达到养殖效益最大化。

（三）合理饲养密度

根据季节不同调整猪舍密度，一般情况下，冬季密度可稍大一些，夏季必须降低饲养密度，保持良好的通风。

（四）把握猪舍温度

根据不同的季节变化，控制舍内温度，尽可能缩小温差。冬季在做好保温的基础上重视通风，防止猪群呼吸道疾病的发生。

（五）针对性进行免疫

该场根据本地疫情发生情况制定了本场的免疫程序，比如当保育成活率达到 98% 以上，猪群均匀度整齐，双月龄体重达到 24 千克左右时，可以不进行蓝耳病疫苗免疫。

（六）强化药物保健

根据不同的季节，合理选择有效的保健药物连用一个疗程，停药两天再用一个疗程，这样才能净化猪群，不要长期不间断地使用含量不足的药物。一般能饮水的药物不拌料、能拌料的药物不注射，猪群稳定的情况下坚持每 2 个月保健一次，猪群不稳定时每间隔 20 天就要保健一次，做到外灭病原、内强猪体。

（七）制定驱虫计划

仔猪断奶前驱虫一次，怀孕母猪产前两周驱虫一次，仔猪 2 月龄前后再驱虫一次，种公猪每年春秋两季各驱虫一次，药物选用伊维菌素。

三、复养增养成效

猪场围绕着"科学运畴推转型、抓住机遇谋发展、精细管理促提高"的发展主题，以不断科学改造升级栏舍硬件设备为推手，提高养猪效率；以持续推进落实精细化管理为抓手，促进猪场生产和经营管理全面提高。2020 年已出栏仔猪 800 头，售价 1 900 元/头，利润达 1 300 元/头，预计全年出售生猪 3 500 头，生产逐步恢复。

四、复养增养取得的经验、启示和建议

（一）积累经验和启示

1. 抓好冬春季防疫封闭戒严工作 冬春季是疫情高发期，猪场迅速实行防疫封闭，戒严管理，严格控制人员进出和车辆进出并及行消毒，采取积极主动的措施防止病源侵入。

2. 认真做好免疫注射工作 猪场根据不同季节的特点，有针对性地进行抽血送检，再根据不同的检测结果迅速调整疫苗免疫程序。在检测上做到提前预警，在调整疫苗程序上做到有的放矢，把握住了疾病控制的关键环节。

3. 严格实行全进全出的饲养方式 对各阶段的弱残僵猪只进行彻底隔离，特别是产房和保育阶段的病残猪，在隔离舍精心护理健康后，直接转入育肥圈育肥出栏，确保了正常猪只的高出栏率。

4. 施行精细化管理 以精细化的操作规程为指导，结合以往生产经验，统一制订各岗精细化考核表，细化各项日常工作的操作规范，覆盖整个生产环节和流程。

（二）发展建议

猪场要围绕生产、经营主体思想做好精细化管理工作。一是追求"三多"，即多产、多活、多育成，实现高水平生产；二是规范引种工作，选择低风险正规种猪场引种，做好种猪进场隔离工作；三是严格场区封锁消毒工作，杜绝外部疫病的传入；四是分猪群加强精细饲养管理，最大限度实现"三多"。

长葛市良迎农牧有限公司复养之路

长葛市良迎农牧有限公司种猪养殖基地位于河南省长葛市南席镇曹碾头村，东邻兰南高速公路，西临京广铁路、107 国道，南临 311 国道、325 省道，交通便利，区位优势突出。地处粮食主产区，周边无工业污染，地势平坦，土地肥沃，自然资源丰富，环境优美。基地目前占地 130 亩，总投资 3 000 万元，按照国家一级种猪场的建设标准进行建造，与安徽大自然种猪育种有限公司（国家核心原种猪场）合作，专业从事丹系种猪育种。基地原有优良祖代种猪 1 800 多头，每年可向社会提供 18 000 多头优良种猪和 20 000 余头商品猪。

一、良迎公司基本情况

1. **基础设施完备** 公司按照先进的设计理念，采用最先进的分厂区式生产工艺，将生产基地分为母猪场、种猪培育场、育肥场三个区域进行分布隔离饲养，引进国际先进设备，使场区达到自动通风、自动加热保温、自动定量喂料、自动管道排粪、自动喷雾消毒、自动沼气发电、自动测定种猪生产成绩。在此基础上，公司采用具有生态环保功效的干撒式发酵床养殖技术，结合自行研制的"全日光发酵床猪舍"（于 2012 年 10 月获国家专利），做到了猪舍不清粪、不冲圈、无臭味、免冲洗、零排放，达到了节能减排、废物处理、生态发酵、循环利用的效果，有效解决了养殖污染问题，做到了真正意义上的生态养猪、环保养猪、科学养猪。

2. **软件系统先进** 在种猪选育方面，公司采用 GBS 育种软件、背膘测定仪和 BLUP 选育法来辅助种猪选育。种猪生产采用早期断奶、批次全进全出的生产模式，运用先进的种猪管理技术，把握种猪生产技术的最新动态，保证种猪的生产性能，最大限度地满足客户的需求。公司产品主要为丹系杜洛克，长白，大约克公、母猪。种猪经过测定，按等级出售，坚持做到不合格的种猪不出场，售出的种猪跟踪服务。公司种猪具有体型好、生长速度快、产仔数多、出肉率高、杂交优势明显、适应性强的特点，平均 30 千克以下体重均日增重 460 克以上，30～100 千克体重均日增重 965 克以上。母猪发情明显，乳头多且排列整齐，初产产仔数为 11 头以上、经产 13 头以上，仔猪成活率高。公猪骨骼粗壮、性欲旺盛、精液质量好、利用年限长。公司的种猪深受广大用户好评，并在省内外享有较高的声誉。

3. **获得多项荣誉** 经多年努力发展，公司已成为河南省生猪标准化建设、清洁养殖的典型代表，并先后荣获"河南省生猪无公害农产品产地""畜禽标准化养殖示范场""全国生态示范场""许昌市委共青团先进单位""长葛市优秀企业""长葛市畜产品安全先进单位""干撒式发酵床技术的使用示范基地""众品集团指定无公害生猪养殖基地"等荣誉。

4. 遭遇疫情困难　2018年生猪价格暴跌，本就亏损的行情又遭遇疫情，跨省禁运致使种猪销售迟缓，仔猪有价无市，大量积压，饲料、疫苗费用倍增。生产资金周转困难，饲料供应严重不足，造成猪群不稳定，母猪淘汰率增加，工人工资拖欠，仅饲料、疫苗、生产就需资金700万元，工人工资、土地租金需200万元。屋漏偏逢连夜雨，2019年年初，公司又遭遇疫情，雪上加霜，短短数月猪群死伤达2万余头，最终导致清场，经济损失达3000余万元，给企业造成毁灭性打击。

二、复养增养主要措施

1. 反思调整　疫情过后，企业痛定思痛，反思不足，认识到自身对待疫情过于轻视，生物安全防控意识淡薄。受疫情的影响，资金断裂，依靠企业自身实现复养已不现实，只能积极寻找同行业合作伙伴。在经历千辛万苦、克服种种苛刻条件后，天无绝人之路，公司跟国内知名农牧企业达成适合自身条件的合作，并投资900余万元对厂区基础设施、生物防控进行全面升级改造。

2019年前后，非洲猪瘟病毒在我国肆虐，已形成了一定的污染面，我国相对落后的生猪生产消费方式等因素导致非洲猪瘟形势复杂严峻。据调查，我国非洲猪瘟的传播途径主要有3条：生猪及其产品异地调运传播、人员车辆携带病毒传播和餐厨剩余物喂猪传播。其中人员车辆携带病毒传播占比达到了41.5%，而猪场车辆带毒传播又是其中关键，所以，企业建设清洗消毒中心迫在眉睫。应从运输环节降低病毒传播风险，提升生产厂区内外的生物安全水平，进一步防控非洲猪瘟。

2. 计划建设内容

（1）基础建设。对圈舍进行升级改造，进行生产区车间连廊建设，建立含二级洗消点的洗消中心。一级洗消点用于车辆清洗、消毒，二级洗消点含车辆洗消点、人员洗消点。建设清洗车间、烘干车间、人员淋浴房、车辆密闭消毒用房、集水池、沉淀池、化粪池等，配套地面硬化、绿化、围墙等基础建设。

（2）设备设施。购置臭氧发生装置2套，车辆喷淋装置1套，淋浴用品和防护服、鞋套等，发电机，自动化清洗消毒系统以及其他辅助设备，对进出养殖场清洗后的运猪车辆进行再清洗、消毒、烘干，确保养殖场生物安全。

非洲猪瘟病毒的影响使养猪企业遇到前所未有的困难，已陷入阶段性深度亏损，上述设施的建设目的也是为促进养猪业的稳步发展，保持养猪业的基础稳定。

3. 初步复养　清场后，养殖场开始了长达近7个月的全场无死角消毒，经检测已达到阴性场。经近一年的全场翻新、建设、消毒后，分阶段上猪，到2019年7月初共引进3800头母猪进行复养，计划年出栏生猪8万余头。

4. 加大防控，杜绝病源　时刻保持较高的免疫水平，严格按照防疫程序进行防疫注射，特别是春秋两季的集中防疫与常年及时补防、补免相结合，防疫密度达到100%。消毒工作贯穿于猪饲养的全过程及各个环节，把好猪舍、环境、进出车辆、人员等出入口消毒关，切断疫病传播途径。对人员进行防控知识培训，提高防控意识，定期抽样检测，严密部署，做好防控工作。

5. **自配饲料，降低成本**　饲料费用占养猪成本的70%，降低饲料成本对增加养猪效益至关重要。自配饲料可提高饲料消化吸收利用率，改善猪肠道菌群，保障猪群健康，从而满足生猪生长需要，降低养殖成本。

6. **自繁自养，稳定猪源**　生猪养殖，母猪是关键。猪场在价格低迷时坚持自繁自养，持续培育能繁母猪；在价格回升时，利用自有种公猪站的优势，为母猪提供稳定可靠的种猪精液，保障母猪产仔扩群和仔猪供应，实现产能恢复，从源头上保障生产稳定。

三、获得的经验

1. **注意防控管理**　加强饲养管理，科学防控和精细化管理是保障猪场在非洲猪瘟大环境下生存发展的前提。公司坚持"以养为主，防养并重，防重于治"的总方针，通过科学防控、科学饲喂，实现生猪死得少、长得快。同时，搞好综合防控，抓好"三管""三度""两干""一通"，即管理好饲养员、管理好猪群、管理好环境，保证好猪舍的温度、湿度和饲养密度，保持舍内清洁干净与干燥，坚持舍内四季通风、空气流动，并做好生猪调运、病死猪无害化处理各个环节的防控工作。

2. **严控饲养成本**　饲料成本在生猪养殖成本中占资金比较大，目前成品饲料的售价通常较高。因地制宜、合理利用本地饲料资源，不但能够减少成品料的使用量，还可减少饲料的运输费用，为养殖效益提供空间。

从跌倒的地方爬起来

一、养殖场户基本情况介绍和当前生猪生产情况

郑州三泰农牧科技有限公司是一家年出栏生猪 10 万头的集约化商品猪场，注册资本 3 000 万元。猪场占地 245 亩，猪舍建筑面积 56 000 米²，现复产存栏生猪 7 600 头，配套有无害化处理厂、生物肥加工厂、2 000 亩生态观光农业园。猪场位于荥阳市王村镇邙山岭南坡，东西两面被果园和绿化树所围绕，北面是一望无际的万亩鱼塘，南面是长 600 米（约 50 亩）的果园绿化隔离带，周边 3 千米内没有养猪场。邙山 20°的阳坡为猪场的空气流通和粪水收集提供了得天独厚的自然条件，被当地同行称为养殖宝地。

近年来，公司的快速发展得到了各级政府的高度认可，先后被授予"河南省农业产业化经营重点龙头企业""国家畜禽养殖标准化示范场""郑州市现代农业科技创新型龙头企业"和"河南省循环经济试点企业""河南省十佳科技型最具信赖品牌企业""河南省科技型中小企业"等称号，2019 年被评为"河南省美丽牧场"。

公司于 2019 年 11 月购保育猪 5 000 头进行低密度试养，经过 5 个月提心吊胆的饲养，生产相对稳定，育成成活率 93%，于是，在 2020 年 4 月下旬又购进保育猪 3 800 头，现总存栏 7 600 多头，生产一切正常。

二、复养增养的主要历程和采取的主要措施

（一）复养增养的主要历程

2018 年下半年，一场突如其来的猪非洲猪瘟疫情像脱缰的野马，在人的围追堵截下，仍然肆无忌惮地席卷我国的大江南北，造成我国生猪存栏量下降 40% 之多，使消费量占肉食品消费量 70% 多的猪肉成为奢侈品，价格一度达到 60～80 元/千克，使普通老百姓望猪肉兴叹，同时也带动我国的物价指数上了一个新的台阶，几乎拉动了国内又一个物价上涨周期。可以说，这次疫情影响之大，是前所未有的，同时，这次疫情既悄悄改变着大家的饮食习惯，也改变了养猪行业经营者的思维习惯。

为了保证复养成功，公司高层管理技术人员坚持"走出去"，拜访专家、向防控成功养殖场学习，对照找出自己管理上的不足和漏洞，借鉴别人疫控方面的成功经验，整理出适合自己场区的疫控管理方案，并一丝不苟地实施推广下去。

1. **场区及周边内外环境彻底消毒** 公司对猪舍、饲养地及疫控的设施设备、内外环境进行了近半年的彻底清洗消毒和更新升级改造，例如根据非洲猪瘟为高度接触性传染病的特点，把所有漏缝围栏改造成实墙，更新饮水系统等。然后，对消毒过的场区进行多角度、多方位的采样检测，并邀请畜牧局现场抽样检测。在完全阴性的情况下，先小密度地

饲养 1 000 头大保育猪，经过 1 个月的稳定生产，再继续扩大猪群规模，慢慢达到正常生产水平。

2. **疫控人人参与、人人有责** 公司制定了完善的管理制度与流程，同时有配套的奖罚机制与监督机制。把制定出来的制度流程在公司内部反复宣讲培训，通过考试让所有员工熟记于心，作为行动指南，形成习惯。员工间相互监督，切切实实地认真实施，责任一级一级落实到人。这些疫控措施的严格实施，确保了猪群健康稳定，收到了明显效果。

（二）复养增养采取的主要措施

（1）精细化区别管理，划分功能区。区与区之间不交叉，物流、人流严格消毒。场区分为外围检测区（第一隔离洗消区）、外置功能区（含第二隔离洗消区）、生产生活区（含第三隔离洗消区）、生产核心区。

（2）建立洗消中心。洗消区划分清晰明确，猪车、料车使用独立的通行道路和烘干消毒房，确保净道、污道严格分离不交叉。

（3）彻底消毒。进猪前利用消毒药喷洒浸泡、火焰喷枪、熏蒸、高温等多种手段，对环境、设备、设施、办公生活区域等进行彻底消毒，不留死角。

（4）建立疫病检测室。对所有进入场区的人、物进行非洲猪瘟检测，杜绝携带病毒进入第一隔离消毒区的情况，并定期对生猪、核心生产区、外置功能区进行病毒检测。

（5）猪场周边建防鼠墙，防止病毒携带者（老鼠、流浪猫、流浪狗、野生动物等中间宿主）进入场区。

（6）为了杜绝因外来料车带来的交叉感染，建设 5 座外置饲料周转塔，确保饲料周转的生物安全。

（7）合理布局并管理好 5 个"地狱之门"，包括装猪台（要远离场区）、病死猪存放处理区、引种隔离区、病猪隔离区、外来人员洗澡隔离区。

（8）提升养殖核心区疫控。所有与生产无直接相关的配套功能区外移出生产区；降低养殖密度；做好环控，改善猪生长环境；批次生产，全进全出；所有进入猪场核心区的人员、物资彻底隔离消毒，检测病毒阴性后才能进入生产区；建立内部转运体系，禁止一切外来车辆进入；采取净污、雨污分离等措施。

（9）采取技术措施。通过对养殖环境、养殖密度的改善，以及做好季节性中药保健，提高生猪的抗病能力和健康水平。

三、复养增养成效

由于采取了以上严格的管理办法和管理措施，虽然公司的管理成本增加了 30%，但复养半年来，猪群健康稳定，未发生各种传染病，死残率都在正常范围内。现有猪价 34 元/千克，给公司带来了较为理想的利润，同时也增强了公司下一步复养增养的信心。

四、反思、启示和建议

1. **反思**　以前养猪相对粗放，把降成本、提效益放在第一位，能省就省，能不做就不做，把主要精力和资金都放在了通过品种改良改善体型、降低料肉比、用激素调节生殖等人为缩短配种和饲养周期上，增加单头母猪的贡献率；通过提高密度、扩大规模来提高规模效益；把猪只变成创造利润的机器，忽视了通过圈舍的环境改善和提高动物福利，提高猪的抗病力和改善猪的体质来降低易感性；忽视了装猪台的外移、对进出核心区人员及物品的严格消毒、对消毒防疫制度的有效执行等，防鼠、防鸟、防蚊蝇等疫病阻断措施执行力度不够，造成老的传染病继续肆虐，新的传染病暴发式出现，疫苗来不及打，疫情面前只有亏损。

2. **启示**　改变思路，在做疫控的前提下才能谈利润。

3. **建议**

（1）疫情发生了，不要隐瞒，积极面对，将防疫由一个场一个区域的责任变成全行业的责任。隐瞒就是放纵，倾巢之下无完卵。

（2）疫情大暴发时，要做好防控，同时积极配合社会，做好各个环节的疫控工作。

（3）对养殖环境、生猪、物品定期检测，消除非洲猪瘟阳性情况，不给传染病发生创造条件。

（4）做好宣传和员工培训教育，由只有老板重视防疫变为全员疫病防控。

湖北恩施五洲牧业股份有限公司
生猪增养情况

恩施五洲牧业股份有限公司成立于 2008 年 9 月，注册资金 5 000 万元。公司位于湖北省利川市农业科技园（汪营镇苏家桥村 11 组），占地面积 300 亩，是一家集生猪养殖、生物饲料及有机肥生产于一体的大型现代化、生态能源型、循环经济型、种养及农旅结合型企业，是州委、州政府，利川市委、市政府重点扶持的"湖北省农业产业化重点龙头企业""高新技术企业""湖北省省级储备肉储备基地场"和"湖北省民族团结进步示范经营户"。

一、基本情况

公司下辖部级标准化规模 5 万头生猪养殖场、5 万吨生物饲料厂、5 万吨生物有机肥厂、利川市洁牧动物无害化处理有限公司、湖北向阳坪生态旅游开发有限公司和湖北五洲牧业专业合作社 6 个直属机构，拥有注册商标"晟唐"及发明专利 3 项。

公司内部机构健全，管理制度完善，拥有一支"优质、专业、健康、和谐"的专业团队，现有职工 100 余人，其中中层以上管理人员 32 人。

养殖场共有 55 栋猪舍，2019 年出栏生猪 2.8 万头，现存栏生猪 21 000 多头，其中能繁母猪 2 100 头。

十多年来，公司从小到大，从弱到强，实属不易，由 2007 年存栏母猪 600 头的万头养殖场，发展成为现在存栏母猪 2 100 头、年出栏 5 万头的生猪养殖场，已具备成熟的养殖、防疫技术体系，实现了繁殖、妊娠、保育、育肥 4 个车间流水式作业以及自动供料、自动供水、自动供暖。公司的发展壮大为恩施土家族苗族自治州的生猪养殖提档升级起到了示范作用，为社会经济发展、农民工就业做出了应有的贡献。公司是恩施土家族苗族自治州涉农企业中规模较大、管理规范、业绩突出的一家知名企业，是历届州委州政府、市委市政府重点支持的企业。

十多年以来，公司已形成一套成熟的养殖防疫技术体系，实行精细管理、科学养殖，抵抗了蓝耳、口蹄、猪瘟疫情的影响，承受了 4 次周期带来猪价低迷的压力，从未暴发大的或毁灭性的疫情。同时，投入巨资完成环保升级改造，实现了废弃资源循环再利用，环保达到"零排放"。

二、复养增养历程和措施

2018 年 10 月，公司成立了由董事长任组长的非洲猪瘟防控领导小组，并对公司养殖场实行封场管理，特别是 2018 年 11 月周边县市（重庆石柱等）发生非洲猪瘟疫情后，公司对进出人员、车辆、周边经过车辆进行了严格的消毒和控制。在严格的封闭式管理下，公司养殖场未发生非洲猪瘟疫情。2019 年 7 月，由于养殖场能繁母猪存栏减少，需跨省从重庆巫山调运种猪 700 头，在经向湖北省畜牧兽医局和重庆市畜牧兽医局备案，并制定了严格的运输管理制度和引种后的隔离、饲养管理制度后进行了引种，引种后未发生任何疫情。

采取的主要措施有：

1. **饲料**　原材料禁用血浆蛋白粉（2018 年 6 月前已经停用）。所有原材料入库后以有机氯熏蒸消毒。

2. **药物**　药品及疫苗入库后以有机氯熏蒸消毒。

3. **车辆及人员**　外来拜访人员及内部员工上下班车辆一律停在公司外，不得入内，禁止其他猪场人员、供应商、购猪或运猪人员进入公司内。

运送生产原材料和生活必需物资的车辆，进入场内时必须在门卫处严格消毒。消毒方式为：戊二醛消毒液整车喷雾消毒，驾驶室有机氯熏蒸消毒。

人员必须通过消毒通道消毒进入，并在门卫处再用消毒药洗手、消毒药浸泡鞋底。

4. **服装**　公司外勤及饲料厂工作人员上下班必须更换衣服。

5. **消毒**　封锁区每天一次喷雾消毒（苯酚类消毒液），每三天一次喷雾杀虫（杀虫剂），每半月一次灭鼠。

6. **出售肥猪时运猪车的选择和消毒**

（1）运猪车专车专用。定点一部专车运输需要出售的肥猪。

（2）运猪车在装猪前必须在距离场区两千米以外处清洗车身，到达场区后，车身在门卫处彻底喷雾消毒，驾驶室熏蒸消毒，驾驶员手、脚消毒，并等候 30 分钟以上，然后才可以进入上猪台。

（3）所有肥猪出售后只许出不许回，禁止购猪车辆上的人员靠近出售台，禁止猪场人员靠近拉猪车。装猪完毕后，马上对装猪台区域进行消毒，30 分钟后再彻底清洗。

7. **日常消毒程序**

（1）大猪、种猪每日两次带猪无死角消毒。哺乳仔猪每日 1 次带猪无死角消毒。

（2）生产区环境每日 1 次消毒，每 3 日 1 次使用杀虫剂消灭飞行类昆虫，每半月 1 次灭鼠。

（3）死亡猪只由专人负责收集并运送入冻库。转运人每次都必须做好本人身体以及运送死亡猪只的车辆和冻库周边地面的消毒工作。

（4）生产区员工必须着工装上下班，换洗工装时必须用消毒液浸泡 30 分钟以上后方可清洗。

三、成效

从 2019 年 10 月开始，公司为了增加母猪存栏，严格按照相关程序和条件，从自有养殖场（含 2019 年 7 月在重庆巫山调运种猪 700 头）的三元母猪中择优选择三元母猪 1 000

头，现能繁母猪存栏达 2 100 多头，有后备母猪 500 多头，公司的生猪产能得到有效恢复，同时促进了公司产业转型升级。

四、建议

1. **落实防控关键措施**　首先要净化养猪场的外部环境；养猪场要在自动饲喂、环境控制、疫病防控、废弃物处理等方面进行设施的改造升级，提升养猪场内的生物安全防护水平；要做到封闭饲养、清洗消毒、隔离观察、空栏净化、人车物管控，尽量做到全进全出。生猪疫苗和疫苗注射等防疫措施严格按照国家规定和公司防疫程序及防疫制度进行操作和管理，非洲猪瘟病毒每 7 天送检一次。

2. **提升兽医从业人员素质**　对于养殖场等企业的兽医服务人员，要定期开展法律权利义务、动物防疫规范和要求等培训，全面提高人员工作能力和法制意识。

3. **规范防控流程**　由主管部门按照国际惯例及其他省份、地市的先进经验，结合本地实际，规范防控流程，要求各养猪场各环节严格按照防控流程操作，为猪场复养奠定基础。严格落实兽医管理、养殖档案、检疫申报及疫情报告；完善生猪运输车辆备案管理制度，严格落实生猪运输车辆清洗消毒制度。

4. **推广"公司＋农户"的养殖模式**　建议中小养猪场与大型养猪企业合作复养，有效解决缺乏技术和资金的问题，提高抗风险的能力，通过龙头企业的带动，快速促进生猪复产增养。

生猪复养增养典型案例

——湖北石首牧原农牧有限公司

为恢复生猪生产，湖北石首牧原农牧有限公司（以下简称"石首牧原"）积极贯彻落实农业农村部《加快生猪生产恢复发展三年行动方案》安排部署，扎实做好疫情防控工作，通过出台相关扶持政策、加快员工技术提升、加大公司人才培养及经济投入等措施，巩固扩大生猪生产，恢复稳健发展。

一、石首牧原基本情况介绍

（一）基本情况

石首牧原系牧原食品股份有限公司之全资子公司，是 2017 年石首市重点招商引资企业，是荆州市级农业产业化龙头企业。石首牧原成立于 2017 年，目前注册资本 30 600 万元，位于湖北省石首市，经营范围包括畜禽养殖及销售、良种繁育、粮食购销、饲料加工和销售、畜产品加工与销售、猪粪处理。

（二）当前生猪生产情况

受非洲猪瘟、猪周期影响，全国生猪生产产能出现较大幅的下滑，截至 2019 年 12 月，能繁母猪存栏同比下降 31.6％，生猪存栏同比下降 32.7％。而截至 2020 年 4 月，石首牧原能繁母猪存栏同比增长 390％，生猪存栏同比增长 85.53％（表 1）。

表 1 石首牧原 2020 年 4 月底生猪存栏情况（头）

生产线	合计	石首 1 场线	石首 2 场线	石首 4 场线	石首公猪站
能繁母猪	23 029	12 572	7 995	2 462	0
生猪	147 100	40 185	103 577	3 225	113

二、石首牧原复养增养的主要历程和采取的主要措施

（一）复养增养主要历程

截至 2019 年 12 月，石首牧原能繁母猪存栏同比增长 242.89％，生猪存栏同比增长 20.24％。相对 2018 年，2020 年 4 月底，能繁母猪增长了 18 890 头，生猪增长了 63 795

头（表2）。

表2 石首牧原2018—2020年4月底各场线存栏情况（头）

生产线	2018年		2019年		2020年4月底	
	能繁母猪	生猪	能繁母猪	生猪	能繁母猪	生猪
合计	4 139	83 305	14 192	100 163	23 029	147 100
石首1场线	4 139	10 922	4 875	23 709	12 572	40 185
石首2场线	0	4 949	8 802	75 815	7 995	103 577
石首4场线	0	67 411	515	520	2 462	3 225
石首公猪站	0	23	0	119	0	113

（二）复养增养的主要措施

1. **政策支撑措施** 在我国，生猪养殖业是农业的重要组成部分，猪肉是大多数城乡居民的主要肉食。因此，生猪养殖行业的健康稳定发展，对于我国农业的整体发展和人民群众"菜篮子"的供应都至关重要。为了缓解非洲猪瘟、猪周期对生猪养殖业和居民食物供应的不利影响，改善城乡居民的饮食结构，提高居民生活水平，农业农村部在《加快生猪生产恢复发展三年行动方案》中从18个方面进行了全面部署，要求各省（区、市）按新的形势和要求，进一步细化三年生猪生产恢复任务目标，大力推进生猪复养增养行动计划。同时，国家在区域发展、养殖模式、用地支持、税收优惠、资金扶持等方面出台了诸多政策，鼓励生猪生产企业向专业化、产业化、标准化、集约化方向发展。

2. **管理规范措施** 石首牧原为实现跨越式发展，坚持"技术领先，管理高效"的指导思想，不断加快企业科技开发步伐，提升其管理水平。根据石首牧原建设的实际需要，专门组建机构及经营队伍，负责项目规划、立项、设计、组织和实施。在经营管理方面制定行之有效的企业管理制度和人才激励制度，确保公司按照现代化方式运作。针对非洲猪瘟，石首牧原制定各项隔离、消毒制度和措施，严格管理场区人员流动。

3. **技术提升措施** 石首牧原拥有一支作业技术纯熟、诚实敬业、年富力强、精干高效的技术人员和生产工人队伍，为公司的稳健高效发展奠定了雄厚的基础。同时，石首牧原还着重对生猪的生产技术进行研发，结合当前生猪养殖基地建设材料市场需求，不断提高生产技术水平。

目前，石首牧原已做了大量前期准备工作，且拥有国内一流的技术队伍，资金实力及人才优势较强。石首牧原根据自身发展需要，整合国内优势资源和研究力量，紧跟国内国际先进技术发展脚步，不断缩短技术更新周期，对生产各环节进行全程质量控制，确保技术水平的先进地位。其中，公司研制的"早期断奶的乳猪用饲料组合"具有适口性好、易消化吸收、成本低、转化率高等优点，目前，该项技术已获得国家发明专利。同时，公司自行研制的自动化饲喂系统大大提高了生产效率。公司研发设计出的各类猪舍及相关养殖设备等先后共获得25项发明专利、514项实用新型专利和3项外观设计专利。

4. **人才培养措施** 近年来，公司陆续从各大专院校招聘各专业优秀毕业生，增添了公司人才队伍的新生力量。核心技术人员与新生力量相互结合，逐步形成一支拥有良好人才梯队的技术和研发团队。公司培养的一大批饲养经验丰富的优秀饲养员和专业技术人员，为提高公司生产效率、降低疫病对生产的影响做出了贡献。公司自育、自繁、自养的大规模一体化经营模式，有利于养殖技术及经验的积累传承，有利于专业化养殖人才培养，从而为公司快速扩大提供了人力资源保障。

5. **经济投入措施** 石首牧原生猪养殖项目总投资约 8.6 亿元，由 8 个规模化养殖场、饲料厂、无害化处理中心、固粪处理区组成，养殖场主要集中在小河口镇、大垸镇、新厂镇、横沟市镇，全部达产后将年出栏 65 万头绿色无公害商品猪，可以改良周边种畜禽品种（表 3）。

表 3　石首牧原投资规划

场线	规模（万头）		投资额（万元）	进度
	繁殖	育肥		
石首 1 场	0.38	—	4 033.11	已投产
石首 2 场	0.75	—	13 354.95	已投产
石首 3 场	—	23	19 535.12	已投产
石首 4 场	0.27	5.4	8 913.31	部分投产
小料机组	9 万吨		1 298.54	已投产
小河公猪站一场	156 头种公猪		145.84	已投产
石首 6 场	0.92	18.75	12 711.83	在建中
石首 9 场	0.33	6.25	8 915.06	在建中
石首 10 场	0.36	7.5	5 983.93	在建中
合计	3.01	60.9	74 891.69	

石首牧原 1 场总投资 4 033.11 万元，建设存栏 2 170 头的母猪繁殖场，年出栏 43 400 头优质仔猪。石首牧原 2 场总投资 3 810.51 万元，建设存栏 2 170 头的母猪繁殖场，年出栏 43 000 头优质仔猪。石首牧原 3 场总投资 19 535.12 万元，建设年出栏 30 万头的优质商品猪育肥场。石首 4 场总投资 8 913.31 万元，建设年出栏 15 000 头的优质仔猪场。石首 6 场总投资 12 711.83 万元，建设年出栏 15 000 头的商品猪场。石首 9 场总投资 8 516.06 万元，建设年出栏 15 000 头的优质仔猪场。石首 10 场总投资 5 983.93 万元，建设年出栏 10 000 头的优质仔猪场。

三、石首牧原复养增养的成效

（一）产能的扩大

2017—2019 年，石首牧原出栏量增长了 927.76%，营业收入增长了 521.34%，净利润增长了 9 237.007 万元。2020 年第一季度的出栏量就达到了 2019 年年度的 35.78%，营业收入约为 2019 年的 47.91%，净利润约为 2019 年的 86.33%。石首牧原从成立到现在，产能大幅度提升（表 4）。

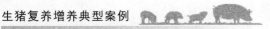

表4　2017—2020年一季度生猪销售情况

项　目	2017年	2018年	2019年	2020一季度
出栏量（万头）	0.121 6	7.230 2	11.403 2	4.080 6
营业收入（万元）	44.731 2	5 022.983 8	23 365.099 5	11 194.254 4
净利润（万元）	−118.72	493.08	9 118.287	7 871.61

（二）已投产场区周边就业及收入的提升

1. **石首1场**　建设期为周边提供就业岗位120个，带动周边农民增收，运营期提供正式就业岗位68个，其中管理人员4人、技术人员20人、生产人员32人，后勤人员12人，平均每人年工资5万元左右，常年需要零工或临时工60人左右。

2. **石首2场**　建设期为周边提供就业岗位120个，带动周边农民增收，运营期提供正式就业岗位57个，其中管理人员4人、技术人员16人、生产人员26人、后勤人员11人，平均每人年工资5万元左右，常年需要零工或临时工60人左右。

3. **石首3场**　提供正式就业岗位97个，其中管理人员6人、技术人员24人、生产人员55人、后勤人员12人，平均每人年工资5万元左右，常年需要零工或临时工40人左右。

4. **石首4场**　提供正式就业岗位80个，其中管理人员4人、技术人员22人、生产人员45人、后勤人员9人，平均每人年工资5万元左右，常年需要零工或临时工50人左右。

四、在复养增养和疫病防控等方面值得同行借鉴的经验、启示和建议

在复养增养过程中，要想取得良好效果，主要应做到以下四个方面的内容：其一，猪场的决策者及主要执行者应该对非洲猪瘟有足够的重视和科学的认识；其二，猪场的决策者及主要执行者需具备科学、系统的猪场生物安全知识和意识；其三，相应制度和规范应有效落地并得到监管；其四，加强对员工的绩效管理和人文关怀。以上因素会使猪场复养增养前的准备工作效果事半功倍，能有效查缺补漏，任何小的纰漏都可能导致复养增养难以成功。

科学防控非洲猪瘟　恢复生猪生产秩序

——湖北奥登农牧科技有限公司复养增养典型材料

一、基本情况

　　湖北奥登农牧科技有限公司位于湖北省天门市胡市镇六合村，是一家生产及销售饲料、商品猪和种猪的大型集约化、规模化养猪企业，是天门市市级农业产业化重点龙头企业、部级标准化示范场。公司依托长江大学、武汉轻工大学及湖北省农业科学院，走生产学研究相结合的道路，打造自己的品牌。

　　公司拥有员工40人，其中专业技术人员12人、中级以上职称8人，拥有固定资产6 700万元，占地总面积150亩，其中建筑面积24 000米²。正常年份存栏生猪15 000余头，其中长大母猪1 800头、杜洛克母猪10头、长白母猪10头、大白母猪180头、种公猪30头。建立了杜长大商品瘦肉猪的生产、繁育体系，形成了以优良品种为核心的饲料配合、防疫治病、生物安全、废污处理、人才培训等配套技术，建立了与大专院校、科研院所、高科企业广泛联系的技术依托链条。

二、复养增养主要历程和主要措施

　　2019年7月，公司猪场受周边非洲猪瘟疫情影响，所有猪群全部出栏或淘汰处理，空栏一月后，开始着手复养增养工作。

（一）猪场清理

1. 主要清理对象
（1）生产区。冰箱、冰柜、冷藏柜、干燥箱、显微镜、水浴锅、湿帘。
（2）生活区。主要清理食堂、办公区及废旧建筑物资。
（3）员工宿舍。进行统一调整。

2. 清理方式
（1）所有猪舍全部空栏，拆卸设施设备。
（2）废旧物品全部清理出售。
（3）所有物品（床、柜子、空调等）转移到生活区统一熏蒸或处理。

（二）猪场消毒

1. 清洗　使用高压清洗机（泡沫剂）清洗，标准是无残粪。

2. **杀灭** 使用火碱、卫可消毒剂对猪舍内的地面、栏舍、墙面屋顶等区域进行无死角喷雾，连续两天，标准是覆盖区淌水。

3. **高温消毒** 使用火焰枪对猪舍内1米以下空间进行无死角火烧（配备灭火器），标准是由最内角消毒到门口。

4. **白化** 使用20%的生石灰+3%的火碱对猪舍进行白化（包括明沟）。

5. **污水管道处理** 对管道进行封口火碱浸泡。

6. **修补** 加装纱窗，封堵老鼠洞孔。

7. **屋外处理** 清除场内杂草，并用生石灰覆盖，路两边用砖垒至高出地面20厘米左右。

8. **整体消毒** 对办公区、生活区、食堂、仓库、储物间、会议室、浴室等所有房间进行擦拭、消毒处理；对工作服装进行蒸煮消毒。

9. **道路消毒** 对所有路面进行火焰消毒，然后以20%的生石灰+3%的火碱白化。

消毒顺序：猪舍—生产区—生活区—猪场外围

三、生物安全改进

（一）猪场外部生物安全设施

1. **洗消中心（3个）** 拉猪车使用1个、拉料车使用2个。
2. **中转站（1个）** 仅用于猪只中转，为净污分区划清界限。
3. **烘干房（1间）** 位于猪场后门。
4. **场门口洗消点** 内部中转车用。
5. **物资熏蒸消毒室** 位于猪场后门烘干房内侧。
6. **人员洗消隔离区** 在猪场后门烘干房内侧。
7. **内部中转车（2部）** 断奶/转群用1辆、育肥猪中转用1辆。

（二）建立人员进猪舍流程

隔离（外部，2天）—进场大门（洗澡更衣，对外部衣服进行熏蒸，经过火碱消毒池）—生活区隔离（2天）—进生产区大门（洗澡更衣，对生活区衣服进行熏蒸并抽查检测，经过火碱消毒池）—到猪舍门口经过火碱消毒池并带好手套、帽子。

执行标准：衣服、鞋、帽子、手套臭氧熏蒸2小时以上；消毒池火碱浓度pH试纸比值14。

（三）建立猪群周转流程

（1）猪只赶出猪舍门口—进入转运猪笼—车辆运输。
（2）猪只送到猪舍门口—赶出猪笼—赶入各栏舍—插入实心栏门。

执行标准：每转运一个批次猪只，猪笼用火焰消毒一次；对车轮进行火碱消毒。

四、复养增养成效

对全场内外（猪舍、硬化路面、土壤、粪沟池、污水处理区、全场物资、饲料、水体、人员衣物和头发、食堂等）进行检测，结果均为阴性。

2019 年 12 月引种 300 头，2020 年 4 月引种 500 头，配怀妊娠 870 头，产仔 30 多窝。目前配种、妊娠、产仔、保育等生产环节已恢复正常，预计 2020 年出售仔猪、育肥猪 2 万头。

五、几点体会

（一）非洲猪瘟防控不能坐等疫苗

预防接种对保障我国养猪生产的贡献是不可磨灭的，人们还是希望有一种一用就灵的绝招来对抗日益严重的猪病问题。现在看来，寄希望于短期内能有疫苗解决非洲猪瘟防控问题不太现实。

（二）非洲猪瘟防控不能寄希望于灵丹妙药

在第 17 届世界猪病大会之后，"综合征"的概念传入我国。人们认识到综合征的复杂性，认识到存在病原与宿主、病原与病原、病原与环境之间的复杂作用，很多情况下，病原只是发病的必要条件而非充分条件，想要完全消灭病原是不可能的。

"药物保健"在当时的历史条件下是有一定积极意义的，药物保健是在原来的防控疾病思路"加疫苗"的思路下做了减法，减少病原种类，从而减少病原协同致病的概率。但药物保健也有几个致命的硬伤，一是药物只能杀灭猪体内的病原微生物（不包括绝大多数病毒），但是体内没有病原微生物的猪吃药有损无益。从这个角度上讲，建立在"杀灭"基础上的药物保健的确是"忽悠"。其次，不管是饲料加药还是饮水给药，在投药时都容易造成比较强壮的猪采食（饮水）过多药物，而弱小需要"保健"的猪药量远远不够。非洲猪瘟是一类烈性传染病，寄希望于治愈非洲猪瘟，目前还是一厢情愿。通过添加物进行猪群免疫调节和提高抵抗力，在面对非洲猪瘟时更多地起辅助性作用。

（三）生物安全防控体系迫切需要与时俱进的科学重建

生物安全不是口号，必须根据情况具体化。我们对生物安全防控体系的理解是，为了防止病原微生物进入（或传出）某群体而建立的完善的、严格的、科学的、层次逻辑清晰的可操作系统体系。从本质上讲，生物安全体系是一种"防御体系"。

建立生物安全防控体系，首先要明确建立生物安全防控体系的指导思想。无论怎样防非洲猪瘟，最后的目的都是正常生产。恰当的设施是必需的，但完全不考虑成本是不符合实际的，且生物安全防控体系必须结合各种其他措施才能发挥最大的作用。

真正有作用的生物安全防控体系一定是科学化、人性化、全覆盖的，对全员进行训练十分有意义。"不训之师绝不可用"，训练可以提高员工的操作准确率，更重要的是，可以提高组织纪律性。防控非洲猪瘟级别的传染病，严格的组织纪律很重要。

生物安全防控体系最严厉的措施是隔离。核心生产区的所有人和物品都必须进行严格的隔离。场外的交通工具不能进入生产区，这是最基本的隔离原则，如果这个都保证不了，在非洲猪瘟背景下是很难生存的。生产区应该将所有非生产区的人和物品排除在外。

进入生产区的一些特殊物品，比如饲料、疫苗等，不可能完全消毒。如果其中存在病毒，对猪是非常危险的。因此，防控非洲猪瘟，在必需品进入生产区方面要增加一个环节——检疫和存放，检测为阴性，存放过"安全期"的物资才能真正保证其安全性。另外，检测也可以评价隔离和消毒的工作效果，提供实时的疫情信息。敏感的检测技术是今后每个猪场都需要的，并且普检比只检测猪群是否感染更有意义。生物安全最基本的流程应该是"普遍检测—安全存放—绝对隔离—科学消毒"。

把控生物安全关键点　逆势扩规上档建基地

——湖北省潜江市红亿生态农业有限公司助力生猪稳产保供

2020 年以来，受新冠疫情和非洲猪瘟双重影响，生猪行业暂时出现投资热情不高、信心不足等问题，导致生猪存栏、出栏水平短期低位运行，市场猪肉价格居高不下。潜江市红亿生态农业有限公司冷静客观地分析疫情和市场，果断加大投入，从强化生物安全着手，转变发展思路，逆势全力打造生猪繁育基地，为潜江市的生猪稳产保供树起了一面旗帜，打下了良好的基础。

一、基本情况

潜江市红亿生态农业有限公司猪场由湖北加益加生物科技有限公司投资新建，位于湖北省潜江市龙湾镇熊场村，占地面积 800 亩，其中猪场 300 亩，配套粪污资源化利用虾池、蔬菜基地 500 亩。第一期于 2019 年 5 月竣工投产，建筑面积 16 000 米^2，其中智能化育肥猪舍 7 栋，面积 12 000 米^2，至 2020 年元月出栏生猪 7 000 头。为应对非洲猪瘟疫情影响，抢抓市场机遇，提高生猪生产安全性，扩大生产规模，第二期建设于 2019 年年底开工，2020 年 7 月可全面投产，估计建成后存栏能繁良种母猪 6 000 头，年提供优质二元母猪 2 万头及优质三元猪苗 12 万头。

二、主要措施

（一）调整发展思路，有效规避养殖风险

潜江市红亿生态农业有限公司的猪场自 2019 年投产后，以育肥为主，但非洲猪瘟暴发后，引种风险高涨，为了有效规避风险，红亿公司与金旭公司强强合作，依靠大型企业对猪场提档升级。第二期建设投入 2 800 多万元，改过去育肥为繁育，全面改造升级原有的标准化育肥舍 7 栋，另新建 4 栋高标准母猪舍。建成后，年可提供仔猪 12 万头，可满足公司周边家庭农场的仔猪需求，同时为潜江市的生猪稳产保供夯实了种源基础。

（二）改造基础设施，提高生物安全水平

1. 对基础设施改造升级，提升生物安全防范水平

（1）完善实体围墙建设。为了使猪场和外界形成完善的物理隔离屏障，猪场拆除了以前的铁丝网围墙，新建高 2 米高的实心围墙，建立第一道防线。

（2）硬化路面。为了消毒不留死角，全面硬化生产区路面，于猪舍周围铺 60 厘米宽的石子，用于防鼠。

（3）建设中转料塔。为确保料车不进饲养区，在生产区围墙外建设两个 10 吨的中转料塔，所有饲料使用散装料，由饲料厂直接运输到中转料塔，再输入到各栏舍，减少人接触饲料的机会，降低污染风险。

（4）建立猪只中转站。为避免外来拉猪车靠近猪场及猪场员工与外来车辆接触，在距猪场 1 千米外修建了转猪台。

（5）建设密封连廊。为避免猪只与外界直接接触，各栋舍之间通过密闭赶猪道连接，减少飞鸟、蚊虫、老鼠等不可控因素造成的风险。

（6）建设洗消通道。按照三级消杀的标准建设了专用的洗消通道。

（7）厨房外移。为有效消除外来病原，将食堂移出生活区，单独设立厨房区域，进入生活区的一律为熟食。

（8）猪舍一律采取小单元式饲养。母猪分批次采取全进全出生产模式，做到独立食槽和独立饮水。

2. 加强环境管控，注重环节管理

（1）区域划分。厂区分为红区（围墙外）、黄区（生活区及猪舍外）、绿区（猪舍内），严格按照管理规程设定人员、猪只、物资的运行路线，避免交叉污染。

（2）饲料安全。全群使用全价颗粒散装饲料，避免人员接触饲料。

（3）人员管控。对生产人员一律封闭式管理，休假返场员工采取相应措施隔离后才能入场。

（4）车辆管控。生产区车辆一律不得外出，外来车辆除清洗消毒外，必须高温熏蒸 40 分钟，且不得进入生产区。

（5）控制飞鸟、蚊虫、老鼠等。在生产区安装驱鸟器，门窗上安装防蚊纱窗等，确保无蚊虫进入猪舍。

（6）猪场环境管控。猪场生产和生活区内干净整洁，不留卫生死角，定期清理场内的雨水沟、污水沟。对猪粪区域及时清理，夏季做好防蛆处理。定期做好环境采样检测。

（7）猪群监控。种猪群佩戴电子耳标，以便及时知晓每头猪的体温、呼吸情况等生理信息，适时对猪群进行采样检测。根据数据做好分析，及时采取应对措施。

3. 完善管理制度，确保措施落实落地 针对疫情形势，猪场制定和完善了《卫生防疫管理制度》《病死猪无害化处理制度》《车辆消毒流程》等制度和技术规范，进一步明确岗位和人员责任，保障各项措施落实。

三、预期效果

猪场已于 2020 年 7 月投入运营，年底即可提供仔猪。猪场将以湖北加益加生物科技有限公司为依托，采取"公司＋农户"模式，带领农户发展种养结合型家庭农场，为农场提供优质种苗、饲料、养殖技术指导及生猪收购服务，带领农户共同致富，为"三农"工作献力。

四、启示和建议

在疫情防控压力持续加大的形势下，疫病的防控是一项长期系统的工作，要健康稳定发展养猪，建立完善的生物安全防范体系并严格执行到位是唯一出路。传统养猪场要复养增养，首先要进行相应的基础改造，弥补猪场在设备设施方面的缺陷，再通过制度建设和人员培训，落实好各项生物安全措施和生产操作规程。只有这样，才能保障猪群安全，把疫病抵挡在猪场之外，确保较好的经济效益。

加强生物安全和生产投入
预期增产 18 000 万头，产值超 7 000 万元

—— 广东茂名市冠美农业科技有限公司生猪复养增养案例

一、基本情况

茂名市冠美农业科技有限公司坐落于茂名市电白区林头镇文车村委会牛岭，创立于 2010 年 4 月，共占地 800 多亩，其中水库面积 160 多亩。2017 年，公司肉猪出栏 12 000 头。

二、复养增养措施

1. **摸索科学的生物安全防控措施**　公司在广东省农业科学院的帮助下，针对新建场的每个环节进行了全面梳理和流程细化，按照高等级的生物安全实验室理念，从清场消毒，人、物、猪、车流动，舍内操作，应急预案，猪场生物控制等几大部分进行规范、细化规模化猪场生物安全的流程及管理。

2. **完善防控体系**　做好人员岗前培训考核、进猪前疾病监测等筹备工作。以多重阻断与杀灭、建立标准操作规程为生物防控核心，确保猪场投产期间生产状态稳定，猪群健康状况良好。目前投产获得初步成功。

3. **严格把控主要环节**　以猪场为核心，建立外围区、场外区、场内区和生产线四级防控体系。外围区由洗消中心、一级隔离点、物资中转站、场外出猪台 4 部分组成。场外区设立二级隔离点、车辆烘干房、场外生物安全专员住宿区。场内区设门卫室淋浴间、物资消毒间、食材消毒间、放养淋浴间、无害化淋浴间。生产线上设置生产线淋浴间和物资消毒间。

4. **重视细节，严格按流程操作**　重点工作环节由专人负责，及时发现问题，及时落实整改。在特定环境、硬件配套、人员操作等方面提前演练，加强人员生物安全意识，配套增加实际工作内容，将理论真正融入实际生产中，在生产中养成注重生物安全的习惯。严格执行相关制度要求，全程不打折扣。

5. **保证没有其他动物进入**　大门口设可洗澡的消毒间及进舍更衣间，人员进场必须洗澡，进舍必须换衣服、穿水靴和戴手套。饲料从墙外打进场内料塔，避免装卸工进场带

来的风险。使合作伙伴从生物安全的被动执行者转变为生物安全的主动执行者，真正将生物安全落到实处，保证生态农场顺利生产。

三、复养增养成效

2019 年 6 月，公司投入 800 多万元，新建 6 000 头高床自动化养殖线，于 2020 年 5 月投产，年底预计出栏生猪 18 000 头，销售额达 7 200 万元。

四、复养增养经验

在猪场选址和猪舍建设方面，要考虑周围环境、风向、猪舍之间的间隔、猪舍布局、密封性、降温难度等，加强人员车辆方面的管理，严格执行猪场内部管理制度。

精细管理提升母猪健康水平
茂名泰丰预计出栏肉猪超 5 万头

——广东化州泰丰生猪复养增养成功经验分享

一、企业复养增养情况

化州泰丰牧业有限公司年生猪出栏设计规模为 20 万头。2019 年，公司在经历了猪价下降、存栏减少、压栏严重，多卖仔猪、少卖育肥猪的阶段后，及时采取了加强基础设施建设、完善生物安全防控体系、制定严格的管理制度、加大传染病排查检测力度、降低饲养成本等措施，取得了显著的成效。目前，生猪存栏 8 000 头，其中种猪 3 250 头、能繁母猪 2 500 头、后备母猪 700 头、种公猪 50 头、商品猪（包括仔猪）4 750 头，预计 2020 年出栏生猪 5 万头。2020 年计划投资 1.6 亿元，扩增母猪 5 000 头，全场能繁母猪达到 7 500 头，2021 年可出栏仔猪约 16 万头，自繁自养出栏商品肉猪 5 万头，余约 11 万头仔猪供应本地养殖户饲养。

二、复养增养措施

（一）强化防控，杜绝病源

公司常年保持较高的免疫水平，严格按照防疫程序进行防疫注射，特别是春秋两季的集中防疫与常年及时补防、补免相结合，防疫密度达到 100%。消毒工作贯穿于猪饲养的全过程及各个环节，把好猪舍、环境、进出车辆、人员等出入口消毒关，切断疫病传播途径。对人员进行防控知识培训，提高防控意识，定期抽样检测，严密部署，做好防控工作。

（二）完善防疫基础设施

最有效的防疫措施就是切断传播途径。公司于 2018 年年底开始构建生物安全体系，以最快的速度建立了车辆洗消中心、烘干中心、猪只二次转运售卖中心、员工场外隔离中心。车辆、物资进场须严格执行洗消烘干管理。猪只出售时进行二次中转，切断猪场与外来车辆的接触。场内建设了员工洗浴中心，员工每天上下班进行洗澡换衣。挡鼠板、防蚊网等全面覆盖整个猪场内部。

（三）精细化生物安全管理

执行生产区工人与生活区工人分开制度。生产区工人吃住在生产区，饭菜由生活区专人配送。生产区工人分栋分开管理，不允许交叉。饲料全部采用散装料，经过散装车运送到生产区料塔。场区每天进行道路消毒，使用3‰的烧碱加生石灰进行白化，栏舍内部每天2次带猪消毒。成立专门的死猪处理小组进行死猪无害化处理，生产区工人不允许接触异常死猪。

三、经验分享

（一）做好细节管理，有效切断疾病传染风险

严格执行生物安全措施，加强内外部生物安全管理，场内外设置生物安全专员，重点监管生物安全措施的执行，每周进行培训通报，不断弥补生物安全漏洞。

（二）重视母猪培育

引种是疾病传播的最大风险点。公司坚持种猪自我培育，培育了大量后备母猪，保障了能繁母猪的更新与扩产，规避了引种风险。

（三）提高种猪健康度

实践证明，猪群健康度越高，对病毒的抵抗能力越强。在生产管理上必须加强猪群健康管理，特别是对种猪群的管理。公司成立了猪群健康管理中心，每周对种猪群进行健康评估，对健康状况差的猪群进行免疫、治疗、保健。通过增加饲料营养、饲喂发酵水等措施，大幅提高了猪群的健康度。

（四）母猪批次化生产

批次化生产可以保证生产流程统一，减少生产操作。同时，可以很好地和防疫措施结合，有效降低猪只在生产操作过程中感染病毒的风险。特别是配种和分娩流程的集中，便于栏舍全进全出消毒。

投资亿元升级基础设施
温氏清新公司为产能释放提供坚实保障

——广东华农温氏畜牧股份有限公司清新分公司转型升级案例

当前，清远市仍存在大量的小散型、传统式生猪养殖场，这些养殖场的特点主要表现为以下几方面：一是环保处理工艺设施落后，难以实现畜禽废弃物资源化利用，给环境治理造成较大压力；二是养殖场分散，一定程度上增加了环保督察难度；三是生产设施落后、土地利用率低，导致产能低下；四是生物安全防控设施不足，抗疫病、抗风险能力有限，一旦发生疫情，势必将给生猪养殖及相关产业造成巨大打击，影响产业发展、农民增收及猪肉市场供应的稳定。

按照保供给、保生态并重的原则，应统筹合理利用土地资源，积极发展设施配套、技术先进、管理规范、生产高效、产出安全、循环利用、环境友好的生猪产业，积极调整优化生猪产业结构布局，推动生猪产业高质量发展，加快生猪产业转型升级和绿色发展，保障"菜篮子"有效供给。太平猪场参照美国先进的高效工厂化猪场建设模式（高效、优质、生态、绿色），于2017年10月进行了全面升级改造。

一、基本情况介绍和当前生产情况

太平猪场位于清远市清新区太平镇天塘村委会一带，由广东华农温氏畜牧股份有限公司清新分公司于2000年投资建设，项目总占地面积356 668米^2，原建筑面积48 466.5米^2，基础母猪存栏量4 130头。项目升级改造后，总建筑面积44 802.49米^2，基础母猪存栏量7 500头，大大提高了土地利用率。该项目总投资额10 275万元（其中环保投资1 050万元），2018年12月11日完成升级改造整体建设。

二、复养增养主要历程和主要措施

为了保证复养增养工作的顺利进行，太平猪场在生产技术设施、生物安全配套各个环节方面都进行了全面升级，从而进一步提高了生产和管理水平，包括配套自动喂料系统、自动温控系统、高温高压冲洗系统、自动清粪系统、完善的生物安全体系（物资消毒中心、洗消烘干中心、净区和污区分流等）、物联网监控等全自动化设施和完善的环保处理系统。

三、复养增养主要成效

公司通过整体升级，实现了建筑占地面积少、设备先进、自动化程度高、劳动效率高、种猪产品质量优、生态环境好的效果，是清远温氏首个高效化、标准化种猪场，为下一步的复养增养工作打下了坚实的基础。

下阶段，公司将通过对传统养殖场的迭代升级、自建智慧养殖小区（生猪产业园）及探索楼房养殖等形式，助力推动整个清远市的生猪养殖转型升级。未来，公司将以自建智慧养殖小区、生猪产业园为主，通过将场地设备租赁给农户或将社会散农户引入园区等方式，提高农户收益，并利用物联网技术加快信息化建设，从而做好精细化管理，提升管理效率，实行产业链全程管理的一条龙生产经营。

四、在复养增养工作中的经验启示

要做好复养增养工作，必须要全方位考虑各项生产设施和每一步生产流程，并做好基础保障工作，主要需要有以下意识：

1. **传统种猪场迭代升级**　采用集中式、大跨度钢结构，配套自动喂料系统、自动温控系统、自动清粪系统、完善的生物安全体系、物联网在线监控体系及先进的污水处理系统等全自动化设施，将公司在清远辖区内的传统式种猪场升级改造为高效化、现代化种猪场。

2. **传统家庭农场升级改造**　对于公司目前合作的符合选址要求的传统栏舍养殖场，公司计划于年内将条件优越的养殖场推倒重建为高效化养殖小区；不符合选址条件的将逐步关停并引导其到公司自建的智慧养殖小区（生猪产业园）内开展养殖。

3. **选址自建现代化智慧养殖小区**　公司通过租赁土地，加大资本投入，按标准规划自建智慧养殖小区，打造标准化建设、集中式养殖、智能化管理的现代化生猪产业基地。

4. **配套屠宰加工业务**　顺应行业发展必然趋势，公司将从运猪向运肉转变，适时配套建设屠宰加工业务，促进一、二、三产业融合发展。

加强管理提升技术
新建场线预增产 12 万头

——记连平东瑞农牧发展有限公司生猪增养典型案例

连平东瑞农牧发展有限公司是东瑞食品集团股份有限公司下属子公司，位于广东省河源市连平县三角镇塘背村，占地面积 1 932 亩，2006 年 10 月正式投产，每年可出栏肉猪 3.5 万头，是省现代农业产业园的重要基地之一、粤港澳大湾区"菜篮子"生产基地、供港生猪养殖基地。为加强非洲猪瘟防控，2019 年，公司加大投入，对生物安全体系进行了提升，设立了场外洗消站、生猪销售中转站，配套了物资消毒房、车辆烘干消毒房等设施设备，并对猪舍进行了封闭改造，同时加强对人员、车辆的管理和对环境的消毒工作，为防控非洲猪瘟打下了基础。

一、基本情况及当前生产情况

目前公司存栏种猪 2 050 头、肉猪 17 000 多头，通过完善硬件配套和加强管理，各项生产指标较之前有一定的提升。

二、增养过程及采取的措施

1. **加大投入** 公司全力响应国家号召，在保供稳产的同时，抢抓当前机遇，加大发展力度，加快产能释放。公司投入 2.25 亿元，扩建两条 3 000 头基础母猪高标准生产线。

2. **更新设备** 扩建工程从 2019 年 9 月动工，于 2020 年 6 月中旬正式投产。该生产线采用集团自主研发的"高床生产发酵型"养殖模式，猪舍全密封，配备自动温控系统、自动饲喂系统、全除臭系统、粪尿全收集翻堆发酵系统、污水处理系统等，基本解决了养猪废弃物的污染问题，生产实现高效、节能、减排。

3. **加快建设** 2020 年年初，工程进度受新冠疫情影响，但经公司及各承建单位多方努力、多措并举，克服了各种困难，可按计划进行投产，2020 年实现种猪满负荷生产。

三、增养成效

1. **产能上升** 新生产线投产后可增加基础存栏种猪 6 000 头，每年可增加上市肉猪

12 万头，大大提升了公司的产能，公司总产能可达每年 15.5 万头。

2. **育种加快** 目前市场上种猪紧缺，公司提前做好谋划，根据工程进度提前制订种猪计划，及时与种猪场进行沟通，争取种猪场配合，由种猪场提前预留、培育后备种猪，节省后备种猪的培育时间 3 个月左右。

四、复养增养经验启示

1. **围闭防疫** 为了做好非洲猪瘟防控，公司采取了对原有猪舍进行围闭的方式，禁止施工车辆和人员进入原有生产区。另一方面，开辟一条施工道路，专门用于工程原料的运输和施工人员进出，避免生产道路和工程道路交叉使用。

2. **强化制度** 公司制订了《施工队防疫管理制度》，加强对施工队的管理，施工人员须经隔离、检测后方可进场，随身所携带的物品须经检测合格、消毒后才可进场。禁止施工队到农贸市场采购菜品，菜品由公司统一安排采购。

3. **注意洗消** 加强洗消工作，所有工程车辆必须先到场外的一级洗消点进行清洗和消毒，再到场门口二级洗消点进行洗消，最后到车辆烘干房进行 65 ℃ 60 分钟的烘干消毒，检测合格后方可进场。

生物安全与技术提升双管齐下
预期增产万头生猪

——高州市顺达猪场有限公司复养增养典型案例

受非洲猪瘟、环保压力等影响，行业内生猪存、出栏量大幅度下降，导致生猪供应出现较大的缺口。为恢复生猪生产，积极落实国家有关政策，使生猪稳产保供，现将高州市顺达猪场有限公司复养增养情况介绍如下。

一、基本情况介绍和当前生产情况

高州市顺达猪场有限公司是一家集养殖、种植、水产、果蔬种植销售为一体的集约化生猪养殖场，是一家生态循环型和科技创新型农业产业化主重点龙头企业。年出栏设计规模可达 8 万头，现存栏 5 780 头，其中纯种母猪 2 015 头、纯种公猪 53 头、后备母猪 1 550 头、商品猪 2 162 头，预计 2020 年出栏各类猪只 1.8 万头，2021 年可出栏 3 万～6 万头。

二、主要生物安全管理措施

1. **注意消毒**　在宿舍区搭建消毒通道、洗手池、热水供应淋浴间、喷雾消毒间，供入场人员更换蓝色工作服、鞋。

人员在宿舍换好蓝色工作服和红色水鞋，钱包及手机留在宿舍，严禁带入生产区。前行到更衣室门前脚盆消毒池处，将双脚浸泡消毒 1 分钟后进入第一更衣室内，脱去全部衣物。衣物由专人收集放入消毒桶消毒后，放入洗衣机清洗，清洗好后挂入烘干消毒室，高温烘干消毒。水鞋则浸泡消毒后放在阳光下曝晒杀毒。员工进入淋浴室，淋浴后更换生产区用红色工作服及黄色水鞋。

完成以上步骤后，员工进入生产区域，进入猪舍前进入第二更衣室，重复第一更衣室的消毒步骤，脱衣脱鞋并清洗消毒。淋浴后更换上生产线专用红色工作服和黑色水鞋，再踩脚踏盆 1 分钟、浸泡洗手 1 分钟后，进入猪舍作业。

对外来物品用臭氧消毒设备、高温烘干设备、紫外线消毒设备消毒。

2. **消灭野生病源**　将猪舍外围 4 米内的杂草全部清除，并每周两次定期喷洒农药＋烧碱进行除草和消毒，防止滋生蚊虫。移除场内的树木，以防止鸟类栖息、带毒入场。灭蚊、灭蝇，使用黑旋风杀虫水及蚊香在栏舍内进行灭蚊工作。栏舍外建设防鼠板，其地上高度不低于 1.2 米，深入地面至少 0.5 米，防止鼠类等生物进入猪舍。在猪舍所有可能进蚊子的地方安装防蚊网，防止蚊虫、鼠类、鸟类、猫等进入。

3. **改造隔离**　改造料线，于猪场设置中转料房，不允许运输车进入场内。车辆专车专用，不能交叉使用。改造猪舍，于猪舍门口设置消毒池，保育舍、育肥舍、分娩舍的间隔墙体用水泥或铁皮隔断，母猪舍每个定位栏安装单独的料槽和饮水器，防止猪只相互接触。

三、主要生产管理措施及成效

1. **加大防控**　公司常年保持较高的免疫水平，严格按照防疫程序进行防疫注射，特别是冬春两季集中防疫封场，与常年及时补防、补免相结合，防疫密度达到 100％。消毒工作贯穿于生猪饲养的全过程及各个环节。把好猪舍、环境、进出车辆人员等出入口消毒关，切断疫病传播途径。对人员进行防控知识培训，提高防控意识，购置病毒检测仪，随时抽样检测、严密部署，做好防控工作。

2. **自配饲料**　一方面降低饲料成本，这对增加养猪效益至关重要；另一方面确保营养充足，满足生猪各阶段的生长需要。自配饲料同时也有助于防疫。

3. **坚持自繁自养**　持续培育能繁母猪，利用自有公猪站的优势，为母猪提供稳定可靠的种猪精液，保障母猪产仔、扩群和仔猪供应，从而实现产能恢复，从源头上保障生产稳定。

四、在复养增养中获得的经验

科学防控和精细化管理是保障猪场在非洲猪瘟大环境下生存发展的前提。公司坚持"以养为主，防养并重，防重于治"的总方针，通过科学防控、科学饲喂、科学检测，实现生猪死得少、长得快。同时搞好综合防控，管理好饲养员、猪群、环境，保证好猪舍内的清洁干净与干燥、通风、空气流动，并做好生猪调动、病死猪无害化处理等各个环节的防控工作，重视母猪培育，严控饲养成本，时刻关注疫情、行情，适时调整猪群，掌握时机，规避市场风险，实现利益最大化。

引导企业现代化转型增产，丰顺县
出实招惠民保供给

——记丰顺县新旺农业开发有限公司复养增养典型案例

2018 年 8 月以来，受非洲猪瘟、养猪周期、环保整治等因素影响，全国各地生猪产业低迷，生猪存、出栏量大幅度下降，导致自 2019 年起，生猪供应出现较大缺口，丰顺县生猪生产也受到较大冲击。为恢复生猪生产，丰顺县积极落实国家有关政策，认真贯彻落实广东省"猪十条"和《广东省人民政府办公厅关于加快推进生猪家禽产业转型升级的意见》（粤府办〔2019〕25 号）及市有关文件精神，切实做好重大动物疫病防控工作。同时，落实广东省规模种猪场贷款贴息政策，积极支持有条件的规模养殖场申报中央资金生猪规模化养殖场建设项目，引进了广东省现代农业集团有限公司、广东讯源实业集团生态养殖小区和生猪屠宰加工项目，规范禁养区划定范围，多措并举，推动生猪稳产保供。在非洲猪瘟疫情大考下，丰顺县新旺农业开发有限公司利用生态养殖模式，确保了生猪养殖场的生物安全，成为成功增养典型案例，现将该企业情况介绍如下：

一、养殖场基本情况和当前生猪生产情况

（一）基本情况

丰顺县新旺农业开发有限公司种猪场一期于 2017 年 7 月建成并开始投产，猪场坐落于广东省丰顺县丰良镇西厢村洋湖寨，占地面积大概 20 万米²，现有各种栏舍 3 700 米²，属于规模种猪场。采用自繁自养生产方式，设计最大生产规模达到年出栏肉猪及仔猪15 000 头，二期设计规划已完成并申报了中央资金支持的生猪规模化养殖场建设项目。丰顺县新旺农业开发有限公司养猪场已取得"动物防疫条件合格证"和"种畜禽生产经营许可证"等有效证件，环保和用地手续齐全。

（二）当前生猪生产情况

丰顺县新旺农业开发有限公司种猪场以生产三元杂交商品猪为主。目前育有长白、杜洛克种公猪 10 头，能繁母猪 250 头，后备母猪 98 头，存栏肉猪 2 300 头，年出栏肉猪近5 000 头。两年多来，在各级政府领导的帮助、支持和关怀下，该养殖场努力奋斗，扩大产能，严格饲养管理与育种，未发生重大动物疫病。公司以"资源节约，环境友好，质量安全可靠，客户至上"为宗旨，出栏商品猪在丰顺县内很受欢迎，卖价较高，公司也深受

客户喜欢，回头客较多。公司的营销实体店"新农村超市"遍布丰北，产品供不应求。

二、采取的主要措施

1. **加强防控** 加强对非洲猪瘟等重大动物疫病的防控，切断疫病传播途径。丰顺县新旺农业开发有限公司种猪场常年保持较高的免疫水平，严格按照免疫程序进行免疫注射，免疫密度达到 100%。消毒工作覆盖整个猪场饲养的全过程及各个环节，配备了空气消毒机 1 台、智能人员通道消毒机 1 台、高压喷雾消毒机 1 台，车辆消毒池 1 座，把好猪舍、环境、进出车辆、人员等出入口的消毒关，切断疫病传播途径。

2. **加强建设** 养殖场按照"圈舍地面硬化、有食槽、有排水沟、有自动饮水装置、采光通风良好、雨污分离、干湿分离"的要求，实施了标准化圈舍建设。这有利于减少生猪疫病发生，提高了仔猪成活率，降低了发病率，提高了畜产品质量和安全性，满足了人们对畜产品营养、健康、安全的消费需求。

3. **科学规划** 养殖场采用科学现代的规划和配置，周围 5 千米内无采矿场、化工厂、造纸厂等污染源，建有围墙、猪舍、消毒系统、粪污系统等设施，隔离防疫条件好。按粪污在生产过程中"减量化"、处理过程中"无害化"、处理以后的物料"资源化"的原则，从生产工艺、猪舍设计、设备选型配套、粪污处理工艺和设备到处理后的利用方式，都进行了全面考虑。

4. **自配饲料** 降低饲料成本对增加养猪效益至关重要。丰顺县新旺农业开发有限公司种猪场现有中大型饲料加工机组 1 套、中小型饲料加工机组 1 套，可以根据猪的生长阶段调整饲料配方，提高饲料消化吸收利用率。这样不仅极大地降低了养殖成本，而且减少了在饲料运输进程中疫病传播的风险。

5. **坚持自繁自养** 种猪场自繁自养能降低进苗时传入疫病的风险，保障猪苗充足供应，且当市场价格高时不受其他机构制约，可获取最大经济效益。

三、增养取得成效

（一）经济效益

丰顺县新旺农业开发有限公司种猪场增产后，2019 年产值约 2 000 万元，扣除相关人工、饲料、销售等成本，盈利 500 万元，经济效益特别显著。

（二）社会效益

生猪生产是农业的重要组成部分，猪肉是大多数城乡居民的主要肉食品。丰顺县新旺农业开发有限公司种猪场增产后，不仅有利于保持丰顺县猪肉合理的价格水平，从而稳定市场供应、满足消费需求，还有利于解决农村过剩的劳动力，增加农民收入。

（三）生态效益

公司通过标准化规模养殖，促进全场生猪业规范化、标准化生产，带动整个丰顺县生猪标准化规模养殖生产，实现绿色无公害和可持续发展，对改善人民生活水平、保障人民身体健康具有十分重要的意义，有助于今后的生猪产品达到无公害绿色标准，真正实现生猪生产"资源节约、质量安全、环境友好"的基本目标。

四、提供借鉴的经验、启示和建议

传统养殖向现代化养殖转变是时代的要求，生猪以小规模生产为主的各种弊端日益突出，品种改良难以开展，防疫措施难以统一，畜产品安全难以保障，环境污染难以治理，已不适应现代畜牧业发展的要求。目前，随着我国生猪标准化养殖场建设的加快，规模养殖不断发展，小规模、低水平和开放式的传统畜牧业养殖方式正在被规模化的养殖方式替代。因此，加强生猪标准化养殖是当前现代畜牧业转型升级发展的必然要求，企业应通过采取统一规划、统一服务、统一品牌、统一治污、统一管理的"五统一"措施，建立生猪标准化养殖场。丰顺县新旺农业开发有限公司通过两年的生产经营，已积累了大量的种猪、商品猪生产管理和营销的经验，建有一整套标准的技术规范和流程，包括猪场卫生防疫作业指导书、猪场防疫与消毒作业指导书、猪场驱虫作业指导书、办公设施管理规定、配种作业指导书、分娩舍猪鉴定程序等，使猪场生产的可控性得到了保证。同时，种猪场还与一批专家、学者建立了技术协助伙伴关系，熟悉最新的养猪场运营操作，不但生产技术有保障，在实战上也积累了经验。针对当前稳定生猪生产面临的疫情威胁、养殖风险高，养殖业主信心不足，资金短缺，仔猪价格高和市场波动严重等问题，公司建议，政府应加大对生猪主产区在项目资金上的倾斜，帮助养殖户恢复生猪生产，重点支持种猪引种、规模养殖场生物安全设施改造、猪场新建和改扩建等，确保资金用在刀刃上；出台优惠政策，采取"缓还旧贷款，发放新贷款"及加大财政贴息的方式，大力扶持规模养殖户复养，解决当前恢复生猪生产的资金瓶颈问题；协调商业保险公司及时开展理赔工作，减少生猪养殖损失。

吃下定心丸
珠海天种引入1 000头母猪复产成功

——珠海天种畜牧有限公司复养增养案例

一、基本情况介绍和生猪生产情况

珠海天种畜牧有限责任公司位于珠海市斗门区白蕉镇畜禽养殖区，主要饲养母猪，提供商品肉猪和仔猪。2020年，公司投入800多万元系统化对猪场进行了升级改造：增建烘干房、隔离舍、更衣室等；引入猪只自动喂料系统和环保空调降温系统；升级原有的环保设施，进行闭环/体系化管理。2020年3月，引进1 000多头母猪（其中重胎母猪300多头），到目前为止，母猪产仔正常、发情正常，猪群稳定，复养第一阶段获得成功。

二、主要历程和措施

当前生猪复产面临的最大的"拦路虎"是什么？在非洲猪瘟影响下，养殖场怎样才能成功复产？我们不断自我拷问，认为现在养殖场复产最需要解决的，一是生物安全问题，猪场原有的场地、栏舍、设施设备、粪污排放系统需要升级，且需要建设小型洗消中心；二是成本问题，现在一头5千克左右的小猪要2 000多元，一头种猪价格10 000余元……；三是融资问题，新防疫形势下，各种成本上升，使得融资问题成为养殖场复产的一条"拦路虎"；四是银行贷款的使用灵活性问题，沼气池、净化池、防疫设备等猪场生产设施设备不像工业生产设备那样具有通用性，这就导致有时将银行贷款资金投入这些方面，在短期内会受到限制。

2020年3月初，珠海市农业农村局和斗门区的相关职能部门就新形势下生猪复产增养调研和非洲猪瘟防控工作来公司指导，让上述问题冰消雪释。虽然有困难，但调研指导组郑重表态：政府和技术部门将全方位支持企业复产，全力助力扫除养殖场复养"障碍"，不仅通过政企联手鼓励金融机构拓宽抵押物范围、提高贷款额度，同时也会在信息、技术、资金等方面提供支持。这让公司备受鼓舞，得以全力投入复产增产工作中，严格按要求实施各项复养增养措施。

（一）严格按程序清理、清扫和消毒

1. 猪场大环境的整顿、清理和消毒 彻底整顿清理猪舍周边、猪场道路两边及生活区的杂草、杂物和其他垃圾等，保持一个较为干净整洁的环境。猪舍周边、生产生活区道路全面使用 3‰ 的烧碱水连续消毒 3 天，然后按每周两次的频率或根据本场情况进行定期消毒。对生活区宿舍楼、道路、饭厅等人员经常走动或聚集的地方，使用戊二醛（1∶200 稀释）每天消毒一次。

2. 猪舍的整顿、清理和消毒

（1）猪舍需要彻底清洗和消毒，将一切杂物及其他垃圾一并彻底清理干净，能拆卸的物品用 2‰ 的烧碱水浸泡至少 4 小时以上，浸泡后集中存放在干净库房内，再进行熏蒸，消毒处理后封存。

（2）按冲洗消毒流程将所有猪舍从上至下、从里至外喷湿、打泡沫、高压冲洗，干燥后进行视觉检查，检查合格后使用戊二醛（1∶200 稀释）连续消毒 3 次，干燥后用"烟克"进行密闭熏蒸消毒 1 次，最后用烘干机在 60 ℃下烘干 6 小时。对于不完全密闭的猪舍，则用火焰进行 2～3 次全面消毒，火焰在物体表面停留时间不低于 10 秒。

3. 重点区域及地点的清理、消毒 在做清理消毒时，对栏位、墙面、地面等污渍顽固处使用钢丝刷进行洗刷去污；对墙角、栏底、粪沟、漏粪板缝隙等死角按重点区域处理；粪沟上的水泥板、漏粪板尽量揭开，将粪沟裸露出来进行清理消毒。同时，对于原有发病栋舍或区域，在清理和消毒的过程中再次进行强化处理，一是避免在整顿清理的过程中造成扩散污染，二是对这些区域重点强化进行消杀，避免因为消杀不彻底造成二次污染。

（二）猪场改扩建

在猪场原有基础上不断进行升级，加强生物安全等级。对猪场进行区域划分管理，全场划分为隔离区、生活区、办公区、生产区、无害化处理区，各区域之间用实体阻断，彼此不交叉，同时控制人、车、物流、饮水、饲料、小动物等，从而切断病原的传播途径，把病原挡在猪场外部。

1. 猪场人员的控制 实行分区管理，建设隔离宿舍。回场员工要洗澡、更衣，隔离 3 天后才能进入生活区；建设洗澡更衣室，员工上下班必须洗澡更衣后方可进出场，隔离舍和更衣室为单向设计。

2. 车辆的控制 建设中转站、车辆烘干房。猪只销售在场外进行转接、洗消，内部拉猪车和物资转运车在每次转运完猪只和物资后分别在不同烘干房进行 30 分钟、70 ℃的烘干消毒。

3. 物流的控制 根据物资种类，建设药苗消毒房、五金消毒房、食物消毒房、中央厨房和中转仓库，对药苗以浸泡、臭氧熏蒸的方式进行消毒；对五金类物品以 60 ℃高温烘干 30 分钟消毒；对食物则用卫可（1∶200）喷雾消毒，再结合臭氧熏蒸消毒。同时，建立中央厨房，统一配送食物；建设中转仓库，物资消毒后再静置 7 天，进一步杀灭病原。

4. 饮水的控制 更换破旧生锈水管，水龙头用酸制剂浸泡 48 小时消毒后再放水清洗 2～3 次；每个水池盖顶密封，防止落叶、鸟粪及其他小动物进入，保证水质安全。

5. 饲料的控制 建设自动喂料系统，使用专用饲料散装车，饲料直接进入料塔，减少转运中的人为接触，实现从厂家到猪舍的无缝对接；使用高温制粒料和酸化剂，减少病原体，保证饲料的安全。

6. **小动物的防控**　所有猪舍安装防蚊网，封堵漏洞和缝隙，门口安装挡鼠板，在外围设置赶猪通道，实现猪舍外围围封，防止蛇虫及老鼠进入，从而减少乃至消除病毒通过小动物等媒介进入猪舍的风险。

（三）实验室监测

新建实验室，通过实验室对所有返岗人员、车辆、物资和环境进行定期监测；对进入场内的人、车、物及环境进行采样和检验检测，实现提前预警、重点防控。

（四）人员的培训

强化培训，制定员工培训计划并定期进行；提高员工防控意识，不断进行实操演练，着力提高猪场整体防控能力。

（五）饲养管理方面

（1）严格挑选消毒方法，特别注重带猪消毒时消毒剂的选择。
（2）注意外部环境消毒和微生态环境构建。
（3）高度重视猪群的抗应激处理。
（4）选择使用中药和微生态制剂。

三、复养增养成效

准备工作完成后，2020年3月末起，猪场在空栏状态下引入1 000多头母猪，其中重胎母猪300多头；到2020年5月初，猪场基本稳定，母猪产仔正常、检测正常，第一阶段复养基本成功。

四、猪场复养的一些体会

1. **整体控制**　管理者一定要有系统性的思维，对自己的猪场和员工有整体性的认识，能够有效地使用和调配设施设备，并依据环境天气状况、人员状况和猪群状况进行调整。

2. **要对自身进行评估**
（1）资金方面，复养需要大量的资金，要有可持续的资金来源。
（2）经营者要具备强大的抗风险能力。
（3）努力查缺补漏，对设施设备进行升级改造。
（4）不厌其烦地进行全面清洗、消毒、再清洗、再消毒，然后熏蒸，最后干燥。

3. **注意细节**　引进种猪时要进行健康检查和病原检测，按国家要求合法采购和转运；引入前对所有猪进行 ASFV 检测，确定阴性后再引入。注意运输过程中的生物安

全，就近引种，减少运输距离，降低风险。尽量晚上运猪，不停车、不进服务区，司机不下车。

4. **重视免疫**　要特别重视猪群的抗应激能力，积极提升猪群的非特异性免疫能力。

5. **关注信息**　积极关注政府政策、要求和指引，及时掌握防控形势和技术。

6. **注意饲料**　注意饲料的来源、配方、运输等。

新形势下，猪场的复养增养是一项系统工程。南方地区高温高湿，要不断完善设施设备，融合建筑、技术和环境，提升自身的综合管理、生产和疾病防控能力，才能保证猪场的安全生产。

建设现代化绿色循环基地
加快企业转型升级　助力生猪复养增养

——广州力智农业有限公司复养增养典型案例

一、基本情况介绍和当前生猪生产情况

广州力智农业有限公司成立于 1995 年，是中外合作经营企业，以现代化生猪养殖为主，以探索 21 世纪农业现代化发展为初心，以实现农业项目"经济效益、社会效益、环保效益"三个效益为目标，按照"公司＋基地"的模式发展，已成为广东省重点农业龙头企业、广东省原种猪场、广东省"菜篮子"基地和生猪供港注册场，建有广州力智、河源丽湖、云浮力智等现代化生猪生产基地，年生猪产量约 25 万头。公司原总部和广州生产基地位于黄埔区九龙镇，因区划调整，2018—2019 年，公司将总部和广州基地搬迁到从化区鳌头镇异地重置，规划总投资 2.3 亿元，分两期建设现代化生猪养殖项目，以粤港澳大湾区建设为契机，深化项目建设，打造总部经济，助力乡村产业振兴。在省、市、区各级政府以及相关部门的大力支持和帮助下，项目一期工程帝田猪场于 2018 年 5 月开始建设，2019 年 10 月建成投产；二期肉猪生产基地正在加紧建设，争取 2020 年年底投产。

二、复养增养主要历程和主要措施

（一）优结构，增产能，促投产

帝田猪场是力智公司的现代化生猪能繁场，位于从化区鳌头镇帝田村，占地面积 365 亩，单场投资 1.5 亿元，生产规模为饲养能繁母猪 4 500 头，存栏生猪 2.8 万头，年出栏种猪 1 万头、猪苗 8.5 万头、商品肉猪 0.5 万头；二期基地是肉猪场，规模设计存栏生猪 2 万头，年出栏肉猪 6 万头。两期总产能比搬迁前增加 20%，实现自养产品种猪∶猪苗∶肉猪为 1∶2∶7 的结构优化。2019 年下半年，受全国非洲猪瘟疫情影响，种猪市场供应不足、价格高昂、补栏困难，帝田猪场想方设法引种投产，实现首批引入种猪 2 100 头，计划通过发挥技术优势自繁自养扩群拓产能。2020 年春节期间，公司坚决贯彻落实习近平总书记关于疫情防控工作的重要讲话和指示批示精神，作为广州市重点建设项目和农村产业振兴项目，在补栏关键期，公司主动担当，不停工、不停产，开足马力保生产。2020 年 3 月喜迎生猪开产，至 5 月初，基地生猪存栏数已经增加 20%，预计 2020 年可上市生猪 2 万头，年底生产母猪存栏数翻一番。

（二）自动化、智能化，提升生产硬实力

科技化养殖是生猪高效高质发展之途。力智公司现代化生猪养殖项目按照"生态环保、优质安全、智能高效"的理念规划设计，建设全封闭、标准化、智能化、节能减排、绿色环保的现代化示范性猪场。场内生产、后勤、环保各区分开，布局合理，设施配套先进，为高质高效生产打造硬件基础。

1. 生产设备先进　猪舍以全封闭、大跨度、小单元为特点，生产流程十分紧凑，舍内环境容易调控，有效提高土地利用率。饲喂环节采用气动集中供料系统和智能饲喂料线，精准投喂，减少饲料浪费，降低生产运行成本。猪舍配套智能通风环境控制系统、全场可视化控制系统、高温消毒清洁系统和粪尿分离 V 形自动刮粪机等自动化设备，提升生产效能。

2. 融入智能化和信息化管理系统　项目主要应用了"物联网＋智能养殖管理系统""互联网＋信息自动化系统"以及猪场综合管理信息系统，可以实现猪舍内部环境自动精准控制和异常报警，生产过程远程控制、生产数据实时分析汇总输出，具备电脑和移动终端生产溯源查询第三方接入功能。项目利用云端数字技术，加持生猪生产管理，为生产决策提供更为精确可靠的辅助信息。这些技术提升了猪场的管理精度。

3. 加强生物安全设施配套　场区配套感应式消毒间和车辆高温洗消中心。生产区围墙围蔽，加装防鼠防鸟设备。每栋猪舍配套独立的沐浴更衣间，封闭管理，从生物安全角度加强防护，减少病原体的接触传播概率，对非洲猪瘟的防控起了积极作用。

（三）防非洲猪瘟、稳生产，技术发力创佳绩

如今，非洲猪瘟疫情是中国养猪业面临的最大压力，外防输入、内稳生产是确保生猪复养增养成功的关键。

1. 防非洲猪瘟，控风险　建章立制，提高生物安全防控级别，强化防控管理，全面落实生物安全防控 6 项措施，形成由外到内的生物安全防控体系：

（1）成立非洲猪瘟防控技术组，制定各项防疫防控制度，指导和监督各项措施 100％落实到位。

（2）建立人员和物资场外洗消隔离制度，确定基地防疫安全距离。基地配套了场外人员隔离室、物资配送中心和病毒检测实验室，人员实行场外 48 小时隔离净化制度，生活用品、兽药、疫苗等所需物资均在物资配送中心预消毒隔离。人员和物资完成隔离，经采样检测确认未携带非洲猪瘟病毒，才能统一配送到各生产基地。进入基地时再次消毒，将疫情风险挡在门外。

（3）确保饲料和用水安全，防止病从口入。饲料输送至生产区之前，经过高温制作—非洲猪瘟病毒检测—场内高温洗消三道关键程序；生产用水加装反渗透隔离设备，过滤净化微生物、病毒等有害物质，确保生产饲料和用水安全。

（4）场内人流、车流、物流三流分离，降低交叉感染风险。场区净污道分离，运输车辆不进入生产区。人行、车行不交叉，物料实行专库储存。

（5）落实场内防鼠防鸟灭害措施。将围墙、挡鼠板、防鸟网等物理隔离设施和定期生

物灭害相结合，减少生物传播病毒风险。

（6）加强监测。实行基地环境和猪群非洲猪瘟病毒常规检验监测。

2. 稳生产，创佳绩 公司充分发挥多年养殖经验和技术优势，通过加强猪群免疫和疾病常规监测、细化各阶段生猪饲料营养和现场操作管理、加快选育种和扩繁步伐，打造健康和绿色生产体系，实现生产"三高一稳"，各项生产指标均达到国内先进水平。

（1）配种分娩率高。利用计算机线性辅助选育种系统、人工授精配种和选育技术，实现生产母猪配种分娩率88%以上。

（2）窝产活仔数高。经过孕期营养饲喂和精心护理，每头母猪平均窝产活仔数超过11头，PSY超过25头。

（3）成活率高。经现场监测，哺乳仔猪成活率达97.6%，预期仔猪至肉猪出栏全阶段综合成活率可达到95%，每头母猪预期年商品肉猪贡献率超过22头。

（4）猪群整体健康稳定。监测数据显示，猪舍温湿度等适宜生长，猪群采食量正常，饲料转化情况好，生长速度快，仔猪活泼、毛色光亮，无明显群体疾病发生，猪群呈现健康稳定状态。

（四）生产与环保协调发展 树立生态养殖新标杆

环保是生猪养殖的重要环节，实现环保效益是公司目标的重要组成部分。公司按照"源头减排、过程控制、末端利用"的原则，协同打造环保综合处理系统，建立养种结合、循环利用体系，树立了生态友好型的养殖新标杆。

1. 配套系统 通过配套与养殖规模相适应的气、液、固废环保综合处理系统，实行精准运行管理和资源化最大利用。猪舍全封闭式空气除臭系统的臭气消除率在80%以上，实现了近猪舍而不臭。污水处理系统按高标准、零排放设计，将沼气用于发电，沼液一部分还田施肥，剩余部分经深度处理达标后回水利用，主要用于场区清洁，绿化，有机蔬菜园、果园和经济林木的灌溉。猪舍实行自动干清粪，猪粪和病死猪高温降解物等有机固废物进入堆肥车间，每年可产出2 000吨初堆有机肥，用于还田利用或作商品有机肥原料使用。物流方面，配置箱体封闭式活猪运输车，杜绝产品运输过程中的气味、粪尿和猪叫噪声污染。

2. 拓展产业链条，带动发展种养循环经济 项目已流转种养核心区土地800亩，利用环保综合处理系统生产的有机肥和回用水，种植有机蔬菜和果树400亩、养殖塘鱼150亩。合作整合周边种植基地1 000多亩，扩大农业资源化循环利用规模。同时，以粤港澳大湾区优质农产品供应链产业园项目建设为契机，打造"生猪＋蔬菜"3 000亩现代农业产业园区，通过养殖废弃物综合循环利用，延伸了"猪、果、菜"有机种养生态链条。

三、复养增养成效

通过采取各项措施，在省、市、区各级政府以及相关部门的大力支持和帮助下，公司

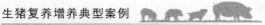

项目一期工程帝田猪场于2019年10月建成投产；二期肉猪生产基地正在加紧建设，争取2020年年底投产。公司2020年之前实现引种2 100头，极大地加深了产能潜力。

公司利用养殖废弃物，延伸"猪、果、菜"有机种养生态链条，实现了地区绿色农业协同发展和产业提质增效，各项生产指标达到国内先进水平。

"90后"留美小伙毅然回国养猪
六大措施促进复养增养

—— 广东梅州兴宁市乌池种养有限公司生猪增养成功典型案例

兴宁市乌池种养有限公司是一家以养猪为主业的农业企业，猪场位于梅州市兴宁市叶塘镇乌池村边。公司总经理吴宇锋是一位 1994 年出生的年轻小伙子，他于 2016 年毕业于美国德安扎学院。从美国留学回来，他一心想接父母的班，想在农业方面，特别是养猪业干出一番事业来，希望能真正把父母早年建立经营的猪场变成同行业中优秀的企业，创建成一流的猪场。

一、基本情况

兴宁市乌池种养有限公司猪场由吴宇锋父母创办于 2015 年，占地面积 180 亩，建筑面积 23 000 米^2，常年存栏种猪 780 头，生猪总存栏 8 300 头，年上市生猪 13 000 头。

众所周知，从 2018 年 8 月开始，非洲猪瘟疫情以非常迅猛的速度从北到南，席卷全国各地。这场疫情对全国的养猪业来说，可以说是一次毁灭性的打击，2019 年上半年一度出现养殖场（户）恐慌性抛售的情况，导致下半年生猪存栏下降、供应偏紧、肉价上涨。2020 年 1 月以来的新冠肺炎疫情给养殖业生产带来了新的挑战，影响了生猪养殖的原料供应、饲养生产、屠宰加工、产品调运、市场销售各环节。在非洲猪瘟的严峻形势下，公司及时采取了加强基础设施建设，完善生物安全防控体系，制定严格的管理制度，加大非洲猪瘟排查、检测力度，降低饲养成本等措施，目前取得了显著的成效。到目前为止，猪场存栏母猪由 600 头增加到 780 头，生猪存栏由 6 500 头增加到 8 300 头，还扩建了 4 060 米^2 的种猪舍。

二、复养增养主要措施

猪场主要采取了 6 个方面的措施。

（一）迅速、果断地无害化扑杀处理病猪和可疑猪，杜绝病毒在猪场内的传播

在那段敏感的特殊时间里，只要一发现有异常猪，连同左右栏舍的猪，一律不经检

测，马上用"动物尸体降解处理机"进行高温焚烧无害化处理，争取在最短的时间内消灭病源，做到宁肯错杀，绝不放过。

（二）加强每幢猪舍的环境消毒和杀虫工作

1. **放置水鞋**　在每幢猪舍的出入口都设一个消毒桶，消毒桶长期放有一对泡着消毒水的水鞋，保证进入猪舍穿的水鞋都经过了足够长时间的消毒。

2. **清理地面**　每幢猪舍的工作道都铺上 2～3 厘米厚的生石灰，并且每半个月更换一次，防止猪舍内病毒的扩散，同时也能有效地防止外来的病毒的侵入。

3. **定期消毒**　在猪舍内安装固定的喷雾消毒管，每隔 2 米有一个喷头，做到开机之后，猪舍里面能均匀地喷上消毒水或杀虫剂。消毒水每天喷两次，杀虫剂每两天喷一次。特别是杀虫剂，能有效减少各种传播媒介，如蚊子、蟑螂等昆虫。

4. **移除草木**　用推土机把猪舍周边的树木杂草彻底除掉，有效减少各类昆虫带毒传播给生猪的可能性，也便于舍外消毒。

5. **对涉病猪栏彻底消毒**　涉病猪栏铺上 2 厘米厚的生石灰；用热水机进行冲洗和热烫消毒，水温达到 90～100 ℃；用专用的煤气进行火焰消毒；进猪前再喷一次消毒水。

（三）做好"水"的文章

1. **饮水**　购进了两台大型净水机，每台每小时制造 1 吨纯净水，专供生猪饮用。

2. **酸化饮用水**　饮水中长期加入有机醋，每吨饮用水加入有机米醋 16.5 千克。

3. **冲洗水消毒**　冲洗猪栏和猪身的冲洗水均进行消毒。猪场购进了 4 台氯氧机，冲洗水经过氯氧消毒之后才可使用。

4. **使用水井**　开挖了 20 米深的水井，提供水源，防止因地表水被污染导致疾病传入。

（四）做好饲料的采购和安全运转

1. **饲料输入**　改变以往自己采购饲料原料，然后再加工混合的办法，直接由饲料厂家提供饲料，并用散装车装运到猪场；饲料厂家加工饲料时进行了 80 ℃、5 分钟的热化消毒处理，有效防止饲料原料被污染。

2. **饲料储存**　投资兴建了 400 米² 的饲料成品仓，饲料厂提供的散装饲料直接抽进饲料仓，然后由饲料输送管道输送到每一幢猪舍，避免了卸饲料时需要临时请专业的外来人员来场，防止了猪场之间的疾病传播。

（五）加强人员和车辆的进场管理

（1）猪场生产实施封场管理，没有特殊情况禁止员工请假外出，对能遵守的员工每月奖励 500 元。

（2）进场员工需要在大门口进行沐浴更衣，雾化消毒之后才允许进场。

（3）投资 58 万元建立高温干燥消毒房，外来的饲料车先进行常规消毒，然后再经过高温干燥消毒之后才可以进场。

（六）加强卖猪环节的消毒和管理

众所周知，非洲猪瘟传入猪场有 80％源自卖猪环节。公司在距离猪场的 2.5 千米以外的地方建起了卖猪中转站，防止猪车和购猪人员接近猪场；要求猪车进入中转站之前，必须到指定的地方进行彻底的清洗和消毒。

三、复养增养成效

通过采取以上 6 个方面的措施，猪场正常运转，生猪存栏量不但没有减少，反而有了较大程度的增加，并于 2019 年 9 月 9 日注册了兴宁市宇锋农牧有限公司。该公司位于兴宁市石马镇礤下村，目前正在建设占地 580 亩的现代规模化种猪养殖场，规划建设标准化猪舍 1.3 万米^2，预计年出栏种猪 1 万头、商品猪 1.52 万头。

四、启示

在一年多的增养和扩建过程中，吴宇锋总经理一直强调，要时刻关注行情。目前市场行情在不断变化，饲料价格也随之波动，时高时低。一方面，要把握市场形势，争取购买质优价廉的饲料。另一方面，要在生猪的销售中把握市场动态，适时调整猪群结构，掌握出售时机，规避市场风险，实现利益最大化。

完善生产设施 狠抓制度落实
防范非洲猪瘟发生

——广西玉林市博白县径口畜禽开发公司生猪复养增养经验

一、基本情况及现状

博白县径口畜禽开发公司始建于 1992 年，占地 85 亩，建筑面积 22 000 米²，设计存栏规模 13 000 头。2019 年，该公司未发生非洲猪瘟，但受疫情影响，进行了恐慌性抛售，疫情过后还剩生猪 2 000 多头，占正常存栏量 20% 左右；公司生猪存栏最少时仅 1 300 头，占正常存栏量的 10% 左右。近半年来，该公司经过一系列的科学管理，生猪复养已初现规模，目前存栏生猪 5 500 头，其中能繁母猪 1 000 头、后备母猪 500 头。

二、主要措施

1. **制定落实防控制度** 公司从 2019 年开始制定了一整套针对性的非洲猪瘟防控规章制度并严格执行，包括《关于猪场生物安全管理的规定》《非洲猪瘟防控应急预案》《公司主要人员的岗位职责及工作流程》《内勤人员岗位职责》《外围生物安全与应急小组岗位职责》《送餐操作流程》《实验室检测操作规范》《场内生物安全检查表》《外围生物安全检查表》，并开发了员工进出猪场沐浴更衣流程 App 等，严格做好员工培训、清洗消毒、检测隔离、检查落实等措施。

2. **改造升级生产设施** 完善舍内温湿度可控措施，改善生猪饲养环境，提高猪群免疫力；猪舍通风采光口、赶猪通道用纱网进行封闭改造，杜绝"四害"和飞鸟等传播非洲猪瘟。

3. **强化环境设施设备消毒**

(1) 强化环境消毒。对场外 500 米内的道路和房前屋后使用 2% 的烧碱溶液喷洒，每周 2 次，连续 2 周消毒后清扫，每隔 3 周抛洒生石灰 1 次。对于非硬化地面，用 5% 的烧碱喷洒。严格限制外来车辆、人员通过。

(2) 强化场内设施消毒。对场内公共环境围墙、道路、硬化地面、上猪台、赶猪通道等区域，使用 2% 的烧碱溶液喷洒，隔天 1 次；对生活区内的办公室、寝室、浴室、库房、实验室、食堂、楼道等，分别使用 1% 的二氯异氰尿酸钠、2% 的戊二醛、3% 的过氧化氢等定期喷雾消毒；对无害化处理区域，每天使用 2% 的烧碱喷洒 1 次，抛撒生石灰，设置警示标志。

（3）强化空栏舍消毒。清栏后的猪舍首次消洗步骤为：对栏舍地面、墙面（内外两面）、屋顶、围栏、料槽、通道及设施设备等，使用5％的烧碱喷洒，4小时后再使用高压高温水枪冲洗，不留死角；二次消洗采取"碱—氯—熏"三步消毒法：第一步，使用烧碱（2％的氢氧化钠）对地面、墙面、栏杆、设施设备、生产工具等进行喷洒，不留死角，24小时后，以清水冲洗，再干燥24小时；第二步，使用氯制剂（1％的二氯异氰尿酸钠）对猪舍、工作间内部地面、墙面到屋顶等所有地方和设施设备进行喷雾，密闭12小时，再通风干燥12小时；第三步，对密闭猪舍、工作间等以过氧乙酸熏蒸消毒，按照1克过氧乙酸/米^{3}加热熏蒸，湿度70％～90％，持续熏蒸1小时，通风4～8小时后彻底封闭，封闭7天后方可进猪。

4. 严格把好引种关

（1）制订引种计划。拟引进的种猪须有具资质的第三方检测机构提供非洲猪瘟等病原检测报告，确保种猪健康。运输须使用清洗消毒后的封闭式专用运输车；押运人员和司机在途中不得食用猪肉及猪肉制品；猪只到场消毒后，转入隔离舍观察。

（2）隔离观察。隔离舍由专人负责，在引种检测后的第21天、第42天分别采集每头种猪的唾液或血样，检测非洲猪瘟等病原，合格方可转入生产区。

5. 加强人员管理

在没有非洲猪瘟疫苗防控的情况下，严禁外来人员进入场区；猪场人员外出返场必须在第一消毒区（猪场大门入口）经过"消毒—洗澡—更衣"环节才能进入生活区；在生活区隔离两天后，在第二消毒区生产区入口重复"消毒—洗澡—更衣"，才能进入生产区；生产区内值守人员进出猪舍及舍内单元必须换衣帽、水鞋，进行脚踏消毒。消毒液3天更换1次；对场内饲养员、技术人员实行全封闭分区管理，严禁串区、串舍。

三、防非经验体会

一是提高猪场生物安全防护水平，严格控制人员流动，尤其是生产区人员的流动，禁止外来人员进入猪场，猪场人员出猪场返回后必须执行严格的洗消、隔离措施，千方百计阻断病毒的传播途径；二是建立严格的洗消制度，加强对环境、设施、设备、物资、人员等的消洗力度，创造一个相对安全的生产环境；三是鉴于目前尚无非洲猪瘟疫苗，一定要加强对蓝耳、猪瘟、圆环、伪狂犬等病毒的基础免疫，避免这些病毒对猪只机体免疫系统的破坏，提升猪只对非洲猪瘟病毒的免疫力。提高免疫密度是防止疫情发生的有效办法。

"益生菌+中草药" 增强复养信心

——广西贺州市八步区桂岭镇钟欢养猪场复养经验

一、基本情况

2018年下半年，受非洲猪瘟疫情影响，周边养殖户纷纷抛售猪只。由于形势所迫，2019年4—5月，广西贺州市八步区桂岭镇钟欢养猪场也不得不清场，将所有猪只进行低价抛售。2019年6月，中国中医药网发布了一篇中兽医药能够阻断非洲猪瘟病毒传播的文章。经过多方位的了解，在广西助农公司的指导下，钟欢养猪场负责人决定采用"益生菌+中草药"的方法来进行防控。

2019年8月11日，钟欢养猪场引入种猪200头，同年9—12月及2020年1—2月每月各引种200头，2020年3月又引种260头，共计1660头。采用少量多次的引种方法来把控风险，引种时种猪隔离观察20天。采用"益生菌+中草药"的方法进行防控，通过发酵的方式将中草药的药效提取出来，再将发酵液按照一定比例添加到饲料中喂猪，同时将中草药发酵液稀释后代替化学消毒剂于猪舍进行喷洒，形成体内外综合运用的益生菌环境模式。

二、复养主要措施

1. **加大防控力度，实行"铁桶计划"** 钟欢猪场严格按照防疫程序，进行疫病防疫注射，免疫密度达到100%，提高了生物安全水平；消毒工作贯穿于猪饲养的全过程及各个环节，把好猪舍、环境、进出车辆、人员等出入口消毒关，切断疫病传播途径；实行"军营式""铁桶式"管理；严格切断传播途径，定期做好除"四害"工作。

2. **采取"益生菌+中草药"防控措施**

（1）栏舍内外环境彻底消毒。复养前用1%的生石灰全场无死角消毒，3～7天后以清水冲洗1次，再进行1～2次普通化学消毒剂消毒。彻底消毒好后空置19～27天，再开始进猪。

（2）制作发酵中药。采用黄芪、板蓝根、大青叶、鱼腥草、连翘、杜仲、熟地黄、生地、大黄、石膏、甘草、牛膝、香附子等18味中草药（俗称"御瘟汤"），将之粉碎得越细越好。其发酵成为中草药菌水的方法为：1.5千克"御瘟汤"+1包"99多功能饲料发酵剂"+1千克红糖+10千克全价饲料+100千克清水，混合在非金属容器中简单密封，发酵72小时以上后使用（在半个月内使用完效果更好，且要持续密封保存，否则时间一长可能变质）。

3. 使用发酵中草药 猪入场前，先将发酵完成的中草药菌水上层液兑水 30 倍对猪舍全场喷洒，且停止使用化学消毒剂，形成养殖益生菌环境。猪入场后，在每吨饲料中添加 50～100 千克"御瘟汤"中草药菌水，同时每吨饲料中再添加未发酵的"御瘟汤"原药粉 3～5 千克，形成干湿料或者粥料饲喂，并且将"御瘟汤"上层中草药菌水兑水 30 倍，替代化学消毒剂对养殖栏舍进行消毒（前 3 天每天 1 次，之后每 3～7 天 1 次），一直使用 19 天（此阶段为净化阶段，因为非洲猪瘟的潜伏期最长为 19 天）。19 天后，在每吨饲料中添加 100 千克"御瘟汤"中草药菌水（母猪、公猪各阶段均可使用，但不能超量使用），形成干湿料或者粥料饲喂，并且将"御瘟汤"中草药菌水兑水 30 倍，长期替代化学消毒剂对养殖栏舍进行消毒（7 天 1 次）。

4. 定期做好除"四害"等工作 老鼠、苍蝇、蚊子等是传播非洲猪瘟的主要媒介，要定期每个月进行一次除"四害"工作。

三、复养成效

1. 猪群健康程度明显提高 从第一批进猪复养至今，无一例非洲猪瘟阳性病例发生，仔猪成活率 99.2%，母猪发情率 96%，其他疾病发生率也下降了 85% 左右，猪群整体健康程度非常好。

2. 降低了抗生素药物使用成本 全程使用微生物无抗饲养，只在小猪阶段使用抗生素，成本为 8.46 元/头。过去未采取无抗饲养方式，用药成本为 50 元/头。

3. 带动周边规模猪场成功复养 目前由钟欢猪场供应猪苗，按其复养方案操作的规模猪场有 56 家，均未发生非洲猪瘟阳性病例。

四、获得经验

1. 积极投入资金，建设无疫小区 钟欢猪场自筹 150 万元资金，积极争取获得 2019 年国家生猪规模化养殖场建设补助项目资金 50 万元，共投入 200 万元进行养殖基础设施建设。生猪生产实现了"品种优良化、设施现代化、防疫规范化、粪污资源化、产品安全化"等"五化"，将猪场建设为无疫小区。

2. 防疫措施到位 钟欢猪场制定科学防疫技术，落实防瘟措施，制定养殖工人奖惩激励制度，推行"军营式""铁桶式"管理，严格切断疫病传播途径，提升生物安全防护水平。

3. 精细化管理和规范化饲养 钟欢猪场采用散装配合饲料和精准配方、"益生菌＋中草药"发酵药剂，使用机械化、自动化、智能化设施设备，提升了养殖标准化水平和生态化生产能力，猪群整体健康程度较高。

改造升级　严防严控　复养增养迅速

——广西钦州五祥农牧有限公司复养增养经验

一、养殖发展情况与现状

钦州五祥农牧有限责任公司创立于 2008 年，位于钦州市久隆镇，总资产 4.6 亿元，是一家集饲料生产、种猪繁育、生猪养殖销售于一体的农业产业化龙头企业。自 2018 年我国辽宁发生首例非洲猪瘟疫情以来，公司曾经一度走入生猪调运受阻、生猪价格跌入低谷、生猪存栏量锐减的困境，至 2019 年 6 月，公司生猪存栏 6.1 万头，其中能繁母猪从原来的 0.67 万头减至 0.62 万头。但公司敏锐地察觉到市场暴跌后必有暴涨，为了尽快恢复生产，从 2019 年年初开始，公司先后投入 1 000 多万元用于增加和升级设施，对下辖的 139 个养殖场内环境进行了全面的升级改造，增加了防鼠、防蚊、防蝇、防鸟等设备，阻断一切野生动物可能带来的接触性传播，并加强管理，防范非洲猪瘟发生。目前，公司生猪存栏近 8.7 万头（其中能繁母猪 7 210 头、后备母猪 2 689 头、公猪 120 头、哺乳小猪 1.89 万头、生长育肥猪 5.8 万头），种猪场的能繁母猪已恢复至正常养殖规模。

二、采取的主要措施

1. **全面排查评估，改造升级**　公司组织技术人员到下辖的 139 个养殖场实地仔细查看猪舍、围栏、周边卫生防疫情况，评估现有加盟养殖场防范疫情风险的能力。将传统的开放式猪舍改造成封闭式猪舍，改造项目包括增设风机、水帘、防蚊网、料塔、洗消间，整改圈舍、围栏、猪舍屋顶及墙面等。改造提升完成后，有效阻止了蚊蝇、虫鼠进入场内，加盟养殖场的整体饲喂环境得到提升，防疫能力进一步提高，养殖成本随之降低。现在生猪价格一路高涨，加盟养殖场能迅速实现回本，同时还能快速获得经济效益，有利于进行持续正常生产。

2. **严防严控，阻断传播**　疫情发生后，公司积极学习了解疫情防控知识，了解到非洲猪瘟病毒最怕高温，60 ℃下只需 20 分钟就能把非洲猪瘟病毒杀灭。为了响应自治区关于非洲猪瘟防控工作的号召，更好地完善生物安全管理体系，公司在钦南区沙埠镇建立了一个全自动车辆烘干站（防非消毒中心）作为养殖配套设施，通过将物流车恒温加热至60 ℃实现消毒。该项目实施后，猪场在生物防控体系上阻断了外进物资与车辆流动带来的感染风险。此外，还购置了全封闭空调断奶仔猪转运车 2 辆、散装饲料运输车 4 辆、散装饲料塔 200 多个，有效切断非洲猪瘟病毒对公司运输车辆和物资的污染。同时组建 1 个非洲猪瘟病毒自检实验室，对进出生产区的人员、车辆、生猪、物资以及水源和环境进行监测，确保公司生产运营的每一个环节都足够安全。

3. **加强管理，保障生产**　自国内发生第一例非洲猪瘟疫情起，公司就建立了严格的防疫管理体系，严控养殖场人员的出场次数，人员物资必须通过隔离消毒检测合格才能进场。在疫情严重的时期，更是限制人员流动，实行猪舍单人管理的模式，每天进行猪场内外消毒。把公司的食堂移至场外，由场外食堂统一配餐，并经过检测消毒后派送到场内。总的来说，就是用隔离、消毒、检测阻断一切可能传播疫情的人员、物资等，创造一个相对安全的生产环境，维持生产的稳定性和可持续性。

三、复养、增养的成效

目前，公司生猪存栏近 8.7 万头，种猪场的能繁母猪已恢复正常养殖规模，并还在不断增加，加盟养殖场大部分已恢复生产。公司正在抓紧新场的建设，其中黄桐岭种猪场项目占地共 230 亩，规划建设面积 43 019 米^2，总投资 2.2 亿元。该项目生产流程规划科学、工艺先进，设备进口自德国大荷兰公司，生产车间采用全自动温控系统、自动送料系统、智能化控制系统，并通过互联网实现远程统一监管，在生产设施上达到国内同行领先水平。同时，建有 1 000 米^2 发酵床和 1 200 米^3 沼气池，使用水泡粪技术对粪污进行处理，真正达到养殖废弃物零排放，彻底实现了养殖废弃物的高度无害化处理和资源的优化利用。

四、获得的经验

（一）时刻关注市场动态，及时做出反应

在非洲猪瘟疫情期间，大部分遭受巨大损失的企业和养殖场受到重创，很大程度上是因为其对疫情的反应迟钝，重视不够。而五祥公司在非洲猪瘟刚在国内冒头时，就建立起了一整套科学、完善的防控系统，所以才能平安度过疫情。同时，要有预见性地把控生猪市场变化，及时调整生猪繁殖育种方向。五祥公司在疫情期间大量培育种猪，在生猪价格上涨，国内掀起一轮养猪热潮时，公司可以以较高的价格销售种猪，迅速抢占市场，实现利益最大化。这使公司快速度过低迷期，促进了公司的平稳发展。

（二）精细化管理，严格控制成本

饲料是养殖过程中占据成本最大的部分，五祥公司很早就意识到了这个问题，建立了自己的饲料厂，购买了自己的饲料运输车。只要购买相对应的饲料原料进行加工，就能满足公司养殖场饲料的需求。这样既节省运输成本，又能抵御市场成品饲料涨价的风险。另一方面，公司购置料塔，测膘喂料，科学地控制饲喂量，避免饲料浪费，进一步节约了成本，实现利益最大化。同时也实现了自给自足，减少了人员物资的流动，降低了疫情传播的风险。

（三）加强管理，提高员工福利

受非洲猪瘟疫情的影响，公司严格控制猪场人员物资的流动，同时建立了餐饮配送系统，保障了员工的正常生活。由于防控的需要，公司减少了员工的外出，但同时提高了员工的工资福利。节假日，公司常举行各种活动、发放各种节日礼品，极大地丰富了员工的生活，且在2019年年底时还拿出一部分分红作为员工福利发放给大家。福利待遇高，工作氛围好，才能让员工们全心全意为公司服务，公司才有未来。

设施升级　强化管理　增养成效喜人

——广西海和种猪有限责任公司增养经验

一、基本情况

广西海和种猪有限责任公司成立于 2010 年，位于梧州市藤县塘步镇，是一家现代化、专业化的原种猪生产销售企业。近年来，公司大力推行生态养殖及农业现代化建设，生产区基本实现自动化生产，取得了"国家级畜禽标准化示范场""广西壮族自治区级健康种猪场""广西五星级畜禽现代生态养殖场""广西壮族自治区级农业龙头企业""梧州市农业产业化重点龙头企业""县级现代特色农业示范区"等多项荣誉。

非洲猪瘟疫情发生前，公司存栏母猪约 2 000 头，年出栏生猪 4 万多头。国内暴发非洲猪瘟疫情后，公司敏锐地预判到非洲猪瘟将会对生猪产业造成重大冲击，主动采取淘汰母猪等方式，从存栏 2 000 头母猪迅速减栏到 800 头左右，为疫情过后的快速增养保存实力。2019 年 5—6 月，在疫情于本地肆虐之际，公司在猪场的硬件、软件、管理等方面深下功夫，进行大规模设施改造，为疫情过后迅速恢复生产赢得先机。目前，公司母猪存栏量已扩产至 3 300 头，预计 2020 年出栏生猪约 6 万头。

二、主要措施

（一）设施设备改造升级

2019 年 2—10 月，公司先后投入资金 1 500 万元，完成生产设施设备等技术改造工作。一是建设消洗中心 2 个，购入全密封饲料车、全密封空调运猪车各 1 台，加强物流、车流等方面管理及消毒；二是在公司入口处建设物料中转储存仓，所有物料均要求消毒以后才能进场使用；三是在公司各生产区完成了空气过滤、水帘降温负压通风、自动投料等设施设备改造，实现了防蚊、防蝇、防鸟、防鼠等；四是安装了闭路监控视频，实现视频选猪，并建设中转装猪台，有效增强了风险防范能力。

（二）强化人员管理

动员生产人员留在猪场内休假，尽量减少人员外出，加强与外界的隔离。如有特殊原因确需外出的，休假回来后，须按公司要求做好隔离消毒：一是休假人员进场前 3 天内不得去过其他猪场、屠宰场、无害化处理场及动物产品交易场所等生物安全高风险场所；二是休假回来的生产人员在公司门口指定的住宿区进行隔离，洗澡后更换干净衣服及鞋靴方

可进入隔离区，并要注意头发及指甲的清洗，携带的物品经消毒后方可带入，严禁携带偶蹄动物的肉制品；三是休假人员需完成3天或更长时间的隔离消毒后方可进入宿舍区；在宿舍区隔离一个晚上，第二天进入生产区前，需正常执行日常的洗澡、换衣服、换鞋等流程。

（三）加强猪群管理

一是在非洲猪瘟疫情发生之初，缩短生猪出栏周期，同时优化母猪群体结构，淘汰胎龄长、繁殖性能不理想的母猪，主动去产能，降低生产密度。

二是加强猪群日粮管理，参考部分专家提出的"营养冗余"概念，适当降低对饲料的成本意识，尽量提倡营养冗余，增加饲料中蛋白质的供应，提高猪群抵抗力，同时做好饲料熟化工作。

三、复养增养成效

目前母猪存栏量已扩产至3 300头，预计2020年出栏生猪约6万头。生产区经技术改造后，猪群的生活环境更加舒适，同时防疫措施更加严格，极大提高了生产水平，仔猪保育期成活率达到98%以上。

四、建议和启示

当前，生猪恢复生产仍然困难较多，建议各级相同单位继续加大生猪恢复生产工作力度，落实好国家"像抓粮食生产一样抓生猪生产"的各项具体举措。如何防范风险、保证生猪生产仍是每个养殖企业要首先考虑的问题，企业要努力提升生物安全防护水平，科学防控，管好人、管好猪、管好车辆物料等，尽最大努力做好"菜篮子"的稳产保供。

提升"防非"能力　重振养殖信心

——来宾市雄桂农牧有限公司复养增养经验

一、基本建设情况及当前生猪生产情况

来宾市雄桂农牧有限公司成立于 2019 年，注册资本 4 000 万元，公司主营业务为种猪育种、养殖等。公司养殖基地位于广西来宾市象州县象州镇朝南村委朝南村北山，占地 306 亩，离村民居住点 3 千米。

公司种猪养殖基地按标准化生态养殖要求建设而成，目前建有 45 栋猪舍，共 54 387 米^2，有 1 024 套产床、3 356 个定位栏。场区选择在地势高燥、背风、向阳的地方，做到生产区、出猪台、生活区、办公区严格分开，并保持一定距离。场区入口设有车辆人员消毒池，生产区有更衣洗澡消毒室。猪舍建筑通风透光性能好，有自动饮水和加药系统、自动饲喂系统和机械通风系统，四周有围墙、树木环绕，形成自然的天然隔离防疫区；养殖场内干净整洁、环境优美、绿树成荫、空气清新，配套建设有人工授精室、化验室、药房、兽医室、电脑办公室、种猪性能测定室、隔离舍，按环境保护和防疫要求规划设计雨污分流设备、病死猪无害化处理间等，改变了以往传统养殖方式引起的环境交叉污染，提高了对各种疫病的防控。公司现存栏母猪 6 000 多头，扩建项目完成满负荷生产后，可存栏母猪 10 000 头，年出栏生猪和仔猪可达 24 万头以上，预计 2020 年可向社会提供优质仔猪 24 万头。

二、复养增养的主要历程和采取的技术措施

（一）复养增养主要历程

非洲猪瘟疫情暴发前，象州华金养殖场占地 1.9 万米^2，常年存栏生猪 6 000 头，其中能繁母猪 1 200 头；象州光明养殖场占地 0.9 万米^2，以经营育肥猪为主，常年存栏育肥猪 4 000 头。疫情暴发后至 2019 年 8 月，象州华金养殖场仅剩能繁母猪 300 头，在这场疫情中损失惨重，存栏母猪几乎全军覆没。2019 年 9 月，业主决定将象州华金养殖场和象州光明养殖场合并成立来宾市雄桂农牧有限公司。为了尽快恢复生产，公司根据实际情况及时科学规划，对猪场进行了"铁桶式"的升级改造。

（二）采取的主要措施

1. **生产设备改造**　对栏舍围墙等进行改造、完善，由原来的开放式通风窗户改为全

铝合金封闭式窗户，并全部用纱网封住；升级喂料系统，由原来的人工投料改为自动料线投料。栏舍外墙和顶部均安装挡鼠板和防鼠（蚊）网，防止老鼠、蛇、蚊子、苍蝇等进入猪舍内部；改造安装现代化的生产设备，如产床、饮水系统等。

2. **消毒设施改造**　重新改造消毒通道，增设生活区和生产区消毒室，外来人员从场外进入生产区必须经过两次清洗消毒；增加场外消毒点，对外来车辆进行严格消毒；对生产区的栏舍、过道等重点区域进行彻底消毒，分别进行烧碱消毒、火焰消毒和熏蒸消毒，消毒室设有紫外线和喷雾消毒。

3. **粪污处理设施改造**　增加固液分离机，新建沼气发电机组一套，容积 1 000 米³，配套建设足量的沼气池、沉淀池、化制池、堆粪棚，对粪污进行资源化、全量化利用。

4. **加快扩建项目建设进度**　公司在新冠疫情、非洲猪瘟疫情"双疫情"影响下，公司仍然克服了种种困难，不畏严寒酷暑、加班加点，赶工、赶进度。

三、复养增养成效

公司通过构建"防非"生物安全体系，真正做到了全方位切断疫病传播途径，提升了"防非"能力，为积极应对非洲猪瘟、尽快恢复生猪生产和确保后期养殖安全提供了重要支撑。公司在生猪复养过程中，严格执行各项"防非"措施，经过改造升级后，于2020年1月开始恢复生产，目前生猪生产情况稳定，现存栏种猪 6 000 多头，并且未发现有新的疫情产生。这给公司开足马力全面恢复生猪生产增强了信心，同时也为周边养殖场（户）提供了复养增养的成功经验，帮助他们重振养殖信心、尽快恢复生猪生产。

四、复养增养过程的启示和建议

（1）无论是新建猪舍还是改造猪舍，首先应想到的是切合实际、易操作、易执行，而不是盲目追求高大上，特别是在非洲猪瘟疫情影响后的特殊时期，这一点更为重要。

（2）栏舍墙体建议改造为实心墙，圈栏之间最好有隔离墙，防止不同圈的猪只互相接触，这也是切断病原传播的有效途径。

（3）在复养增养过程中，多交流、多学习，借鉴他人的成功经验和模式，然后再根据自己的实际情况做相关的改造和设计，切忌盲目跟风。

（4）建议降低饲养密度 30%～50%。降低群体密度是当前复产的现实需要，也是控制传染病的基础。我们应该清醒地认识到，多数猪场是在历经非洲猪瘟后利用有限的财力进行复产，显然以当前有限的财力无法支撑发生非洲猪瘟前原有规模运转所需的人力、物力，这还不包括猪场生物安全改建与升级所需资金。所以，降低密度、控制生产规模是进行复产的现实需要。而基于非洲猪瘟传播的特点，在降低密度的基础上减少猪与人、物的接触，将大大有利于对该疫病的控制。

"公司＋农户" 带动生猪复养增养

——海南罗牛山畜牧有限公司生猪复养案例

为贯彻落实国务院、海南省人民政府关于促进生猪产业转型升级、保障市场供应的有关规定，加快恢复生猪生产，保障市场供应，海南罗牛山畜牧有限公司根据海南省大、中、小规模生猪养殖场并存的情况，结合公司技术力量和现有资源，通过"公司＋农户"的模式，促进生猪复养增养。

"公司＋农户"模式是海南罗牛山畜牧有限公司为养殖小区的农户提供"五统一"服务的基础。"五统一"指统一使用公司生产的饲料、统一饲养管理、统一防疫管理、统一养殖技术管理，最后，由公司统一收购养户养殖的肥猪。该模式有效结合了企业的专业饲养优势、产业链优势等，帮助农户脱贫致富。

刘新梅农户点存栏规模为生猪 3 000 头，有 3 栋传统式育肥舍。2019 年 6 月 3 日，生猪突然死亡 3 头，疑似感染，随即按要求进行了全群捕杀和无害化处理。处理时存栏 2 488 头，均重在 80 千克以上。

2019 年 10 月 8 日，刘新梅农户点开展复产工作，针对农户点环境复杂、人员劳力较少的情况，公司成立了农户洗消小组，推进复产工作。

一、整理、洗消流程

（一）整理

清理猪场内外、猪舍内外的残留垃圾及剩余物资，对场内剩余的原料、饲料、药品、木制品、橡胶垫、工具、垃圾等进行深埋或焚烧处理，对猪场的杂草加以清除，做好外围防鼠挡板安装工作，灭"四害"。

（二）精细洗消

洗消前彻底进行清扫和清洗，使用泡沫清洗剂，否则清洗不彻底，因为有很多有机物、脂类、蛋白无法仅凭水冲去除。冲洗有利于杀灭病原，有的泡沫清洗剂本身也有杀灭病毒的作用，清洗干净再消毒才彻底、高效。熏蒸也是有必要的，因为消毒和清洗很难把死角清理干净。应按照"清扫＋泡沫清洗＋烧碱泼洒浸泡＋高压冲洗＋火焰灼烧消毒＋熏蒸消毒＋干燥"的程序执行，正确的清洗可以去除环境中 90％ 的微生物。

（三）检测

洗消过后要评估，这个评估包括对不同环境下样品的监测，具体包括猪场栏舍内部、生活区、办公区，特别是尸体填埋场的样品。有的猪场在处理疫情的时候就把猪埋在自己的猪场，这时对周边一定要进行监测，检测后没有通过的，需对全场再次进行清洗消毒。

二、重点操作

（一）防鸟防鼠，驱蝇驱虫

对场内蚊、蝇、蜱、老鼠、鸟类等进行杀灭，处理场内的猫、狗等其他动物。在猪场围墙（防鼠挡板）四周建立"生石灰＋碎石"的隔离带，阻止老鼠进入猪场。

（二）树木杂草垃圾

清除猪场内及围墙外的树木、杂草及垃圾。在猪场内外的草丛中喷洒农药，清除蜱虫卵，减少非洲猪瘟传播媒介并减少蚊蝇卵。栏舍周边的杂草需要清除，以能见到泥土为准，用烧碱浸泡后铺一层（0.5～1厘米）生石灰。

（三）猪栏

用清水加泡沫清洗剂全面清洗（低压预清洗）所有的猪栏地面、墙面、屋顶和水管等固定设备，再用钢丝球擦拭猪栏及相关设备，晾干后用烧碱浸泡，再高压冲洗一遍，待干燥后，查看并用白纸巾擦拭，确认清洗是否干净，不干净需重复清洗。检查达标后，再用火焰枪灼烧栏舍及可高温灼烧的设备设施，注意控制速度，每米约20秒，最后用"高锰酸钾＋40％的甲醛溶液（福尔马林）"熏蒸消毒密闭24小时，再烘干（60℃持续60分钟），并用广告布全面覆盖。

（四）猪舍内设备、器具

清洁和消毒所有设备。对猪栏内的铁制品等进行火焰消毒。对可浸泡的器具、栏门等采用2％的烧碱浸泡2小时消毒。将所有能拆卸的设备，如猪栏、漏缝地板、产床隔离板、保温箱、手推车、柜子、架子、门窗、灯具等移至室外，清洗、消毒后置于室外晾晒。

（五）粪污及其管道

猪舍内外粪沟和舍内漏粪板下的粪尿都要处理干净，清空粪水池后进行清洗消毒，并对粪便等进行深埋、堆积发酵等无害化处理。粪沟需要堵住出口，用烧碱多次浸泡。

（六）药房库房

烧掉或无害化处理所有没有用完的兽药、物品外包装。对库房进行密闭熏蒸消毒（福尔马林＋高锰酸钾）。库房内所有备用器材、设备、工具等以消毒液浸泡或进行高压喷洗消毒。

（七）办公室、食堂和宿舍、生产线、洗澡间、更衣室

将这些区域清理干净，然后用过氧乙酸或戊二醛进行密闭熏蒸消毒。

（八）采用多种消毒方式消毒

包括清洗消毒、粉刷消毒、喷雾消毒、熏蒸消毒、火焰消毒。只要允许，如猪栏、猪舍地面尽量进行 1 次火焰消毒。应选择多种非洲猪瘟病毒敏感性消毒剂轮换消毒。

三、复产成效

经过完整的洗消流程，确认检测结果无异常后，公司于 2019 年 11 月 16 日至 12 月 11 日引进猪苗 3 000 头。目前，猪群健康，生产正常，常规检测无异常，已销售生猪 1 541 头，均重 128 千克。

抗击新冠疫情，推进生猪复养增养

——海南海垦畜牧集团生猪复养案例

2019 年的非洲猪瘟给养猪业带来了严重冲击，2020 年新冠肺炎更是席卷了各个行业。在党中央、国务院的正确领导下，各行各业积极复工复产。养猪业在经历非洲猪瘟和新冠肺炎疫情的双重考验后，重整旗鼓，积极恢复生产，稳定市场供应。

海南农垦畜牧集团扛起国有企业的使命担当，积极响应党中央号召，贯彻落实习近平总书记在统筹推进新冠肺炎疫情防控和经济社会发展工作部署会议上的重要讲话精神，在做好新冠肺炎防控的基础上，对养殖户进行生猪复养培训，帮助受新冠肺炎和非洲猪瘟疫情影响的养殖场户复工复养。

一、排查原因，找漏洞

经排查，发现公司在防疫工作上存在不少漏洞，物料入场消毒不严格；人员入场随意；防疫设施简陋；外来人员可入场卸料；对老鼠、飞鸟没有防控等。

二、针对漏洞，出方案

1. **整改方案**　针对上述漏洞设计的整改方案见表 1。

表 1　生物安全升级改造项目

序　号	项　　目	数　量	规格及标准	用　途
1	生产区围墙（铁丝网或者实体墙）	现场核定	不低于 1.2 米	用于与外界隔离
2	生产区挡鼠板	现场核定	不低于 0.6 米	用于防止老鼠进入生产区
3	栏舍防蚊网	现场核定	能防住蚊虫钻入	用于防蚊虫
4	物资熏蒸消毒间	1 个	不低于 6 米^3	新进物资存放及消毒
5	臭氧消毒机	1 台	臭氧量不低于 3 克/小时	物资消毒

（续）

序 号	项 目	数 量	规格及标准	用 途
6	紫外线灯	6 支	40 瓦以上	物资和饲料消毒
7	水鞋（每栋栏舍配备）	因栏而异	因人而异	避免栏舍间交叉传播
8	消毒机及配套设备	2 台	压力不低于 8 兆帕，配备容量不低于 200 升的水桶	用于生产区与外界的消毒
9	栏门密封、增设门槛	根据栏舍数量	栏舍内猪只不能碰到过道人员	避免人员与猪接触
10	料塔	不少于 2 个	每个容量不低于 10 吨	储存饲料

2. 洗消方案

（1）洗消项目。栏舍周边清除杂草，料间、仓库、清理宿舍全部干净，清理猪栏内部杂物。

（2）洗消方法。所有墙面、地面、钢架结构等，先用清水清洗去污，再用烧碱浸泡，然后以清水高压清洗。对栏舍进行火焰消毒后再用烧碱浸泡，以清水高压清洗后，使用烧碱和生石灰的混合液进行白化消毒，最后以清水清洗。局部区域需要用清洁球进行人工洗刷。

场内地未硬化区域全部用生石灰覆盖消毒。

三、根据方案，抓落实

1. **将物资清理分类**　不能用、不能洗消的物品全部销毁；能用的物品用消毒水浸泡。
2. **对未硬化场地进行清理消毒**　清理杂草，露出土层，撒上生石灰。
3. **对栏舍、过道及仓库进行消毒**　修补地面和墙面的缺陷，打扫卫生。地面和墙面先进行清水高压清洗，浸泡 4% 的烧碱 30 分钟，再进行一次清水高压清洗，干燥后用火焰进行全面消毒。之后用 4% 的烧碱浸泡墙面和地面 30 分钟，再进行清水高压清洗至干净。最后用 2 千克烧碱＋10 千克生石灰＋50 千克水混合液对所有栏舍、仓库、过道进行白化消毒。
4. **粪沟消毒**　将两头堵塞，先用清水浸泡 24 小时以上，然后排尽，再用 4% 的烧碱浸泡 24 小时以上。

四、投入生产，待丰收

对猪场环境进行采样检测，检测结果良好。封存栏舍，等待进猪。

五、生物安全管理

1. **设立三级洗消点**　于乡镇进行第一次消毒，于距离猪场 1 千米处进行第二次消毒，

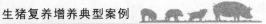

于猪场门口进行第三次消毒，并对料车进行烘干消毒。

2. **人员管理**　饲养员进入猪场后，不得再随意外出。

3. **服装管理**　从生活区进入生产区必须洗澡、更换衣服，进入每栋栏舍时必须更换水鞋。

4. **物料配送管理**　由场外专人采购，严格熏蒸消毒后方可进入生产区。

5. **消毒管理**　每周进行2次生产消毒，并拍视频进行监督。

6. **应急管理**　物资、设备或猪只出现异常情况，及时送检。

重庆日泉农牧有限公司
生猪复养增养典型案例

——荣昌区畜牧发展中心

一、基本情况介绍

重庆日泉农牧有限公司成立于 2012 年，注册资本 13 032 万元，位于国家现代科技示范园内，是由行业专家、教授、企业家组建的西南地区规模较大的高技术、高起点、高标准的种养结合型企业，经过 8 年多的发展，已经成长为一家大型现代化农牧企业。公司建立了包括种猪繁育、生猪养殖、技术研发、饲料生产等在内的一体化经营模式，产业链不断得到延伸和完善。

二、复养增养历程及主要措施

（一）投苗前的准备工作

（1）考察猪场各项硬件设施和防疫条件。

（2）考察养殖户个人信誉度、是否自养、疫情情况下的饲养心态、是否服从公司针对非洲猪瘟提出的封闭式管理的要求。

（3）在疫情期间调整与养殖户的合作模式，保障养殖户收益，减轻养殖户面对疫情的心理压力，使之全身心投入饲养管理。

（4）至少提前一个月对饲养场进行反复清洗消毒，直至全场检测结果为阴性后再投苗饲养。

（5）集团公司不定期对技术员进行防控技术培训。

（二）猪苗的流动监控

（1）目前，由公司高丰猪场提供非洲猪瘟检测合格的断奶仔猪给养殖户。

（2）运送仔猪的专用车辆经清洗、消毒、烘干后，多位点采集样本，进行非洲猪瘟检测，合格后装猪，运送到养殖户家中。

（3）每个养殖户场均安装有摄像头进行监控，同时养殖户每日上报猪只健康状况。

（三）饲养期间管理

（1）饲养期间，全场进行封闭式管理，不得从外部购入猪肉、牛肉、羊肉等。

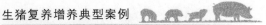

（2）投苗后 10 天内，技术员必须驻场观察猪群的生长趋势。

（3）技术员下乡检查前，对所有车辆进行清洗消毒检测，结果为阴性后方可到养殖户处指导工作，并提前通知养殖户做好防护措施。指导时全程穿隔离服，每次只能到一个养殖户场查看，不得串场。

（4）公司自建有非洲猪瘟检测实验室，每周对养殖户生猪的唾液和周围环境进行核酸试剂抽检，截至目前，检测结果均为阴性。

（5）所有圈舍安装监控设备，实时关注猪群健康状况，减少饲养员进出圈舍次数，避免交叉感染。

（6）猪场饲养人员要做到进出圈舍时洗澡、消毒、换衣，每天对场内、场外进行消毒。

（7）饲料运转到猪场后，要经过 1 次清洗、3 次消毒，方可转运到场内。

（8）猪场内增设灭蚊香，猪场外围增设防蚊网，避免交叉感染。

（四）销售环节把控

（1）销售车辆统一清洗、消毒、烘干隔离 24 小时后方可进场转运猪群。

（2）参与人员全部穿上隔离服，司机不得下车，场内人员赶猪至上猪台，做到场内、场外人员不交叉。

（3）销售人员完成销售后必须洗澡、消毒、更衣后方可进行下一次销售。

三、取得成效

为顺应企业发展，现已稳定推行两种模式：

（一）公司发展模式

公司在荣昌区已投产高丰种猪场（6 500 头能繁母猪、年出栏优质仔猪 15 万头）和盈丰猪场（年出栏 5 万头）。建饲料厂 1 个，年产能 10 万吨。现存栏基础母猪 3 200 头、后备母猪 3 000 头、育肥猪 16 000 头。

（二）"公司＋基地＋合作社＋家庭农场"分段饲养、合作共赢模式

为合作的养殖户提供统一建舍规划、统一供苗、统一供料、统一疫苗防疫、统一养殖技术标准、统一培训、统一保价回收、统一销售的"八统一"服务；进行标准化、专业化、集约化的适度规模养殖；与农户建立紧密的利益联结机制，保证养殖户饲养一头生猪的纯收益在 200 元以上，大大降低了养殖风险，提高了效益。公司秉着诚信的合作原则，合作养殖户从 0 发展到 45 户（已投产），新签订合同的已有 10 家，投苗量顺利达到 26 000 头，平均上市率为 88%，生猪平均体重已达到 150 千克。

通过公司与养殖户的紧密合作，以同批饲养 500 头生猪的合作养殖户为例，全进全出一批生猪收入 15 万元，纯利润约 10 万元。公司 2020 年一季度收入 3 250 万元，净利润 1 087 万元，实现了公司与农户的合作共赢。

四、经验、启示及建议

公司之所以能取得如今的成绩，与投苗前、饲养期间、出栏整个流程的严格把控密不可分。

1. **做好仔猪进栏前的准备**　进栏前，栏舍、用具都要彻底消毒。准备投苗前，应准备好栏舍、用具和饲料。栏舍要彻底清扫干净，对栏舍墙壁、地面以及食槽、饮水器、用具等细节处进行严格消毒（熏蒸、火焰灼烧等），消除病菌的生存环境。尤其是过去曾发生过疫病传染、病猪死亡的栏舍，更应彻底消毒。消毒后对猪舍进行多次检测，结果均为阴性方可投入使用。

2. **注意调栏**　猪群调栏时须经仔细观察并确定其健康后才可合群。

3. **加强免疫和饲养管理**　生猪补栏最重要的是疾病预防。春季是各种重大动物疫病多发的季节，同时也是生猪寄生虫病多发季节。要严防各种传染病的发生，严格按照免疫程序做好动物疫病的防疫和内外寄生虫病的防治，这样才能有效保证猪群复养、增养成功。

科技与非洲猪瘟

——重庆市飞翮生猪养殖有限公司增养典型案例

一、基本情况介绍

重庆市飞翮生猪养殖有限公司位于重庆市涪陵区江北街道碧水村 6 组，始建于 2008 年，占地面积 70 亩。经改扩建后，现有圈舍面积 8 700 米²，存栏经产母猪 400 头、后备母猪 150 头、育肥猪 2 000 头。

二、增养历程及措施

2018 年，重庆市飞翮生猪养殖有限公司有圈舍 4 700 米²，存栏母猪 300 头。因猪场修建较早、设施设备落后且损坏较多，公司决定对设施设备进行升级换代，建设现代化、自动化猪场，并逐步有计划地淘汰母猪，至 2018 年年底仅留有母猪 100 余头，同时，改自繁自养为销售仔猪。猪场于 2018 年 10 月开始改建，于 2020 年 4 月完工，共扩建圈舍 4 000 米²，改建圈舍 4 700 米²，圈舍改为全漏缝地板，全封闭式，安装了自动降温、自动换气系统、自动供料系统、消毒系统、异位发酵床等。

三、取得成效

该场通过技术改造，采用现代畜牧科技，建成了现代化、自动化猪场，取得了很好的经济效益和社会效益。

1. **改变粪污处理方式** 使用全漏缝地板，改用节水型碗式饮水器，有效减少了污水的排放量；采用异位发酵床处理工艺，减轻了环保压力，提高了粪污的资源化综合利用率，取得了较好的社会效益。

2. **完善完全体系** 通过建立全封闭圈舍以及物料进出的消毒系统，完善了生物安全体系，更有效地防控了非洲猪瘟，保证了生猪生产，不仅使猪场产生了极佳的经济效益，也产生了保障生猪市场供应的社会效益。

3. **改善猪舍内环境** 通过改善生猪的生活环境，更好地发挥了生猪的生长潜力，降低了疾病的发生率和死亡率，提高了生猪的生长速度，降低了料肉比和猪肉成本，经济效益显著。

4. **采用自动化设备** 设备自动化既节约了劳动力成本，也减少了人与猪的接触，降低了人为因素对猪的影响、猪的应激反应等，有利于猪的生长和疫病防控，经济效益明显。

四、经验、启示及建议

我们可以从重庆市飞翮生猪养殖有限公司增养的案例中总结出以下经验：

1. **选址是疫病防控的根本**　该场位于山中，周围1千米内无居民、养殖场，进场只有一个通道，能很好地控制人员和物料的进出。建设猪场时应选择养殖场密度小且独立性和封闭性好的地址，这对有效防控疫病至关重要。

2. **洗消中心是疫病防控的基本保障**　建立洗消系统是防疫的基本要求，建立完善的消毒设施和强大的执行力是疫病防控的关键。该场建立了车辆洗消中心，对进出的车辆和人员、物料实行严格的消毒与隔离措施，最大限度地减少了输入性传染源。

3. **现代化的养殖设施设备是疫病防控的有效手段**　全封闭式圈舍、自动供料系统、漏缝地面等有效地减少了人员与猪的接触，也减少了疫病的传播途径；温控系统改善了猪的生活环境，有效提高了猪的非特异性免疫力，相对减少了易感动物，阻断了疫病传播。

4. **消灭"四害"能有效减少传播途径**　该场通过水泡粪、异位发酵床工艺，有效减少了苍蝇的繁殖；全封闭式圈舍有效阻止了苍蝇、蚊虫、老鼠、蟑螂的进入，防止疫病传播；同时定期灭鼠，消灭苍蝇、蟑螂、蚊虫。通过控制"四害"数量，减少了传播媒介，也有效减少了传播途径。

5. **控制引种，减少输入传染源的机会**　该场原有纯种母猪，增加的二元母猪系本场生产，没有引种，切断了传染源。引种有可能引入病原，增加疫病风险。如果猪场必须引种，须在引种前对引进猪进行非洲猪瘟检测，到场后须严格隔离、驯化，隔离期满后，须再次对非洲猪瘟进行检测，确认阴性后才能合群。

6. **加强员工培训，提高猪场管理水平**　人员的防疫意识和能力是控制疫病、提高生产力的关键因素。非洲猪瘟时期，要严控人员的进出，而长期封闭式管理势必对员工的心理、生理造成不利影响，所以，关心员工，对员工进行全方位的培训，从而提高猪场管理水平是提升猪场效益、完善疫病防控的关键因素。

我们通过以上经验总结得出如下结论：应用现代畜牧科技，建设现代化猪场，采用先进的设施设备，同时积极防控，树立持久战的战略思想，克服麻痹、侥幸思想，采取完善措施，非洲猪瘟是可防可控的，恢复生猪生产、保障市场供是可期可待的。

示范引领，产能复苏；
规范标准，绿色发展

——鼎圜农业桐垭生猪养殖场增养典型案例

一、基本情况介绍

鼎圜农业桐垭种猪场是重庆鼎圜农业有限公司和正大集团下属重庆正大农牧食品有限公司的合作项目。该项目总占地 400 余亩，分两期建设。一期于 2018 年 6 月开始建设，2019 年年底竣工验收，生产占地 12 000 米^2，总投资 3 000 多万元，设计存栏能繁母猪3 000 头，于 2020 年 4 月投产。

二、增养历程及主要措施

（一）增养历程

2018 年 3 月，重庆鼎圜农业有限公司成立；2018 年 4 月，重庆鼎圜农业有限公司和重庆正大农牧食品有限公司达成合作意向；2018 年 5 月，设计项目图纸；2018 年 6 月，项目开工建设；2019 年 6 月，生产区竣工验收；2019 年 7 月，洗消烘干中心开工建设；2019 年 10 月，洗消烘干中心建成；2020 年 1 月，全场进行清洁消毒；2020 年 4 月，引种投产。近期正筹备启动二期工程。

（二）主要措施

1. **合作共赢** 鼎圜农业团队在猪场建设方面有 10 多年的经验，从 2008 年开始，鼎圜农业团队就在全国各地参与规模猪场建设。重庆正大农牧团队隶属正大集团，以正大集团为依托，有成熟的养殖技术和系统配套。

2. **生产全程配套** 猪场相关的饲料、药品、车辆、物资、人员等全部由正大集团配套，所有流程都可以追踪查询，确保每个流程安全可靠。

3. **车辆洗消** 项目建设了洗消烘干中心，进入猪场的车辆要全部进行清洗消毒，然后再进行烘干，确保车辆干净无菌。

4. **人员洗消** 猪场人员需在场外指定隔离点隔离 3 天，采样检测合格方可进入猪场生活区，在生活区隔离至少 48 小时才能进入生产区。

5. **物资消毒** 物资在公司专用消毒间消毒后，经专车配送至猪场，并在生活区消毒间消毒，再经生产区消毒间消毒后才能进入生产区。

6. **粪污资源化利用**　按照"种养循环、综合利用、完全消纳"的生态环保养殖原则，采用自动环保系统。该系统采用倒 T 形漏粪板，将粪便和尿液漏到下面的积粪池，当积粪池内的储存量达到设定值时，再利用虹吸效应将猪粪收集到收集池内，经固液分离机分离。分离后的粪渣放入堆粪棚，进行追肥还到农田、花田中去，用于改良土壤；粪液经发酵池发酵处理后，通过地下管道输送至牟坪生态农业园，用于施肥灌溉。积粪池面积 20 000 多米²，加上面积 4 000 余米² 的发酵池，粪液储存量达到 24 000 余米²，按猪场每天产出猪粪 60 米² 计算，该池能储存猪场 1 年的粪液，可有效解决粪污消纳问题。

7. **疫病监测**　引种前，对猪场进行全面消毒，对猪场人员及环境的非洲猪瘟和高致病性蓝耳病情况进行检测，检测结果"双阴"才能引种。引种时要求对方提供非洲猪瘟、高致病性蓝耳病、猪瘟、口蹄疫全群采样的检测报告，检测结果"全阴"才能起运。猪群到达猪场后，按比例采样，送区动物疫病预防控制中心监测。

三、取得成效

鼎圜农业桐垭种猪场按照"标准化、规模化、智能化、绿色化"的要求建设，生物安全性高、自动化程度高、人均效能高。2020 年 4 月 29 日引进一批 900 头祖代后备母猪，后续会再引进 2 批种猪，至 8 月底，3 000 头母猪全部进场，预计 2021 年新增仔猪产能 7 万头。

四、经验、启示及建议

1. **使用自动温度控制系统**　猪场温度控制设备主要有风机、水帘、天窗、保温灯和保温板等。猪舍常年温度应保持在 18~24 ℃，保温灯和保温板系统用于冬天升温，水帘和风机系统用于夏日降温。

2. **使用监控联网系统**　猪场员工的所有操作以及猪的生活状态均可通过监控系统在监控室电脑或手机端查看，有异常情况可随时处理。

3. **使用物联网系统**　猪舍内的温度和湿度、猪只饮水和采食量等数据可通过电脑或者手机查看，员工即使在休假期间也能够第一时间掌握现场数据，及时处理异常情况。

4. **使用自动报警系统**　出现猪舍内温度过高过低（超出猪只耐受范围）、停电停水以及风机水帘料线故障等情况时，报警系统就会启动，方便生产人员第一时间处理异常情况。

5. **生鲜自足**　猪场除了米油等由外界送货外，蔬菜等生鲜均由场内自己种植。

创新生态养殖模式　　提升生猪产业效益

——重庆市优农益家农业有限公司增养典型案例

一、基本情况介绍

重庆市优农益家农业开发有限公司成立于2004年，位于重庆市万州区甘宁镇南桥村8组。现有投入运行的规模化养猪场3个，圈舍面积近3万米²，存栏能繁母猪1500头（其中祖代母猪100头），生长育肥猪近2万头；有在建规模化养殖场2个（设计圈舍面积4万多米²，建成后饲养能繁母猪2200头，年出栏肥猪5.5万头）、销售公司1个，下设猪肉销售门店20多家。公司是专门从事生猪育种、繁殖、育肥、屠宰加工、销售一体的生猪养殖企业，现有员工100余人，是重庆市级农业产业龙头企业。

二、增养历程及主要措施

2018年8月前，重庆市优农益家农业有限公司只有武陵、甘宁两个养殖场，受市场行情的影响，武陵场停养，甘宁场饲养能繁母猪近500头，存栏育肥猪5000余头。受非洲猪瘟的冲击，全国生猪存栏急剧下降，生猪价格迅速攀升，为养殖企业提供了前所未有的机遇和挑战。如何防控非洲猪瘟，并促进生猪养殖转型升级，实现企业良性发展，成为摆在企业面前的一道难题。在区有关部门的帮助指导下，公司迅速更新观念、转变思路、完善措施，实现了增养增收。

1. **外出学习，转变思想观念**　2018年5月，万州区农业农村委员会组织规模养殖业主到广西奇昌生物科技有限公司考察学习"低架网床＋益生菌＋异位发酵"养殖技术，"零排放、无污染"的养殖技术模式对公司向成兵总经理很有触动。之后，他多次到广西奇昌生物科技有限公司深入考察，坚定了全面使用"低架网床＋益生菌＋异位发酵"养猪模式的决心，随后，立即与广西奇昌生物科技有限公司开展技术合作，全面采用其养殖技术，在全区率先开展了养殖场的改造升级。

2. **迅速行动，实施圈舍改造**　2018年7月，优农益家农业开发有限公司在甘宁镇按照新的技术标准改造养殖场近5000米²，同年10月投入使用；和广西奇昌生物科技有限公司联合组建重庆万州奇昌生物科技有限公司，并将万州区种畜场的养殖场改建为近5000米²的万州奇昌种猪场，于12月投入使用；2020年3月，改建万州区畜牧站供精养殖场近6000米²，现已投入使用；甘宁镇优农益家种猪场10000米²改造项目正在进行中，7月底投入使用。

3. **适度拓展规模，加快新场建设** 公司和重庆万州德康农牧科技有限公司签订合作协议，采用"公司＋家庭农场＋村集体经济组织"的合作模式，在响水镇新建重庆宝莉园农业发展有限公司生态养殖场（年出栏生猪 2 万头），在甘宁镇新建重庆市万州区鸿阔生猪养殖有限公司生态养殖场（年出栏生猪 3.5 万头）。

4. **强化培训，掌握技术要领** 改造的圈舍采用"低架网床＋益生菌＋异位发酵"全新的养殖模式。公司聘请广西奇昌生物科技有限公司的养猪专家对公司职工进行全面的技术培训，让职工掌握生物发酵饲料的生产和使用、粪污异位发酵有机肥生产技术等。制定养殖场生物防控制度，严格从源头加强生物防控措施，增强了员工的生物防控意识。

5. **严控生物安全，提高饲养品质** 改建场均采用低架碳钢网床养殖模式，改造场全部从公司内部甘宁优农益家种猪场调种，避免了从外部引种可能带来的生物安全隐患。运用"生物发酵饲料"和"益生菌＋中药发酵"防控疾病，提高猪群的健康水平和免疫力。生物发酵饲料提高了饲料利用转化率，增强了生猪的抗病力，在促进生猪生长的同时，还具有改善畜产品品种及提高母猪繁殖性能的作用。利用中药进行保健，生猪不再使用抗生素，安全、高效、生态环保。使用生物发酵饲料，采用生物发酵糖化处理饲料和保健中药，吸收利用率大幅度提高。利用"风机＋水帘"对圈舍环境的管控，配合一系列防疫措施，确保猪场的生物安全，在非洲猪瘟的严峻形势下，确保公司全部养殖场无重大疫情。

6. **实施粪污异位发酵，实现资源化利用** 将养殖场粪污全量收集到发酵场，添加发酵菌素进行异位发酵，生产有机肥，实现粪污完全资源化利用。

三、取得的主要成效

1. **提高产能** 公司全部采用低架碳钢网床养殖技术，使用"风机＋水帘"的通风模式，使养殖场圈舍环境可控，相同圈舍面积较传统养殖增加 30％的养殖量。通过使用自动饲喂系统和刮粪机等设施设备，减少了饲养人员，降低了人力成本近 50％。改造后投入使用的 3 个养殖场现饲养能繁母猪 1 500 头，年销售种母猪近 8 000 头，出栏育肥猪 2.5 万头。正在改建的甘宁镇优农益家种猪场投产后，可饲养能繁母猪 800 头；两个新建养殖场投产后可饲养能繁母猪 2 200 头，新增产能 6.5 万头。

2. **实现生态种养循环** 通过采用"低架碳钢网床养殖技术"，养殖场严格雨污分流；严格养殖过程中的余水收集处理，严格控制外来水源进入粪便，做到源头减排；用刮粪机全量收集粪尿；饲养中全程使用益生菌，同时采用异位发酵处理技术生成有机肥，实现"零排放、无污染"，生产的有机肥全部用于附近果园，实现种养循环的生态农业产业模式。

3. **提升产品品质** 通过使用"生物发酵饲料"和"益生菌＋中药发酵"技术，有效防控疾病，提高猪群的健康水平和免疫功能，全程基本不使用抗生素和消毒药品，实现了生态养殖，生产的生态猪肉品质更佳。

4. **增加经济效益** 公司 5 个养殖场全面建成投产后，常年饲养能繁母猪 4 500 头，年生产二元母猪 1 万头，出栏肥猪 9 万头，实现产值 5 亿元。另外，公司每年生产有机肥近 20 000 万吨，用于近 20 000 亩经果林，直接增加经济收入 1 000 万元。

四、启示和建议

1. 启示　生物安全是前提，生态环保是关键，种养循环是方向。

优农益家通过使用"低架网床＋益生菌＋异末发酵"生态养殖新技术，配套"风机＋水帘"、饲料自动投喂系统、自动饮水控水设备、自动刮粪等技术设备，确保猪舍清洁卫生、环境可控、粪污源头减量、猪粪尿全量收集发酵资源化利用，实现"无臭无蝇"、健康、高效、安全、生态养殖新模式。使用生物发酵饲料改善猪群肠道微环境，用"益生菌＋中药"发酵技术，有效防控疾病，提高猪群的健康水平和免疫功能，配合全面严格防控措施，使非洲猪瘟可防可控，做到了全公司无重大疫情。养殖场将产生的粪污全部通过异位发酵生产成有机肥，施用于经果林，既有效控制了粪污污染，又提升了果品品质，还能增加养殖收入，实现了多重效益。

2. 建议

（1）建议在全国推广"低架网床＋益生菌＋异位发酵"的生态养殖模式，提高生猪产量，解决粪污对环境的污染问题，实现种养循环的高效农业模式。

（2）加大对生猪养殖企业的扶持力度，保障政策的连续性。在资金投入方式上，制定有效的扶持机制，引导各商业银行加大对生猪养殖的信贷支持和资金投放力度，对养猪贷款进行贴息，降低信贷利息，解决加快生猪养殖发展面临的资金问题。

（3）低架碳钢网床养殖技术建场成本高，使用设施设备多，建议将碳钢网床、步进式刮粪机等设备设施纳入农机补贴目录。

抓好防控措施落实　确保复养增养成功

——邛崃市鞍桥养殖有限公司生猪复养增养情况

一、公司基本情况和当前生猪生产情况

1. 公司基本情况　邛崃市鞍桥养殖有限公司创建于 2002 年，已发展成为一家集种猪繁育、商品猪养殖、饲料生产、屠宰加工以及柑橘、猕猴桃种植销售为一体的农业产业化经营龙头企业。

公司按照种养结合发展农业循环经济理念，走环境生态型、资源节约型的可持续发展之路。有邱店子种猪场、红岩子商品猪场、红岩子春源猪场、孔明姜殿猪场、羊安高河猪场，总占地面积 380 亩。养殖场设计生猪存栏能力 3 万头，其中能繁母猪 2 600 头，商品猪 2.7 万头，年出栏商品猪 5 万头以上。2015 年公司在养殖场周边流转土地 1 400 余亩，种植柑橘、猕猴桃，使养殖场与种植基地完美结合，实现粪污资源化利用。2012 年投入饲料生产、2015 年进入屠宰加工行业，形成了围绕生猪养殖、发展关联产业的较为完整产业链。

2011 年荣获成都市农业产业化经营重点龙头企业，2012 年被评为部级生猪养殖标准化示范场。2013 年韩长赋部长到公司养殖场视察调研，鼓励企业加快发展。

2. 当前生猪生产情况　受非洲猪瘟疫情影响，公司减少了各个养殖场生猪存栏。2019 年 6 月能繁母猪、商品猪存栏量分别降至 540 头、2 000 余头，同比分别下降 73.5％、91.4％。2019 年 8 月，公司开始实施生猪复养增养计划，在 8 月、9 月和 12 月分三批引进种猪 1 566 头（其中纯种猪 156 头、外血二杂母猪 1 400 头、种公猪 10 头）。截至 2020 年 4 月下旬，新引进的母猪已经产 412 胎，产仔猪 4 755 头；能繁母猪的存栏增至 1 324 头、商品猪 11 366 头。预计 2021 年 6 月实现生猪复产目标，存栏能繁母猪 2 600 头、商品猪 2.7 万头。

二、复养增养的主要历程和采取的主要措施

1. 复养增养主要历程　2019 年 8 月 24 日，引进种母猪 608 头；2019 年 9 月 22 日，引进公猪 10 头、种母猪 180 头；2019 年 11 月，引进的母猪开始配种；2019 年 12 月 28 日，引进种母猪 768 头；2020 年 2 月中旬，母猪开始产仔；2020 年 4 月 20 日，母猪产仔 412 胎。

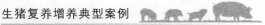

2. 复养增养的主要措施

(1) 管理措施。

① 进一步完善各项管理制度。根据养殖场实际情况，制定了一套完整的、可操作的生物安全管理规程，涵盖门卫管理、车辆管理、人员生产管理、物资工具管理、售猪管理、消毒与卫生管理、人员进出场管理、生活区勤务员管理等方面。

② 严格执行生物安全管理规程，每一个步骤都落实到位责任到人。实施全封闭式管理。工作人员进入猪场须进行 48 小时隔离，洗消后方可入场；除休假人员外的其他人员不得外出，工作生活都在场内；外面采购的生活用品须消杀后交入场内等，猪场实现了真正意义的全封闭管理模式。

③ 加强生猪销售环节管理。售猪时，场内的人将猪只赶到待售点，由外勤人员装上本场的售猪转运车，再转到外来拉猪货车上。待售点设在距猪场的 5 千米以外，采取微信视频聊天方式观察猪只，猪只单向流动出场，出场猪只不再返场。

④ 强化人员培训。每个月对猪场所有员工开展 2 次培训，内容包括疫病免疫、猪场环境和物品消毒等，强化猪场生物安全的重要意义，增强员工的生物安全意识。

(2) 技术措施。

① 全面完善养殖硬件设施。复养前对猪场进行了改造，增加了饲料车熏蒸房、物资熏蒸室、高温高压冲洗系统等，将出猪台从猪场内迁到场外，增设了防鼠、防鸟、防蚊蝇等措施，每个与场外相同的水沟口都用钢丝网封闭。

② 开展大清洗大消毒。用高温高压水枪对全场进行大清洗，干燥后消毒。坚持每周两次全场消毒，其中 1 次采用火焰消毒。猪场内外走道铺洒石灰并保持白化状态。

③ 开展复养前风险评估。复养前对猪场内外环境、车辆、工具等进行取样，检测非洲猪瘟病毒，确保无漏洞、无死角。

④ 引入健康哨兵猪。复养前 2 个月引入健康哨兵猪，饲养 28 天后观察无异常、非洲猪瘟血清检测阴性且哨兵猪出售后才正式复养。

⑤ 实行一人一舍管理。饲养人员不串舍，以防止交差传染。在集中免疫时，防疫人员须穿戴防护服、消毒过的水靴等。对患病猪实行早发现、早隔离、早处置。

三、复养增养成效

1. **经济效益** 从 2019 年 8 月 24 日引入第一批种猪，2020 年 2 月中旬开始产仔，到 4 月 20 日已产仔 4 755 头。按当前每头断奶仔猪销售价格 2 200 元左右计算，产值约 1 000 万元；已售出仔猪 2 300 头，按每头仔猪利润 1 400 元计算，收入 300 余万元。随着母猪相继产仔，将陆续有商品仔猪和二杂母猪产出，加快了养殖场的恢复产能。

2. **社会效益** 公司的复养增养成功提振了当地养殖户恢复生猪生产的信心，为助力完成生猪保供任务发挥了作用。同时，公司的复养增养直接解决当地 32 人就业，为每户家庭每年增收 4 万元。已销售 2 300 头仔猪，将来出栏毛猪按市价 32 元/千克计算，每头猪利润 900 元，将带动养殖户增收 200 余万元，社会效益显著。

四、复养启示和建议

1. **启示** 养殖场复养的案例有成功、有失败。公司能复养增养成功，是因为加大了生物安全防控体系建设投入。硬件与软件有效结合才走上复养成功之路，硬件就是科学合理的防疫设施，软件是管理制度和各项规程。这些都需要养殖场每个人去执行、落实和逐步完善。

2. **建议** 公司种猪场在复养过程中，种猪采购、新增防疫设施改造、增加人员配置、增加车辆配置共计投入约550万元，受疫情影响，企业资金压力很大，建议国家进一步对复养的企业在政策、资金、贷款等方面给予扶持。

科学研判市场发展态势　加快生猪复养增养步伐

—— 成都旺江农牧科技有限公司生猪复养增养纪实

一、基本情况

成都旺江农牧科技有限公司成立于 2015 年，注册资金 6 633 万元，是一家专业从事优质种猪繁育和健康生猪养殖的农牧科技型企业。公司位于四川省邛崃市，有牟礼、冉义和固驿 3 个养殖场，总占地面积 440 余亩，设计存栏能繁母猪 14 400 头，年出栏商品猪 35 万头，养殖新丹系长白、大约克和杜洛克种猪等优良品种。2018 年创建农业农村部生猪养殖标准化示范场，是四川省核心育种猪场，生猪一级扩繁场。公司是四川省畜牧业协会第三届理事会执行会长单位，并通过 ISO 9001：2015 质量管理体系认证和知识产权管理体系认证。

二、复养增养措施

1. **精准研判形势、迅速复养增养**　受非洲猪瘟疫情影响，国内生猪存栏减少，猪肉价格上升到历史最高水平，为保障猪肉稳定供应，国务院、地方各级政府和主管部门陆续出台扶持生猪发展政策。公司经营决策层站在保供应责任和经济发展的角度，主动思考，精准研判和分析生猪发展需求，迅速做出了加快新（扩）建养殖场、复养增养决策。从 2019 年 9 月开始，加快推进实施养殖场第二条 1 200 头种猪生产线升级改造，第三、第四、第五条 1 200 头种猪生产线动工新建。目前，第二、第三条种猪生产线分别于 2020 年 1 月和 3 月投产；第四条种猪生产线已进入设施设备安装阶段；第五条种猪生产线基础建设已完工。

2. **多方筹集资金、保障项目建设**　防控非洲猪瘟需要资金，扩大生产复养增养也需要资金，企业自身经营还需要资金。在各方都需要资金的情况下，公司负责人召集股东开会研究，一致决定将公司盈利资金用于再投入，不足部分由大股东筹集。2020 年 1—3 月，投入资金达 2 500 余万元，全部用于猪舍扩建，提升存栏能力。

3. **强化安全措施、克服疫情影响**　突如其来的新冠疫情给养殖业带来重大挑战，在严防非洲猪瘟的同时，还要注重新冠疫情的防控，特别是春节后复工初期，交通受阻、防疫物资供应紧张等诸多不利因素叠加，养殖企业复养增养困难重重。为此，公司一手抓疫情防控，一手抓生猪复养增养。一是动员养殖场内员工不休假，场内实行封闭管理，保证场内的安全；二是凡春节休假后回场员工，14天隔离期间未出现发热等症状且未到过省外的情况下，进场时增加2天隔离时间；三是对所有员工实施健康监测，每天测量体温并汇总上报；四是积极与政府和主管部门协调，保障公路畅通，确保养殖场新（扩）建工程复工。

三、复养增养成效

1. 生猪产能增加、保供能力增强　为应对非洲猪瘟疫情，2019年7—8月，公司停止生猪生产和流动，生产经营受到较大影响。8月底，存栏生猪4 186头，其中能繁母猪1 129头。自2019年9月恢复生产，9月底实施扩能提升工程以来，公司生猪产能得到快速提升。截至2020年3月底，已出栏生猪9 334头（其中商品猪2 273头、种猪和仔猪7 061头），同比增长30%；存栏生猪增加到8 176头（其中能繁母猪2 400头、后备母猪3 000头），与2019年8月底相比，增加3 990头，增长95.3%。在保证公司母猪增量充足的同时，也为社会提供了近1万头的种猪、商品仔猪和商品猪。

2. 增加就业岗位、促进社会发展　随着新猪舍的建成投产，在产能增加的同时，也为社会提供了更多就业的岗位。截至2020年3月底，公司牟礼镇养殖场员工人数达71人，比2019年9月增加了43人，增长153.6%。养殖企业复养增养，对增加就业、促进经济和社会发展具有重要的意义。

3. 拉动市场需求、发展壮大企业　公司用于新（扩）建养殖场工程的资金投入，拉动了用工、建材等方面的内需。虽然企业投资存在风险，但从2019年9月到2020年3月的投资成效来看，投入产出的效率还是比较高的，企业自身得到较好的发展和壮大。截至3月底，公司固定资产原值达7 746万元，比2019年9月底增加2 654万元，增长52.1%，同期利润总额也达1 627万元。

四、复养增养体会

1. 提升非洲猪瘟防控能力是关键　非洲猪瘟是生猪养殖的最大威胁和杀手，企业要继续扩大养殖规模，必须要具备并不断完善防控能力。为加强非洲猪瘟防控，公司投资近千万元，从硬件和软件上进行建设和完善。一是完善人员和物资进场制度，所有物资进场必须消毒，所有人员进场必须进行非洲猪瘟病毒检测，并进行48小时的隔离；二是修建连廊，将所有养殖圈舍与洗澡间连接在一起，确保员工洗消进场后不再与外界接触；三是新建车辆洗消烘干中心，所有到场运输生猪车辆必须进行洗消和烘干；四是新建实验室，对可疑生猪进行检测，做到早发现和早处理；五是高薪聘请具有非洲猪瘟防控经验的兽医技术团队驻场指导，及时发现不规范行为和风险点，及时纠正；六是完善物流运输，购置专业的生猪运输车辆、饲料运输车辆各2台。

2. 创新农业融资体制机制是保障　养殖业高投入、高风险和低回报的现实让大部分有实力的企业不愿意投入这个行业，其原因之一就是养殖业项目形成的固定资产不被现代

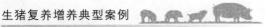

商业金融体系认可。目前，公司投入养殖场且形成固定资产的资金近亿元，在政府政策性融资平台的支持下仅贷款 2 000 万元，其余资金全部是企业自筹，但企业自筹资金毕竟有限，发展速度也受到限制。要加快生猪复养增养，尽快形成生产保供能力，亟须创新农业融资体制机制，促进企业快速发展。

3. **增强中小散户防控意识是重点** 目前，部分生猪养殖场，尤其是中小散养殖户对非洲猪瘟的危害还没有足够重视，对有效防控非洲猪瘟的措施还没有完全认同。中小散养殖户在发生疫情后处理不及时、处理不到位，存在养殖区域与生活区域未严格划分，进出不洗澡、不消毒，生猪运输车到场未严格清洗等致命缺点，这也可能是下一波疫情暴发的起火点和今后非洲猪瘟常态化防控的困难点。增强中小散养殖户非洲猪瘟防控意识和能力应是复养增养的工作重点之一。

生猪复养成功典型案例

——西充县任春芳养猪场复养历程

2018 年以来，受全国非洲猪瘟疫情影响，四川省西充县生猪产业受到强烈冲击，生猪存、出栏量均大幅度下降，生猪稳产保供形势严峻。为恢复生猪生产，西充县积极落实国家有关政策，扎实做好非洲猪瘟防控与恢复生猪生产工作，积极推动养殖场复养工作，现将西充县任春芳生猪养殖场复养成功的有关情况介绍如下。

一、基本情况

1. **养殖场户基本情况**　任春芳养猪场位于西充县东太乡长坪沟村，是一家集养殖、种植、农产品销售等于一体的生态循环型小型猪场，现存栏生猪 300 头，其中能繁母猪 32 头、后备母猪 41 头，配套玉米、海椒等产业基地 50 亩。预计 2020 年出栏生猪 550 头，明年可出栏 1 000 头。养殖场大力推广"猪—沼—菜"生态循环种养殖模式，粪污经过沼气池厌氧发酵后，沼渣沼液用于产业基地施肥，提高了经济效益，改善了生态环境，降低了生产成本，实现了种植、养殖循环发展。

2. **当前生猪生产情况**　在 2019 年非洲猪瘟疫情最严重的时候，任春芳生猪养殖场受周边疫情暴发影响，生猪全部被扑杀，造成了巨大损失。该养殖场随后通过完善基础设施、严格生物防控、强化饲养管理，有效地控制了非洲猪瘟的扩散。目前生猪复养取得了显著的成效，现存栏生猪 300 头，2020 年已经出栏生猪 80 头，生猪生产已恢复到疫情前 40% 的水平。

二、采取的主要措施

1. **对圈舍进行全面消毒**　圈舍清栏后，使用 5% 的氢氧化钠溶液对圈舍的地面、墙面（内外两面）、房顶、料槽、房间、通道、设施设备及圈舍周围 100 米范围内进行喷洒消毒，每周一次，连续 3 个月，再用火焰对圈舍进行全面高温消毒 2 次，确保对圈舍进行全面消毒。

2. **完善基础设施，提升防控能力**　疫情过后，养殖场组织人员将养殖场所有圈舍墙面全部用石灰刷白，养殖场道路和地面实现了全覆盖硬化，实行净道和污道分开，并修建隔离墙，全面提升了养殖场的生物防控能力。

3. **坚持自繁自养，稳定仔猪来源**　在养殖场疫情得到控制后，坚持自繁自养，扩大能繁母猪存栏量，保障了母猪产仔扩群和仔猪供应，降低了养殖成本。

4. 加强饲养管理，增强经济效益　养殖场在运输饲料时，车辆要经过严格的清洗消毒处理，然后再将饲料装上车并覆盖雨布，饲料经过消毒后才可进入养殖场。养殖场饲养员经过消毒后，更换工作服方可进入生产区，工作服禁止带回生活区，且换下的工作服交由专人清洗消毒。养殖场人员严禁将猪肉及其制品带入养殖场，其他食物经过消毒后，方可带入养殖场。养殖人员在饲养期间严禁外出，防止将疫病带进养殖场。

三、复养增养成效

在通过消毒消杀、旧场改造、扩大能繁母猪存栏量、强化饲养管理等系列措施后，养殖场取得了显著的成效。一是猪群持续扩增。养殖场现存栏能繁母猪 32 头，年产仔猪 600 余头，有效保障了养殖场仔猪来源。二是出栏持续增加。通过能繁母猪的持续扩增，养殖场年出栏生猪能力显著提高，全年可出栏生猪 1 000 头以上。三是利润空间增大。通过自繁自养、加强饲养管理等措施，将生猪饲养成本严格控制在 20 元/千克以内，利润空间进一步增大，养殖场年产值可达 20 万元。

四、主要经验启示

1. **加强饲养管理**　科学防控和精细化管理是保障猪场在非洲猪瘟大环境下生存发展的前提，养殖场通过科学防控、精细管理，加强饲养员、猪群和环境的管理，兼顾了低死亡率和高生长速度，保证了利益的最大化。

2. **严格饲养成本**　通过自繁自养母猪，既能够减少引种费用，又可避免引种风险，也稳定了仔猪来源。因地制宜、合理利用基地的饲料资源，既减少了饲料的使用量，又降低了运输成本。

3. **把握市场行情**　非洲猪瘟以来，饲料价格波动较大，要随时关注市场行情，把握市场形势，争取购买质优价廉的饲料。在生猪的销售中把握市场动态，适时掌握生猪出售时机，规避市场风险。

"平安直通车"助推中小养殖场大胆增养

——绵阳市冯氏牧业"平安养殖直通车"服务模式简介

一、基本情况

三台县是中国西部的一个养猪大县，2019 年全县生猪出栏量为 89.31 万头，产肉量为 6.49 万吨，年末存栏量 58.5 万头，其中能繁母猪存栏 6.08 万头，4 项指标均列四川第一。但三台县生猪规模养殖起步晚，规模化程度低，到 2019 年年末，全县年出栏生猪 500 头以上的养殖场仅有 525 个，规模养殖场出栏肥猪 48.1 万头。规模养殖场占总养猪场户的 0.9%，规模养殖场出栏肥猪占全县总出栏量的 53.8%，规模养殖场占比和规模养殖率均低于全国平均水平。有的规模养殖场流动资金缺乏，有钱修圈，无钱买猪或买料，造成部分设施设备闲置；有的规模养殖场没有把握好市场节奏，信息不对称，高买低卖，经营绩效差；有的规模养殖场标准化意识淡薄，用传统散养的思维进行规模养殖，生猪发病率死亡率偏高，效率低下，加上非洲猪瘟威胁加剧，部分养殖场举步维艰；有的害怕风险高，干脆空栏停养，到 2019 年 10 月末，全县规模养殖场的空栏率一度高达 30%。

二、基本做法

为解决非洲猪瘟背景下中小规模养殖场面临的诸多问题，稳住生猪养殖的基本盘，由绵阳市冯氏牧业有限公司牵头，与金融机构、保险公司、良种繁育企业、动保企业等签订战略合作协议，探索实施了以"融资、担保、供苗、供料、防疫、保险、销售"为一体的"平安直通车"模式，为养殖场提供全方位服务。养殖场只需要提供圈舍、劳动力并负责消纳生猪粪肥，由金融机构为养殖场提供融资服务，保险公司为养殖场提供政策性保险＋商业保险服务，冯氏牧业有限公司为养殖场提供"统一融资担保、统一采购猪苗、统一防疫程序、统一管养规程、统一程序供料、统一保健方案，统一育销售肥猪"的七统一服务。

派技术人员指导养殖场增设实体围墙，进一步完善人、车、物清洗消毒设施，指导工作人员搞好养殖环境控制，监督养殖场严格做好"封场、隔离、免疫、消毒、保健、驱虫"等工作。出售肥猪后，养殖场可获得"费用保底＋养殖分红"的稳定收益。这一模式有效降低了中小养殖场的资金压力，补齐了养殖场的技术短板，分摊了养殖场的市场和疫病风险，大大提高了生猪成活率，提高了饲料报酬和养殖效益，极大增强了养殖场扩产增养的信心。

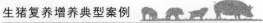

三、增养成效

据统计，2019 年与冯氏牧业"平安养殖直通车"合作的养殖场共出栏肥猪 9 万余头，出栏平均体重达 120 千克，肥猪料重比 1∶2.6 以下，保育育肥期成活率 96.5％，为合作养殖户结算基本费用加分红共计 3 600 万元，头均纯收入 400 余元。截至 2020 年一季度末，与冯氏牧业有限公司签约"直通车"服务的合作的养殖场达到 213 个，一季度末存栏生猪 41 672 头，2020 年 1—3 月出栏肥猪 15 631 头，参与"直通车"合作的猪场的生猪存栏量、出栏量等指标均超过了 2019 年同期水平。

在冯氏牧业有限公司的影响下，全县的规模养殖场空栏率由 2019 年 10 月底的 30％下降到了 2020 年 4 月底的 8％。全县正在新建规模养殖场 52 个，新增标准化圈舍面积 21.6 万米^2，可达产后年新增产能 36 万头，届时三台县生猪标准化规模养殖率将达到 70％以上。

落细落小工作措施　提升疫情防控本领

——铜仁佳美现代农业发展有限公司复养增养案例

一、基本情况

铜仁佳美现代农业发展有限公司隶属于湖南佳和农牧集团第三代子公司，于 2019 年 7 月在贵州省铜仁市江口县注册成立，主要以"公司＋生态小农庄"模式发展为主，截至公司注册成立前，发展合作 20 个小农庄，存栏规模 20 000 头。

二、复养增养主要历程和采取的技术措施

1. 复养增养主要历程　2019 年下半年，受非洲猪瘟疫情影响，公司产能出现较大幅度下降，为降低风险，育肥猪提前出栏，母猪场猪苗供应不足，外采猪苗困难，不能及时补栏。面对外部许多养殖户"不敢养、不想养"的现实情况，公司果断研究，决定留种二元、三元母猪，实行批次化生产，快速恢复产能。2019 年年底，公司基础母猪存栏达 2 300 头左右，配种 1 200 多胎次。

2. 采取的主要措施

（1）完善生物安全设备设施，健全相关管理制度。在各场原有的生物安全设施基础上，及时扩建车辆密闭熏蒸消毒间、物资密闭熏蒸间、饲料中转仓库、厨房、洗澡换衣间，设立一、二、三级清洗消毒点等防控非洲猪瘟设施。实行封闭式管理，制定人、车、物进场前清洗消毒流程和生产、生活区等一系列日常消毒流程。凡进入场内的物品，根据物品性质必须通过清洗、熏蒸、臭氧、浸泡、高温、喷雾等不同的消毒方式消毒。成立生物安全监督小组，实行场长负责制，各场配生物安全专员，严格执行相关制度要求。

（2）紧抓基础设施升级改造，实行最小单元化生产。猪舍改造升级，每个单栏增设挡板，防止不同栏的猪只接触，使每个单栏形成最小单元化，场区道路净污分区，单向通行。每栋栏舍四周设挡鼠墙，防止蛇鼠蛙类进入，形成独立单元栋。猪舍门口设洗手踩踏消毒区，工作人员必须洗手换鞋更衣后才能进入猪舍。生产区修建专用赶猪通道，装猪台外移至场区外，装猪车一律不准进入场区。

（3）规范生产操作流程，加强各岗位培训。定期通过视频、现场等渠道，以不同方式对所有生产人员和行政后勤人员进行系统的相关操作培训学习，组织生物安全知识考试，全面提升其生物安全防控意识。新进人员实行隔离净化，采样检测合格培训后上岗，生物安全操作考评与月度绩效考核挂钩。

（4）严格落实非洲猪瘟监测制度，做到非洲猪瘟可防可控。非洲猪瘟发生期间，通过建设非洲猪瘟检测实验室，培训实验室检测人员，建立完善的非洲猪瘟检测制度及采样标准。对人、车、物、环境、水、饲料、药品等进行采样检测，及时控制传染源，切断传播途径，制订猪群定期保健计划。

（5）加强饲养管理，提升生产效益，降低生产成本。非洲猪瘟发生期间，虽增加了消毒防疫和人力物力成本，但通过加强各阶段的饲养管理，多产出、少损失，成本得到有效控制，生产效益明显提高。多批次生产数据结果显示，母猪受胎分娩率达90%以上，每窝平均产仔12.5头，仔猪断奶成活率高达98%，育肥猪成活率97.5%，料肉比均在2.5：1以内。

三、恢复、扩产成效

公司及时转变经营思路，紧急完善相关设备设施，快速制定有效全面的防控非洲猪瘟政策及制度，加强生物安全培训学习。依照政府有关政策规定，快速有序恢复生猪生产工作。目前，公司母猪存栏达3 600头左右，配种超2 000胎次，分娩400胎次，产仔猪近5 000头，小农庄代养育肥猪存栏约3 200头。预计2020年年底，公司小农庄代养育肥猪存栏可达20 000头以上。公司还计划在2020年年底前投资建成2 400头标准化商品猪扩繁场，发展新建生态小农庄20个。

四、在生猪生产和疾病防控等方面的经验、启示和建议

一是强化管理，提升企业运行效率。加强养殖场的管理，力争实现药品、饲料可控，提升育成猪的存活率。二是加强防疫管理。以行业先进典型为标杆，主动学习借鉴同行经验，采取一切有效措施加强防疫和管理，降低仔猪的死亡率。三是技术要有创新。针对产业实际，积极组织开展技术攻关和新工艺、新技术的推广使用，确保生产、加工水平再上新台阶。四是加强饲料厂运营管理，加大技术研发力度，强化养殖端运营成本管控，切实降低饲养成本，同时，加快建成有机肥加工厂，切实降低粪污处理成本。

抓住关键节点　细化防控措施

——紫云苗族布依族自治县板当镇语馨生态养殖场复养增养经验

一、养殖场基本情况及养殖现状

1. **养殖场基本情况**　紫云苗族布依族自治县板当镇翠河村语馨生态养殖场占地 32 亩。自 2012 年建场以来，逐年扩大养殖规模，目前有养殖圈舍 2 210 米²，主要开展紫云花猪品种资源保护和开展示范研究的保种繁育，累计完成投资 320 万元，有高位产床、保育床、限位栏等设备。

2. **非洲猪瘟下的养殖现状**　2017 年，语馨生态养殖场能繁母猪存栏 122 头，年出栏紫云花猪种猪 600 余头、商品仔猪 700 余头。2018 年 8 月，非洲猪瘟在我国发生后，猪价暴跌，市场行情低迷，养殖场面临巨大的挑战。当时最大的问题是仔猪的销路，按计划，每月应出栏 200 余头仔猪才能保持生产原有的平衡状态，但非洲猪瘟来势汹汹，再加上农村环境整治，实行限养政策，仔猪无人问津，使得企业进入前所未有的低谷。生猪育肥过程需要耗费很大的人力、物力、资金，养殖场负责人曾跑遍各大银行贷款，但皆因惧怕非洲猪瘟防控不力，企业无力偿还，贷款屡屡失败，无法解决资金缺口问题。后养殖场只好和各大饲料企业签订合同，采取先货后款方式，即待肥猪出栏，将料款还清。面对各种挑战，养殖场没有放弃，想尽各种办法，生存了下来。

二、复养增养主要历程和采取的技术措施

1. **复养增养主要历程**　2019 年年初，零散的养猪场几乎全部关闭，剩下的规模化养殖户也受市场行情影响，大多数都缩减了养殖规模，即使猪肉价格有所回升，但在短时间内也很难恢复原有的生产规模，导致种猪和仔猪供不应求的状况。在此状态下，防控非洲猪瘟仍是猪场健康发展的重中之重。对此，养殖场着重查找防疫过程中的薄弱环节，提升防疫技术能力，细化措施，成功取得疫情防控"保卫战"的胜利。

2. **非洲猪瘟下采取的主要措施**

（1）解决仔猪销路应对措施。一是减少核心场饲养量。公司将核心场生猪存栏降至 300 余头，能繁母猪降至 60 余头。二是扩场育肥。扩建了一栋能饲养 300 余头的圈舍。三是拓展销售渠道。通过到贵阳市场与专卖店、特产店、超市等对接，做好点对点销售。

（2）解决非洲猪瘟防控复养应对措施。在非洲猪瘟防控形势十分严峻的情况下，养殖场着重加强猪场的生物安全体系建设。一是采取福利补偿，取消休假。从内部抓起，全场

进入紧急状态，停止一切员工休假。二是加强消毒设备的保养与维护。必须做到设备随时启用的状态，保证 24 小时待命。三是大量专项采购消毒物资。根据上级主管部门公布的非洲猪瘟敏感消毒药物进行专项采购，集中采购了氢氧化钠、戊二醛等多种消毒药物以及灭蚊灭蝇灭鼠药物。四是强化员工的防控意识。领导以身作则，加强人员进出管理，严禁外来人员进入。在场区周围用喷洒石灰的方式形成隔离带。增加消毒频率，每周消毒不少于 3 次，车辆进入后立即消毒路面，并且动员全场职工进行除害工作，不给非洲猪瘟留下可乘之机。五是强化生产生活必需品进场消毒程序。指定专人进行监管，杜绝隐患。必需品采购严格按要求经过消毒通道做臭氧熏蒸 4 小时方可进场。大宗采供物品，如饲料等，按需按量进行一次性采购，严格消毒后进入。六是强化日常消毒。养殖人员由生活区进入生产区，虽然已经执行更换工作服装的规定，但是由于非洲猪瘟的严峻形势，消毒通道应 24 小时不断水、每天更换消毒药、严查各栋舍消毒盆，以达到进出生产区消毒、进出栋舍消毒的目的。每周进行一次全场消毒、每周两次带猪消毒，舍内配备消毒药品，随时对地面和舍内设备设施进行消毒。七是做好运输消毒。场内装运有专人负责，每次拉运都经过严格的消毒。养殖场用自己场内经过农业农村部备案、安装有监控、运行轨迹清晰可循的专车进行销售拉运。

三、复养增养成效

养殖场母猪的存栏量不断扩大，预估 2020 年年底可向市场提供 1 000 余头仔猪，销售也进入正常化。养殖场细化防疫技术措施后，养殖成效显著，鼓舞了养殖信心，将计划在场区内或周边再扩建 2 000 头标准化育肥猪舍，以确保繁育基地与育肥舍相对分开。

四、复养增养过程的启示和建议

（1）建议出台扶持政策。对养殖户基础设施建设、种苗引进、生猪保险、生物安全防控等环节进行补贴，支持生猪生产发展。

（2）建议银行业加大对生猪产业发展的资金支持，放宽借贷标准，简化借贷程序，解决散户资金困难。

（3）建议恢复 100 元/头的能繁母猪补贴政策，提高养殖户饲养母猪的积极性，快速恢复生猪产能。

（4）建议强化服务，推动生猪招商引资项目落地实施。加大工作力度，切实推动家庭牧场项目建设，让散户逐渐转化为代养户。

祥云大有　当好生猪产业扶贫领头雁

——云南省祥云县生猪复养增养典型案例

近年来，祥云县委、县政府把生猪产业扶贫作为全县脱贫攻坚的重要举措，祥云大有林牧有限公司积极响应政府号召，主动承担起帮扶贫困户的社会责任，以"大产业＋集体经济＋扶贫开发"模式全力参与全县生猪产业扶贫工程，稳步扩大生猪生产规模，提升科技应用水平，增强示范引领带动，较好地发挥了产业扶贫"领头雁"作用。

一、企业基本情况

祥云大有林牧有限公司成立于 2012 年，注册资本 6 000 万元，是农业产业化国家级重点龙头企业云南龙云大有实业有限公司的下属子公司，现有员工 218 人，其中技术人员 60 余人。公司秉承"开放、共享、合作、高效、绿色、环保"的发展理念，以发展绿色农业、现代农业为目标，在与省内外高校、科研单位合作的同时，与 PIC 种猪改良有限公司、美国派斯通畜牧技术咨询（上海）有限公司、东莞正大康地饲料有限公司等企业建立了长期稳定的战略合作关系。目前，祥云大有林牧有限公司已成为大理白族自治州生猪产业重点发展的龙头企业，2016 年被认定为省级"高新技术企业"；2017 年被云南省科学技术厅认定为"云南省科技型中小企业"，同年被云南省农业厅认定为"云南省农业产业化经营重点龙头企业"；2019 年获得生猪"无公害农产品"认定证书。

二、主要措施和做法

1. **高标准严要求，助力脱贫攻坚有担当**　公司所建猪场都经过科学选址、合理规划，完善配套设施设备建设，应用猪舍环境控制、选种育种、饲料营养配制、粪污无害化处理等先进实用技术，不断提高生猪饲养管理科技水平。公司 2019 年年底建成年出栏 50 万头生猪的生产龙头企业，顺利投产 6 000 头核心育种场 3 个，生猪产业扶贫养殖小区 4 个共62 栋标准化猪舍。2019 年出栏肥猪近 12 万头，占全县生猪出栏数的 21%。养殖场分布在云南驿镇、东山乡、刘厂镇、米甸镇，带动建档立卡贫困户近 2 000 户，户均年分红3 000 元。2020 年 1 月引入 1 040 头种母猪、18 头种公猪，现存栏生猪 48 630 头（其中能繁母猪 12 978 头，种公猪 310 头），预计到 2020 年年底，肥猪出栏数在 25 万头以上，对稳定地区生猪市场供应起到了积极的调节作用，成为祥云县生猪成功复养增养的典型代表。

2. **重视环保，走种养循环农业发展之路**　公司从选址、规划到生产工艺建设，认真

执行环保"三同时"管理制度，全面考虑猪场粪污处理和资源化利用问题，通过配套建设污水处理系统、大型沼气池、沼液储存池、堆粪场，以及配套沼液输送管道、运送车辆，确保粪污能够顺利抵达公司万亩蔬菜种植基地和林果种植基地，真正实现"变废为宝"，构建种养结合的循环大农业目标。

3. 强化生物安全措施，夯实健康养殖之基

（1）通过构筑养殖场周边3千米天然防疫隔离屏障，在距离养殖场4千米的地方设置生猪、物资接驳转运中心，杜绝外来车辆、人员进入生产区。

（2）建立科学的清洗消毒管理制度并严格执行，车辆和人员进入场区、生产区、猪舍必须经过消毒，消毒药物定期更换，确保有效、使用规范。应用聚合酶链式反应（PCR）扩增仪开展非洲猪瘟病毒监测。

（3）养殖场实现雨污分流，生产区具备有效的预防鼠、鸟、虫其他动物进入场区的设施，实现遮阴网全覆盖。严格执行生猪免疫接种制度，制定合理的免疫接种程序，扎实做好卫生防疫工作，严防重大传染性疾病发生。

（4）加强种源管理，严格执行引种规范和隔离观察制度，种猪来源符合相关规定要求，引入的种猪必须具备"三证"、非洲猪瘟检测报告、风险评估报告等相关材料。根据大有公司与美国派斯通畜牧技术咨询（上海）有限公司签订的合作协议，严格执行种猪选育和更新淘汰制度，种猪年更新率超过指标30％，确保种猪保持良好的生产性能，为向社会提供优质肉猪奠定坚实基础。

三、成效

在推进生猪标准化规模养殖进程中，公司始终坚持高标准严要求，以先进管理技术为抓手，重视环保，勇于担当社会责任，尽力帮助贫困地区和贫困户稳定持续增收，强化与国内外技术团队的合作，积极调整经营策略，注重销售市场的开发和维护，取得了很好的社会效益、经济效益和生态效益。

四、经验启示

公司将牢固树立并深入贯彻落实"创新、协调、绿色、开放、共享"的发展理念，朝着产出高效、产品安全、资源节约、环境友好的现代畜牧业发展道路不断前行。公司规划的远景目标是实现年出栏100万头优质商品猪，形成养殖、屠宰、冷链、精深加工、饲料为一体化的现代化融合农业，全力打造现代化生猪生产企业，为全县经济社会发展做出积极贡献。

"玉龙小黑"当好丽江生猪复养增养领头羊

——云南省丽江市玉龙县姚园农庄有限责任公司

丽江姚园农庄有限责任公司法人姚国伟是玉龙小黑猪养殖创始人,大学毕业后回乡创业,大力发展种养结合的生态农业,一直致力于黑猪生猪养殖的研究、培育以及生吃火腿的加工。中国目前加工生吃火腿的企业很少,但生吃火腿的市场却越来越火爆,丽江姚园农庄的玉龙小黑猪火腿追崇纳西族的传统工艺,利用其独特的地理优势,按照欧盟生吃火腿的标准进行生产,最终以120欧元/千克的价格出口西班牙。玉龙小黑猪因其自身的特点,已成为公司一张特有的名牌。玉龙小黑猪肉在丽江姚园农庄已经营五年时间,在丽江已经拥有一定的客源与知名度。玉龙小黑猪火腿及烤玉龙柔猪更是成为姚园农庄及旗舰店的招牌,其独特之处是传承了百年的纳西特色,深受丽江广大消费者的喜爱。

一、养殖场户基本情况和当前生猪生产情况

丽江姚园农庄是一家集现代种植业、生猪繁育养殖、餐饮、销售、休闲娱乐为一体的多元化经营的新型农业产业化的省级龙头企业。公司以生态农业为基础,发展集生态循环农业综合开发、生产经营、互联网销售、民族特色餐饮等功能于一体的一二三产业融合发展的新型现代循环农业。公司拥有三大养殖基地,第一个位于玉龙县拉市镇海东安上村姚园农庄内的玉龙小黑繁育基地,占地面积20余亩,以玉龙小黑母猪繁育为主,年培育育肥仔猪2 000余头;第二个位于玉龙县太安乡汝寒坪村委会的太安世外姚园休闲牧场,总占地面积3 800余亩,主要以养殖玉龙小黑育肥猪和仔猪为主,年出栏量5 000余头;第三个位于玉龙县太安乡红梅村委会的玉龙小黑养殖基地,目前在建,占地面积6 000 米²,预计年出栏高品质生态肥猪9 000头以上。

2019年,因受生猪疫情影响,生猪市场形势较为严峻,许多养殖户生猪存栏锐减,导致市场猪肉价格迅猛增长。丽江姚园农庄在生猪疫情期间及时制定严格的管理制度,加大排查和防控力度,使得农庄生猪养殖量不仅未受疫情影响,反而增大了养殖规模。

玉龙小黑猪是丽江姚园农庄自主研发的生猪品牌,其钙、磷含量几乎与鸡蛋一致。玉龙小黑猪雪花肉显著,香味浓郁,瘦肉占比46%,肉中还含有人体必需的17种氨基酸。玉龙小黑猪成猪养殖时间在13个月左右,具有皮下脂肪少、肌间脂肪含量高、屠宰率高等特点,使玉龙小黑猪的质量与一般的土猪拉开了巨大差距,在丽江生猪市场中深受百姓青睐。农庄具备专业的技术研究团队和优秀管理团队,公司一直致力于猪群的扩增,在养

殖过程中，坚持自繁自养、自产自销，在降低养殖成本的同时也稳住了销售价格，增加了公司的经济效益，同时，加强对母猪群的管理，选留优秀高产母猪后代为后备母猪，并加强母猪不同阶段的饲养、母猪保健和母猪淘汰更新工作。

二、采取的主要措施

1. **加大防控力度，从根源上杜绝病毒** 丽江姚园农庄在生猪养殖繁育方面一直保持着较高的防疫标准，严格按照市场的防疫标准对生猪进行防疫药物注射，对养殖场猪舍、生猪饮用水进行消毒，外来人员一律不准进入生猪养猪区，养殖人员在猪舍范围内活动必须进行消毒，同时，加强对员工防控防护意识的培训。员工每天都对圈舍进行消毒，每3天对养殖基地的道路进行消毒，每5天对猪场附近的环境进行消毒，做好相应的防控工作。

玉龙小黑乳猪都按照要求进行疫苗的免疫接种，猪场严格按照标准进行管理，做好防疫工作，每日对猪场进行检查，努力加强各阶段猪群的管理，取得了良好的效果。

推广配套设施，对玉龙小黑猪生猪在养殖过程中产生的废弃物进行无害化处理，更好地避免了因废弃物中的微生物和寄生虫繁殖造成的疫病扩散及传播，降低生产过程中对环境造成的影响。

2. **种植生猪可食绿色原料，降低猪场生猪饲养成本** 对养殖业而言，养殖成本最大的一项是饲料成本。丽江姚园农庄在自由的种植、养殖区域内，大力种植生猪可食用的土豆、菊苣、玉米等，用于生猪养殖。向建档立卡户和农户发放玉龙小黑母猪并提供养殖技术，待所产仔猪育成后，公司再进行统一回收投放至牧场内饲养，在保证产品质量的同时，达到农户脱贫增收的目的，降低繁育基地在养殖玉龙小黑母猪过程中的成本投入。

3. **改变传统的养殖方式，扩大玉龙小黑生猪养殖范围** 玉龙小黑猪是丽江姚园农庄自主研发的品牌，公司在玉龙小黑生猪养殖过程中不断探索，逐渐形成了"1＋2"和"2＋16"的生猪养殖模式，在保证品种的优越性和独特性的同时，保证种群的数量和质量。公司拥有玉龙小黑猪的技术专利，因此，公司成立了养殖联盟，在繁育基地采用"1＋2"的养殖模式，带动当地农户和建档立卡户加入养殖联盟，公司以向农户和建档立卡户提供母猪、回收仔猪的方式使其增收，然后再以"2＋16"的方式将从农户和建档立卡户中回收的仔猪或育肥猪投放到16个乡镇的玉龙小黑猪养殖合作社和家庭农场进行规范化养殖。玉龙小黑猪的养殖方式区别于传统的圈养模式，丽江姚园农庄在养殖过程中致力于玉龙小黑猪仿野生养殖，猪群常年生活在山林中，以丰富的野生植物为食，补喂玉米、藜麦糠壳等杂食，真正做到"渴饮清泉，饿食山珍"，是现代人追求的宝贵食材。

2020年年初，丽江姚园农庄生猪养殖基地在原有的猪舍的基础上扩建了一定面积的育肥猪舍，完善了管理房、隔离舍、粪污处理设备等配套设施建设，进一步加大养殖基地生猪存栏量。

三、增养成效

玉龙小黑猪特有的营养价值和品牌特性，使姚园农庄不仅有着自身稳定的销售渠道，还有着与上海杨浦集团的长期合作。公司旗下的主题餐厅与农庄每年使用玉龙小黑猪的量在 18 吨左右，定制化养殖 300 头/年。2018 年年末，农庄存栏生猪 470 头，年出栏 640 头；2019 年年末存栏 3 400 头，年出栏 4 700 头；到 2020 年 5 月，生猪存栏 4 370 头，出栏 500 头。2020 年的疫情使很多农民失业，姚园农庄让农民在家养殖小黑猪，不仅提供了就业岗位，而且还上门提供专业的养殖技术培训，实现农民增收。只有拓宽了生猪市场，养殖户才能不断进行生猪增养，减少生猪存栏量。2020 年在建的玉龙县太安乡红梅村小黑猪养殖基地，预计年出栏 9 000 头以上高品质生态猪。

四、经验及启示

充分合理地整合利用资源，发展循环农业，创建猪苗标准化养殖繁育基地，在保护生态平衡的基础上，采取繁育、养殖、销售，形成产、供、销于一体的产品经营模式；在确保产品优良品质的基础上，以市场需求为导向，立足云南，辐射北、上、广、深等一线城市，创建并维护好"玉龙小黑"品牌；群策群力，抱团经营，以消费者健康为己任，坚持"诚信、创新、高效、无污染"的企业宗旨，建立多元化的企业运营机制；以培育和养殖生态、安全、绿色的"玉龙小黑"为目标，生产出符合现代人健康需求的高标准产品。

加强生猪的饲养与管理，在大力发展生猪养殖的同时，加强对养殖环境的保护。充分利用自有的青绿饲料和农副产品，降低饲养成本。加强生猪繁育力度，稳定猪源。认真做好猪的饲养管理。把好生猪产品质量关，扎实落实精细化管理思想不动摇，确保生产规范化，提高玉龙小黑猪群的健康水平；确保生产稳定，加强饲养管理，保证饲料品质，提高采食量，增强各阶段猪群的抵抗力。

丽江姚园农庄有限责任公司在玉龙小黑猪的养殖过程中建立了严格的养殖管理制度及产品质量标准体系，在扩大养殖规模的同时也控制养殖规模，走"名、特、优"路线，这样的风险控制方式，在生猪市场价格波动较大的时候能降低对自身的影响。形成"公司（育种基地）＋农户（养殖联盟）＋休闲牧场（乡镇养殖合作社）"的养殖形式，分散养殖，育种基地保证品种的优越性，联盟保证种群的数量，牧场保证商品猪的肉质。采用标准化的养殖模式，抱团经营，减轻企业养殖成本，降低经营风险。根据市场的需求量，定制化饲养，减少产品需求过剩。通过几年的努力，玉龙小黑养殖在产业化和带贫脱贫方面取得了一定的成绩，但离乡村振兴战略要求还有一定距离，公司今后将继续砥砺前行，奋勇向前。

多措并举保证生猪增养成效

——云南丽江市玉龙县铭记高生物开发有限公司

一、公司基本情况

丽江铭记高生物开发有限公司成立于 2008 年 9 月，公司主要经营生态养殖。经过 10 多年的发展，建成占地面积 130 亩的现代化生猪养殖基地，2018 年生猪存栏数 10 233 头、出栏 37 834 头（其中能繁母猪 1 987 头），2019 年存栏数生猪 12 953 头、出栏 63 986 头（其中能繁母猪 2 460 头），2020 年 5 月 1 日存栏 13 432 头、出栏 22 651 头（其中能繁母猪 2 671 头），实现了生猪持续增养。目前公司资产总值达到 6 228.8 万元，固定资产达到 5 856 万元，资产负债率为 54.32%。公司还通过了 ISO 9001 认证、ISO 14001 认证及无公害农产品、无公害农产地的认证，被评为安佑杯中国美丽猪场、中国"100 个最美养猪场"，是远近闻名的科技示范基地、中国低碳经济先锋企业、云南省省级示范走廊、云南省脱贫攻坚扶贫明星企业、云南省省级重点龙头企业。丽江铭记高生物开发有限公司正用企业的成长奋斗，发挥着云南省打好精准脱贫攻坚战的企业力量，为千百户农家筑起小康中国的致富梦想。

二、主要措施和做法

1. **提高饲养科技水平** "健康养殖、科技养殖、生态养殖"三位一体的养猪模式，呈现出与传统养猪业不一样的高效、有序、整洁，引领农民增收致富。全面自动化的产房、饲料投放等设施，规范化的饲养管理，保障了公司的切身利益，促进了企业的可持续发展，真正实现农户、企业、社会的多赢局面。猪舍采用大跨度、全封闭现代化养猪场模式，密封、隔热性能好，配备恒温恒湿控制系统，能更全面地保障生猪的健康。全自动饲料投喂系统和全饲养管理监控视频系统，在云南滇西北地区尚属首家。公司从全国各地引进了一批养殖、管理方面的优秀人才，带来国内最新的养殖技术和管理理念，积极引进农业上市公司江西正邦集团，提供养殖饲料和科技技术服务，实现技术保障。高标准的人员配备和技术保障、行业领先的技术服务体系、全产业链产品安全保障体系促进了公司生猪养殖产业朝规模化与精品化快速发展，带动全县生猪标准化养殖。

公司基地日处理粪污 132.78 吨，3 座沼气池的建成不仅完全解决了养殖过程中产生的猪粪等废弃物，猪粪转化的沼气还为岩羊村民小组 83 户农户提供了生活用气，沼气、沼渣、沼液免费使用，实现了清洁环保，维护了一方"青山绿水"。

2. 加大防疫力度 科技引领促发展。养殖场建设有消毒区、生活区、生产区、管理区、隔离区。在离猪场 700 米的地方设置三级消毒站，对饲料车、拉猪车辆进行清洗和消毒；二级洗消烘干中转站设置在离猪场 300 米的地方，对拉猪车辆进行消毒、烘干；一级消毒站设置在公司门口，主要对进场的所有车辆进行消毒。另外，公司安排 2 辆消毒车对公路及公共场所、部分村道每日消毒三次，确保卫生安全。

（1）场外拉猪车拉猪出入流程。三级预洗消毒→二级精洗消毒→70 ℃烘干、20 分钟→中转台装猪→出场。

（2）场外饲料车送饲料出入流程。三级消洗→二级自动喷雾消毒通道→一级消洗→卸料→出场。

（3）场内猪只中转车行驶流程。中转车→一级消洗→装猪→二级中转点（卸猪）→二级洗消毒烘干。

（4）人员进场进出流程。人员及车辆→三级隔离 2 天→二级自动喷雾消毒通道→车辆停置淋浴消毒室外部停车场→行李箱与包裹等寄存在物资消毒间保存、随身衣物通过专用窗口投入消毒池消毒（1：150 卫可/戊二醛）→洗澡间洗澡→换隔离区工作服→洗衣间洗衣服→隔离房隔离过夜→猪场生活区门卫室→消毒洗澡→换工作服→生活区隔离宿舍。

（5）猪场常用物资进出流程。外部物资运输车→三级预洗消毒→二级自动喷雾消毒通道。

3. 完善服务体系，产、供、销"一条龙"发展 2009 年 8 月成立盘龙养猪合作社，以铭记高养殖基地作为示范，带动农户加入合作社，参与生猪养殖，通过"突出重点、以点带面、点面结合"，对生猪进行规模化生产和产业化经营，带动全乡生猪养殖产业不断发展壮大。加入合作社的农户已由成立当初的 306 户发展到了 570 户，其中有建档立卡户 178 户。公司采取"五统一"规范生产管理模式，在全流程规范管理运营下，绿色、科技、可持续发展的理念贯穿产、供、销"一条龙"发展体系。社员饲养的是由企业统一培育优良猪仔，在饲养过程中，饲料配给、卫生防疫、科技培训由公司专业技术人员全程指导。在收购环节上，出栏时由公司按与社员签订的统一保护价收购，最大限度减少社员的投入成本及养殖风险，充分保证农户利益，提高农户的养殖积极性，促进生猪养殖的有序发展。

为了降低市场销售风险，公司于 2009 年 12 月 25 日成立了丽江仔一专卖店，经过 11 年的艰苦努力，丽江市区各大超市、购物商场、农贸市场均有"仔一"品牌鲜猪肉，门店总数达到 32 个，消费者对"仔一"品牌生猪的品种、质量、营养、安全都有很高的评价。公司在注重经济效益的同时，对内注重构建企业和谐的劳动关系，积极保护职工的各项权益；对外诚实守信，依法经营，积极打造具有社会责任感的企业。

4. 党建引领促繁荣，扶贫帮带促增收 为充分发挥党组织"政治引领、发展引擎"的作用，2010 年 6 月，铭记高党支部成立。铭记高党支部以生猪养殖为依托，以脱贫攻坚为责任担当，积极探索"支部＋公司＋合作社＋农户"产业发展模式。为助推脱贫攻坚工作，2016 年开始，丽江铭记高生物开发有限公司通过"支部＋公司＋合作社＋农户"带贫模式，相继在全县奉科、宝山、鸣音、黄山、石头等多个乡镇成立分社，带动县域建档立卡户增收。

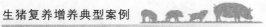

三、取得的成效

公司在壮大产业发展的同时，积极参与村组公益事业建设，将受益补偿用于完善村基础设施建设、扶持教育和尊老敬老方面，让群众感受到党组织的温暖。未来几年，公司将以现有的标准化养殖基地为核心养殖场，进一步巩固壮大公司规模，预计经产母猪存栏达到 5 000 头、商品猪出栏达到 10 万头，进一步加大对建档立卡户的帮扶力度，实现企业发展与农户增收"双赢"。

四、经验启示

梦想，要努力才能实现；扶贫，要精准才能见效。丽江铭记高生物开发有限公司与无数勤劳的中国人一起，为猪肉的绿色安全、软糯鲜香付出汗水和智慧，为民众的美好生活和餐桌上的美好祝愿尽心竭力。

防疫不放松　增养在行动

—— 陕西省永寿温氏生猪复养增养案例

近两年，受非洲猪瘟、养猪周期、环保压力等影响，陕西省生猪存、出栏量大幅度下降，特别是能繁母猪存栏不足，导致生猪供应出现较大缺口。为恢复生猪生产，省市县各级政府积极落实国家有关政策，永寿温氏畜牧有限公司在按要求扎实做好疫情防控工作的同时，积极扩栏增养，多举措推动生猪增产保供。

一、公司概况

永寿温氏畜牧有限公司隶属温氏食品集团股份有限公司秦晋养猪公司，是温氏股份全额投资的一家独立法人企业，是集团在西北地区设立的第二家一体化养殖公司。公司成立于 2013 年 6 月 18 日，目前公司已建成霍村、川湾共两个年产 40 万头商品猪苗的生产基地，存栏基础母猪 2 万头，建成投产年产饲料 15 万吨的饲料厂及配套设施，累计总资产达 4.65 亿元。目前合作农户达 180 户，肉猪饲养能力 30 万头，有员工 320 人。

二、具体的防疫及增养措施

1. **对种猪场进行网格化管理**　为确保种猪场非洲猪瘟防控安全有所保障，一是对所有进场物资、药物、车辆进行消毒，然后高温烘干；二是建立大门口前置更衣室，所有人员经过两次更衣洗澡后进入场区隔离宿舍，采样检测合格后方可进入生活区；三是生产区实行网格化管理，将各线所有人员、猪只和物资隔离开，同时做到单向流动；四是所有猪群定期采样检测，保持对异常数据的敏感；五是引种猪只在隔离舍隔离 1 月以上，定期检测观察，健康猪只方可调入生产线。

2. **完善农户预防非洲猪瘟硬件配套，提升服务部农户防非等级**　一是为所有合作家庭农场配备烘干间及视频监控系统，对所有进场物资进行浸泡消毒或高温烘干，所有车辆经高压消毒后进场，人员经过洗澡、更衣后进入生活区，进生产区后更换高温消毒过的衣物；二是禁止养户购买猪肉及猪肉制品，严禁进入菜市场，防止携带病毒入场；三是利用视频、短信加大对农户的宣传，提高其防疫意识。

3. **确保饲料厂优质饲料供应，同时提高生产质量与效率**　饲料厂严格把控原料及拉运车辆的进出环节，在确保消毒烘干达到公司标准的前提下，保持原料接收及产出量的稳定；加大生产设备升级改造力度，配备足量的饲料装卸仓，并灵活调整饲料生产时间，提高饲料生产的质量及效率；所有出场饲料检测合格后统一配送出场。

三、增养成效和经验

1. **非洲猪瘟出现以来，公司严抓非洲猪瘟防控工作，多举措确保生产安全** 一是建立完善的防疫消毒管理流程并严格监管执行；二是通过宣传标语、高音喇叭、短信推送等方式进行防疫宣传；三是投入 1 000 余万元资金，用于升级防疫设备设施；四是加大日常消毒烘干频率，加大检测力度和人员监管，从人到物，采取单进单出的方式。目前，公司未发生重大疫情，生产稳定，2019 年出栏猪苗 37.97 万头，上市肉猪 18.79 万头。

2. **积极探索肉猪饲养新模式，努力提升肉猪饲养能力** 一是建设专用保育场，年保育猪苗 24 万头，将保育增重至 20 千克的猪只投放到合作农户，提高成活率；二是建设公司自建养殖小区 2 个，肉猪年饲养能力增加 9 万头；三是加大合作农户开发，提升公司饲养能力。

2020 年年底，永寿温氏公司肉猪饲养能力将达到 42 万头，使产能与肉猪饲养能力的充分匹配。

健康养殖项目带动复养增养

——陕西省汉中市南郑区生猪复养增养案例

2018 年，受非洲猪瘟疫情、水源地禁养、环境保护及土地紧缺等因素影响，汉中市南郑区生猪养殖产业出现大幅度下滑，能繁母猪存栏大幅度下降，生猪规模养殖数量大幅减少，生猪供应持续紧张。为了加强非洲猪瘟防控，促使规模养殖场复养增养，南郑区于 2019 年实施了畜禽健康养殖项目，加大了动物疫病防控工作力度，规划了 2020 年重点区域生猪养殖招商引资推介项目。目前，生猪规模养殖场已陆续开始复养增养，生猪养殖开始"回暖"，现将南郑区丰裕牧业发展有限公司复养增养典型案例介绍如下：

一、基本情况

南郑区丰裕牧业发展有限公司成立于 2007 年 6 月，位于南郑区协税镇吴坝村，注册资金 500 万元，建有标准化生猪圈舍 4 200 米^2、附属设施 1 800 米^2、大型沼气池 700 米^3，国内非洲猪瘟发生前，二元母猪存栏曾达到 400 余头。2016 年，公司投资 320 万元，承建了南郑区种公猪站，引进加系纯种公猪 50 头，截至 2018 年，累计向社会提供优质生猪精液 20.7 万份（60 毫升/份）。2016—2018 年，公司积极响应南郑区委、区政府号召，积极参与产业扶贫，累计给贫困村赠送仔猪 1 120 头，并免费开展技术服务。近年来，公司在生猪产业发展中，引领作用明显，成效显著，2012 年被汉中市委、市政府授予"市级龙头企业"，2014 年被陕西省农业农村厅评为"省级生猪养殖标准化示范场"，2017 年被南郑区委、政府评为精准扶贫先进企业。2019 年，为了响应国家生猪复养增养号召，进一步扩大养殖规模，公司法人又注册 500 万元资金，新成立了南郑区裕鑫农业开发有限公司，将其作为丰裕牧业发展有限公司新建的生猪扩繁场。新场位于协税镇马岭村，占地 55 亩，新修标准化圈舍 7 000 米^2，总投资 1 500 余万元。2020 年元月，公司从四川铁骑力士公司引进二元母猪 1 200 头，全部投放于新场，现已全部配种。

二、主要做法

1. **加强疫病防控，确保安全生产**　在非洲猪瘟疫苗没有研制出来之前，做好疫病防控是保障安全生产的有效手段。公司为了切实保证养殖场生物安全，一是制定了严格的生产管理制度。饲养人员进入生产区，必须经过消毒室和消毒通道，对衣服和鞋进行彻底消毒。工人休假回场后，在进入生产区之前，必须进行隔离、消毒、洗澡和更衣。场外车辆及非工作人员严禁进入场区，确需进入的，须经场长批准同意，经过严格消毒后，按场长指定路线进入。二是扎实做好防疫、消毒工作。为了确保防疫工作扎实、有效，猪场严格按程序做好猪口蹄疫、猪瘟等病种的免疫注射，按要求建立健全免疫档案，力争免疫病种免疫密度达到100%，抗体水平不低于国家规定要求。同时，把好猪场环境、生产用具、猪舍、人员及车辆出入消毒关口，每周消毒一次，交替使用消毒药品，彻底切断疫病传播途径。在重大动物疫病防控方面，加强对场内人员的知识培训，让生产人员牢固树立疫病防控意识，筑牢安全生产防线。

2. **完善粪污处理设施，全力提高粪污资源化利用效率**　为了使养殖场粪污治理符合行业及环保要求，公司负责人多次赴四川绵阳考察学习粪污移位发酵技术。2019年，公司借鉴其他大型养殖场在粪污治理方面的成功经验和做法，依托南郑区2018年健康养殖项目资金支持，一是修建了异位发酵床1 500米^2，安装了自动化粪污喷淋和垫料翻抛设备，粪污经过发酵处理后，被生产成有机肥料；二是修建了三级沉淀池和粪污搅拌池800米^3，粪污充分搅拌后，用其喷洒垫料，避免污水向外排放；三是购置了化尸炉，用其焚烧病死猪尸体和胎衣，避免病原微生物向外界传播造成环境污染；四是修建了排污管网，雨污分离排放。经过综合治理，猪场真正做到了粪污零排放。

3. **自动化生产设备的运用，为企业提质增效提供保障**　环境对生猪健康和生产力的发挥影响较大。公司为了保证生猪健康生产，一是给每栋圈舍安装了水帘、卷帘，同时还安装了自动化供料、饮水、温控、环境监测系统、种公猪洗澡系统、有害气体（二氧化碳、氨气及硫化氢）浓度传感器及监控主机，自动除氨、除臭；二是给每头母猪佩戴了电子芯片耳标，自动对母猪进行监测和检验；三是母猪圈舍全部安装了自动漏粪限位栏和标准化产床。在生产区外300米处，修建了车辆洗消中心和转猪台；在办公区内，修建了非洲猪瘟监测中心。现代化养猪设施的运用，为企业健康发展奠定了基础，为养猪提质增效提供了保障。

4. **通过与企业之间开展合作，有效降低市场风险**　公司与四川铁骑力士科技有限公司开展长期合作，由对方设计并在对方指导下修建了7 000米^{2}生猪标准化圈舍，与对方签订了种猪引进、饲养管理及仔猪销售合同，聘请对方高级饲养管理技术人员长期驻场开展技术指导，全程采用对方的饲养管理模式，全程使用对方全价配合饲料。仔猪断奶后，由对方按合同全部收购，仔猪价格低于成本价时，对方按成本价收购，高于成本价时，按市场价收购，有效解决了市场低迷时"卖猪难"的问题。

三、成效与启示

公司通过与上下游产业公司积极开展各种形式的深度合作，形成了利益联结机制，提高了技术保障，降低了市场风险，实现了经济效益的最大化。从四川铁骑力士科技有限公司引进的1 200头二元母猪，通过采取全封闭式饲养管理，全年预计产仔猪30 000头，实现产值2 500万元。公司的复养增养不但缓解了发展无害化"川府肉"生猪时仔猪货源紧缺的局面，还同贫困村、贫困户建立了利益联结机制，带动更多的农户通过养猪增加家庭收入。

利用优势　稳扎稳打扩产能

——陕西省汉中军鑫公司生猪复养增养案例

受非洲猪瘟疫情、新冠疫情、环保等重重压力的影响，汉中军鑫农业发展有限公司生猪养殖场曾出现生猪存栏量增大，大量仔猪、育肥猪销不出去，养殖成本增长等问题，造成公司资金紧缺，但是作为一个省级农业产业化重点龙头企业，公司没有退缩，咬牙坚持，终于渡过了难关。为了在养殖这条路上走得越来越稳，给周边养殖户带好头，更为了保障当地的生猪市场供应，公司充分利用产业链优势，继续延长产业链条。在生猪供应紧张的形势下，公司利用自身种群优势，加强能繁母猪的培育，扩大养殖规模，增加了经济效益，缓解了当地生猪供应不足的问题。现将有关情况介绍如下。

一、公司的基本情况

汉中军鑫农业发展有限公司位于陕西省汉中市西乡县柳树镇白杨村，始建于2003年，成立于2006年12月，总占地1 540亩，是一家集饲料生产、生猪良种繁育、育肥、沼气发电、有机肥生产、有机果蔬、花卉苗木种植、净菜加工、休闲观光农业、销售为一体的综合性农业发展有限公司。在各级政府的关心和支持下，公司先后获得"全国休闲农业与乡村旅游示范点""中国乡村旅游金牌农家乐""中国乡村旅游模范户""部级示范养殖场""陕西省农业产业化重点龙头企业""省级现代农业园区""省循环经济试点单位""生态文明推动力突出贡献企业"等诸多殊荣。

多年来，公司以"减量化、再利用、再循环"为原则，以"科技、循环、生态"为主线，以养殖为中心，以沼气为纽带，以种植为基础，将养殖与种植优化组合，采用"猪—沼—果蔬—休闲农业"模式，实现养殖业与种植业的良性循环。

公司现存栏英系、新美系、加系大约克、长白、美系、台系杜洛克等良种公猪46头，基础母猪1 400头，存栏生猪8 000余头，年出栏26 000余头。非洲猪瘟疫情入侵我国后，公司加强了防控力度，新扩建了消毒中心等基础设施建设，购进了消毒机、消毒车辆等设备，提高了安全防控体系，制定了严格的防控措施。

二、采取的主要措施

（1）在非洲猪瘟防控的严峻形势下，公司始终以管理现代化、生猪良种化、养殖设施化、生产规范化、防疫制度化为原则，严格按照各阶段猪只的饲养规程进行操作，不敢有丝毫马虎大意。生物安全防控更是重中之重，养殖场内的环境、各个圈舍及其他场所的消毒，养殖场进出车辆、物品等的消毒，人员的隔离、消毒等已形成常态，不放过任何一个死角，切断外界的一切传播途径。为养殖场员工加薪，提供良好的生活环境，杜绝员工外出，同进加强员工的防控知识培训，提高其疫情防控意识，定期抽样检测，不遗余力地做好防控工作。

（2）利用自有优良种猪的优势，加强后备母猪的培养，培育能繁母猪，扩大养殖规模，保障当地仔猪和育肥猪的供应，尽最大力量恢复产能，保障当地生猪市场的稳定。

三、取得的成效

在生猪恢复产能扩群的同时，解决好环保问题，在原有的"猪—沼—果蔬—休闲农业"基础上，根据公司实际发展情况，继续延伸产业链条，以猪粪为肥源，打造300亩绿色水稻种植基地，在基地投放麻鸭，用以除草、灭虫，进行稻鸭共养。延伸产业链条的方式不仅解决了因生猪扩群带来的环保问题，还生产出了无污染的绿色农产品，达到养殖业与种植业的和谐统一。扩建后的育肥猪现存栏育肥猪3 000头，预计2020年能繁母猪将扩至2 000头，出栏量将达到30 000头以上。

四、经验和启示

1. **统一思想，提高认识**　从2018年8月3日发生非洲猪瘟疫情以来，公司就请相关方面的专家对员工进行培训，使大家深刻认识到非洲猪瘟疫情的危害性，在思想上有了深层次的认知。在严格执行防控措施时，大家的执行力十分到位，为公司养殖场的科学防控和精细管理提供了有力保障。

2. **精心饲养管理**　公司始终以管理现代化、生猪良种化、养殖设施化、生产规范化、防疫制度化为原则，严格执行各项管理制度，将各个制度措施落实到位，使其常态化。同时，发现问题及时解决，不留任何死角。通过科学的防控和饲养，生猪的成活率明显提高。

3. **延伸产业链**　充分利用公司的生猪养殖产业，变废为宝，延伸产业链条，多元化发展，解决更多周边富余劳动力的就业问题。

"路漫漫其修远兮，吾将上下而求索"，军鑫公司始终以"发展绿色农业，服务千家万户"为宗旨，坚持走农业可持续发展的道路，与时俱进，开拓创新，积极进取，提高经济效益，扩大社会效益，增加农民收入，履行并承担龙头企业应有的责任，为社会做出更大的贡献。

严把五关保增养

——陕西省商洛市丹凤县山凹凹农牧公司生猪增养案例

2018 年以来，面对非洲猪瘟疫情、猪周期波动调整以及环保整治等因素影响，丹凤县生猪生产呈现能繁母猪存栏下降、产能下滑态势。省级农业产业化示范龙头企业——丹凤县山凹凹生态农牧业发展有限公司认真落实省市县疫情防控精神，积极开展生猪生产恢复，现将公司开展生猪产能恢复、复养增养的一些做法做一个简单总结，供行业交流参考。

一、基本情况

丹凤县山凹凹生态农牧业发展有限公司是一家从事畜禽繁育的农业产业化省级重点龙头企业，养殖基地位于丹凤县商镇王塬村，公司以打造"山凹凹"著名品牌为目标，以 1 万头生猪、3 万只蛋鸡两大产业为基础，形成"种鸡繁育→雏鸡供应→蛋鸡饲养→品牌销售""良种公猪饲养→精液制品生产→人工授精改良→良种猪繁育→良种仔猪供应→商品猪育肥"和"猪（鸡）→沼（肥）→菜（果）"资源化利用三大循环经济产业链，是丹凤县首个种养结合、循环发展、资源利用的现代畜牧业示范基地。其中，种猪场占地 60 亩，投资 3 000 万元，建有标准化公猪舍、配种舍、妊娠舍、分娩舍、保育舍、育肥舍、饲料房及办公用房 27 栋，总建筑面积 13 000 米^2，饲养种公猪 50 头、能繁母猪 800 头，年出栏商品肉猪及仔猪 15 000 头，年供精 75 000 支。公司在完善基础设施的同时，严把技术"五关"，积极扩群，基础母猪和仔猪存栏大幅增加，为增加经济效益奠定了坚实的物质基础。

二、主要措施

1. 做好基础建设保障

（1）完善硬件设施建设。严格执行养殖场功能区划分，实行三区（生活区、生产区、无害化处理区）分离、雨污分流；配套建设大跨度高床联体猪舍（自动环境控制、水泡粪、固液分离）5 500 米^2、有机肥加工 1 万吨、大型沼气 600 米^2（沼气发电、固液分离、沼液配送）等。

（2）重视软件建设。严格完善档案管理，制定不同阶段的饲养操作规程、制度管理体系和卫生防疫管理体系。

2. 用严格技术措施为复养增产护航

（1）严把防控关。公司实行"二点"（繁育场、商品猪场）分区养殖，2019年新建种公猪站及存栏1 200头母猪繁育场，完成种公猪站、繁育场、商品猪育肥场三场分离，有效提高了养殖场动物卫生防疫标准。

（2）严把入场关。一是种猪引进，严格执行种猪场综合评价筛选、运输车辆清洗消毒、非洲猪瘟检测阴性等程序；二是饲料购进，严格检查饲料来源，查看饲料成分，禁止含有猪源成分的饲料产品入场；三是场区购置的所有兽药疫苗，均需在隔离区进行外包装拆卸消毒；四是人员控制，对场区养殖人员实行全进全出休息管理制度，管理人员实行轮休制度，进入厂区的职工进行全面清洗消杀和洗浴，隔离期不少于3个工作日；五是禁止外购任何肉制品，不准食用猪肉类生熟产品，购入其他蔬菜必须彻底清洗，员工在指定区用餐且员工餐均为熟食。

（3）严把消毒关。一是严格落实消毒制度。对所有进出养殖场生产区的人员严格做好消毒、洗澡、更衣、隔离措施，对其随身携带食品、水果或不含猪产品成分的礼品，一律进行清洗，用紫外线杀菌照射5～10分钟，并严禁带入生产区；二是落实消毒管理，对场区转运车辆、装猪台、转运道路、场区环境、带猪消毒及参与以上工作的人员，均严格落实全方位的消毒措施，对入场道路进行至少500米的"白化"（2%氢氧化钠溶液＋氧化钙）消毒；三是猪群流动管理，落实全进全出管理措施，执行"清扫—消毒—冲洗—消毒—干燥—熏蒸"三重消毒程序，药物消毒时间不少于3小时，熏蒸消毒不少于24小时。

（4）严把管理关。一是饲养单一品种。严格落实好其他动物的入场防范措施，猪场设立高度2.0米高的围墙，饲料库安装防鼠设施，场区设立毒诱饵灭鼠点。及时巡查，防止流浪猫、狗等动物进入场区。场内要定期开展灭鼠灭蟑和生猪体内体外寄生虫防治工作。对场内外和舍内外的环境、缝隙、巢窝和洞穴等，用40%的辛硫磷浇泼溶液、氰戊菊酯液等喷洒除蜱，消除疾病传播。二是做好蚊蝇消杀。落实养殖场灭蝇灭蚊措施，有效减少蚊蝇数目。在饲料中添加益生素、酶制剂等有助于肠道吸收消化的有益物质，减少氨排放量；生产区各类废弃物日扫日清，及时运送至粪污无害化处理场；及时清理养殖区杂草，猪舍安装诱捕蚊蝇灯等。三是加强监测管理。做好猪群日常观察，对采食、饮水、排粪、黏膜异常猪，及时分析原因，对符合非洲猪瘟临床表现、流行病学及解剖病理特征的及时采血检测；对种猪加强管理，定期开展精液或抽血检测，避免因种畜或配种方式问题，引发疾病相互传染。四是加强流动管理，后备猪、种公猪、空怀猪、妊娠猪、分娩猪、保育猪、育肥猪分区管理并固定责任人，严禁串舍和借用生产工具；猪转群后，对途径转群通道进行彻底清扫消毒。五是生活垃圾管理，餐厨剩余物统一消毒后进行无害化处理，对生活垃圾、医疗废弃物均应落实专人消毒清理，运输至指定无害化处理点，切断传播链。

（5）严把处理关。一是抓好疫病排查工作，及时排查、隔离发病猪，及时采取血样送检，查清病因，并按规范程序报告处理。二是改进落实雨污分流、干湿分离措施，粪污和生活垃圾及时运送无害化处理场，采取固粪堆积发酵，污水采用氯制剂消毒。三是对病死畜一律实行焚烧无害化处理，并用漂白粉做表层土及运输道路的彻底消毒。

三、成效及启示

1. **生猪产能大幅提升**　公司新建 1 200 头父母代种猪场，实现新增饲养母猪 400 头，新增商品仔猪存栏 7 000 余头，年完成产值 1 400 万元，提供商品猪肉 548.8 吨。

2. **生物安全得到控制**　通过标准化、设施化、规模化、生态化养殖，有效限制了人流、车流、物流、转群及媒介物质的流动，采取料塔饲喂、高床漏缝、碗式饮水、湿帘降温、负压通风、机械清粪、自动环控等设施，生物安全防控能力得到有效提高。

3. **生态环境得到改善**　养殖场选址在封闭地域，粪污采用干清粪工艺与黑膜厌氧密闭发酵技术，与周边农户签订还田协议，实现沼气利用、种养配套、农牧结合，有利于减少臭气排放，有效控制养殖污染。

通过丹凤县山凹凹生态农牧业发展有限公司的复工增产，我们充分认识到，市场、政策、技术、管理是生猪疫病防控保安全和产业发展保供给的重要因素。好的市场带来好的价格，产生好的收益；好的政策会激发社会资本活力，增强发展动力。现代畜牧业以技术为第一生产力，通过优良品种、全价饲料、环境控制，实现生产高效、产品优质；精细化管理有助于提升防控水平，确保养殖生物安全、动物源性食品安全、公共卫生安全和生态安全。

因地制宜　适时扩群

——陕西省宝鸡市胡甲春养殖场复养增养案例

2018 年以来，受非洲猪瘟、养猪周期、环保压力等影响，养猪业一度低迷，生猪存栏不断下降。2019 年下半年，各级政府相继出台生猪复养增养政策，扶风县胡甲春养殖场因地制宜，积极谋划生猪复养增养。扶风县畜牧站指导前移，服务下沉，帮助企业积极开展生猪复养增养，充分发挥技术指导与服务功能，帮助生猪养殖主体提振养殖信心，解决问题。以扶风县胡甲春养殖场复养增养案例为典型，将相关复养增养情况介绍如下：

一、养殖场基本情况

扶风县胡甲春养殖场位于杏林镇召宅村，主要从事生猪自繁自养。该场占地 18 亩，现有员工 4 人。为实现科学化、规模化、标准化养殖，一期投资 55 万元建成年出栏 2 000 头育肥猪舍 5 栋，以及粉碎车间、仓库、生活区等附属设施，建筑面积约 3 000 米^2；二期扩建计划建育肥猪舍 3 栋，已建成 1 栋，其余正在建设中，已投资 60 万元。

胡甲春养猪场始建于 2005 年，存栏母猪 30 头，年出栏 600 头，受非洲猪瘟影响，一度不敢补栏。2019 年 11 月，在多方努力下开始复养增养，决定扩建，设计存栏 1 000 头，现有育肥猪舍 3 栋、母猪舍 1 栋、产子舍 1 栋，存栏母猪 100 头、育肥猪 900 头。

二、主要做法

养殖场把饲养管理、疫病防治、消毒免疫等一系列技术当成头等大事，县畜牧站及时跟进，采取措施，做好指导。

（1）安排技术人员定期入场，督查指导生产过程中存在的问题和技术难点，并开展非洲猪瘟排查和生物安全防控知识宣传与指导。

（2）指导养殖场做好程序化免疫，定期清理猪舍，进行消毒，降低疾病的发病率，增加养殖经济效益。填写养殖场户动物免疫档案和标准化养殖七套记录。

（3）做好"程序化免疫＋免疫抗体跟踪监测评估"。开展免疫抗体跟踪检测，认真分析检测结果，评估免疫效果，查找存在问题，及时进行集中补免，增强了群体免疫效果。

（4）做好技术培训。定期带领养殖户参加省市举办的养殖技术培训班，主要从健康养殖、营养搭配、疫病防治等方面进行培训，提高养殖能力。

（5）指导养殖场做好非洲猪瘟等传染病的生物安全防控工作，对场区内外集中定时定点消毒，对出入养殖场的车辆和人员进行严格排查和消毒。

三、启示

1. **增加养殖信心**　自 2018 年以来，非洲猪瘟席卷了我国多个省份，养殖户心里受挫，生猪产能大幅削减，许多养殖户信心不足。随着利好的市场行情带动，养殖场对未来较长一段时期的市场有充足信心，增加了长期生产的主动性和积极性。

2. **严控生物安全关**　通过标准化、设施化、生态化养殖，有效限制人流、车流、物流、转群及媒介物质的流动，并对进出人员、车辆、物品等进行消毒，做到不留死角，切断外界的一切传播途径，确保主场生物安全。

3. **利用优势，快速扩群**　利用自有种猪养殖的优势，持续培育能繁母猪，增加圈舍，保障了母猪产仔扩群和仔猪供应。目前，该养殖场生产稳定，产能稳步增长，年出栏育肥猪 2 000 头，实现经济效益 800 余万元。

抓住机遇　增养增产

——陕西省榆林市正辉农牧增养案例

榆林市正辉农牧科技有限公司刚成立不久，就受到了非洲猪瘟、养猪周期、环保压力等影响，曾一度出现了生产低迷的状态。2019 年，公司抓住生猪供应缺口较大的机遇，新建了 2 条母猪高标准全自动生产线，积极培育能繁母猪，扩大种群数量。在国家及省（市、区）相关政策支持下，公司生猪产业实现了稳步增养增产。

一、公司简介

公司成立于 2016 年 11 月 9 日，位于榆林市榆阳区小纪汗乡大纪汗村，注册资金 8 000 万元，占地 95 亩。2019 年，在原有 2 000 头育肥场的基础上，新建 2 条 1 200 头母猪高标准全自动生产线，设有分娩舍、保育舍、定位大栏、后备母猪舍、公猪舍、空杯母猪舍、妊娠大栏、育肥舍等，同时建造高标准猪连廊、洗澡间、物品消毒间、中转售猪中心、烘干房、场外预处理点、饲料仓库、堆肥发酵房、无害化设备、黑膜沼气池、沼液储存池等。

公司目前饲养生猪 6 753 头，其中二元母猪 1 900 头、种猪 540 头（长白种母猪 200 头、大白种母猪 300 头，长白种公猪 16 头、大白种公猪 24 头），种群结构合理，科学饲养到位。

二、主要措施

1. **加强技术力量**　公司现有技术人员 30 名。聘请西北农林科技大学动物医学院博士生导师周宏超教授为技术总监，聘请西北农林科技大学和杨凌职业技术学院优秀毕业生为技术员，依托陕西正能农牧科技有限责任公司高端饲料及技术支持进行养殖。公司总结完善标准生产 SOP（支持、导向）流程，高薪聘请技术管理人员，并聘请 PIC 公司、湖南加农正和 PSY 应用学院、宁波三生激素厂等专家进行网络及现场培训。采用先进的大批次生产，同时配种、同时分娩，每批可同时断奶 1 800 头仔猪。

2. **严格生产管理**　积极接受榆阳区畜牧部门对种畜禽生产的监督管理，建立了种猪场良种繁育体系和销售制度，所销售的父母代种猪质量优良、来源清楚。公司坚持信誉至上、质量第一，对出售的种猪实行跟踪服务，确保养猪户购买到优质种猪。

公司是兼种猪繁育和育肥为一体的规模化、标准化的养猪场，对猪的预防保健格外重视。为确保猪场健康发展，公司坚持以预防为主，制定严格的消毒、驱虫及程序化免疫接种疫苗制度；采取群防群治措施，做好猪群的综合预防保健工作。

三、增养成效

公司主要以生产父母代长白、大白及长大二元种猪为培育目的，在技术人员的指导下，在进行纯繁的同时，向外引进同品种的长白、大白进行杂交，不断选育，提高品种质量。以500头核心繁育母猪为基础，逐年扩大规模，实行繁育一年2.3胎制，窝产仔数12头以上，断奶成活率98％，及时淘汰生产性能低下的公猪母猪，年更新率达30％以上。年断奶仔猪50 000头，可提供二元母猪5 000头。

四、经验与启示

1. **以猪场生物安全为第一要务**　通过增加预处理中心、场内隔离区、烘干房、洗澡间、消毒间、全自动料线等基础设施，彻底切断场外病原。场外打料，料线输送，避免料车进场风险；进场物资经过烘干、臭氧、紫外消毒，保证消毒无死角；场内三区划分，层层过滤潜在病原；仔猪中转销售，确保猪场安全。

2. **大批次生产，全进全出**　通过激素干预，保证母猪同时发情、同时配种、同时分娩、同时断奶，仔猪整齐度高、免疫效果好，可为规模化育肥场一次性补栏断奶仔猪。

3. **通过硬件升级和技术培训提高生产效率**　对专业技术人员进行全方位培训，依托高品质种源、饲料，现代标准化圈舍，实现生产成绩的不断提高。

4. **注重环保**　粪污处理方式为黑膜沼气池厌氧发酵处理。

甘肃白银新希望农牧科技有限公司
生猪增养典型案例

为恢复生猪生产，扎实做好疫情防控工作，甘肃省白银市靖远县颁布各项预防非洲猪瘟的规定，加强技术培训，引导白银新希望农牧科技有限公司积极加大防控非洲猪瘟的人、财、物投入，采取放养、代养户等多项恢复生猪生产的措施，大力推动生猪生产。在国家的政策引导下，企业积极响应，白银新希望农牧科技有限公司在逐步完善养殖场基础设施的同时，严格做好防疫，全面恢复生猪生产，目前生猪生产形势良好。

一、基本情况

白银新希望农牧科技有限公司是由国内 A 股最大的农业上市公司新希望六和股份有限公司（股票代码：000876）投资成立的，位于靖远县北滩镇红丰村，注册资金 1.008 9 亿元。公司年出栏 50 万头生猪种养一体化生态产业园区建设项目是 2019 年甘肃省重点招商引资项目，位于靖远县北滩镇红丰村，总占地 871 亩，计划总投资 4.75 亿元，建设年产 50 万头规模的生猪养殖基地，配套饲料厂、有机肥厂、动保中心、培训中心、无害化处理中心、消洗中心、公猪站等。

完成建设后，公司存栏公猪 300 头、祖代猪场规模为 3 000 头，父母代猪场规模为 18 000 头，每年可释放生猪产能 50 万头。

公司设置了饲料及疫病常规检测室和育种检测室，配备了荧光定量 PCR（聚合酶链式反应）仪、酶标仪、恒温培养箱、净化工作台、精液密度仪等一系列检测及研发设备，可开展饲料配方研究、精液检测、非洲猪瘟筛查、水质检测等相关试验。两个实验室占地面积 200 米^2，设备原值达到 300 万元以上。同时，建设有动物试验基地，可开展营养需要量研究、原料营养价值评定、配方模型研究、添加剂及药物评估等多种研发项目。

1. **技术措施**　白银新希望农牧科技有限公司在养殖区全面采用自动化体系，引进国内外先进的自动化养殖设备，包括自动饲喂系统、自动饮水系统、自动环控系统、三层空气过滤系统和自动清粪系统等。

（1）自动饲喂系统。猪场内部建设自动化料管，通过料管内部塞链，将饲料源源不断地从外部料塔输送至舍内每头母猪的料槽中储存，通过可定时开启的落料开关进行定时定量饲喂，精确掌控母猪采食时间和采食量，进而实现精准膘情控制。

（2）自动饮水系统。猪舍使用全自动水位器，自动控制猪只料槽内的水位高度，时刻为猪群提供新鲜的饮用水。这样既能保证饮水充足，又可减少戏水的浪费，真正做到让猪喝好水又不浪费水。

（3）自动环控系统。自动环控系统由先进的环境控制器、湿帘、幕帘、风机和屋顶通风小窗组成。通过控制器检测猪舍温度、湿度和通风量，在不同环境条件下与标准值对比，综合评估舍内空气质量，自动调整风机、暖风炉等设备运行，排除外界环境干扰，稳定猪舍环境，让猪生活在最舒适的环境。其中，湿帘为循环供水系统，通过蒸发、气化吸热带走热量。幕帘位于湿帘外侧，通过升降调节舍内温度，控制进风量。

（4）三层空气过滤系统。养殖区的猪舍采用三层空气过滤系统，第一层过滤隔绝大颗粒粉尘，降低风速，第二层过滤隔绝细小粉尘，第三层过滤隔绝微小粉尘和细菌、病毒。这一系统有效切断了细菌病毒等在空气中的传播途径，可减少疾病风险，有效保障猪群健康。另外，干净的环境降低了设备的维护成本和消毒药品的使用频率。

（5）自动清粪系统。猪舍采用浅池式粪污收集池，在猪舍实现尿液和粪便的分离。尿液经导尿槽收集后进入污水处理站，粪便落入倾斜度为1‰的斜坡，通过副线刮粪板刮到一侧，汇集到主干道，经主干道刮粪板将粪便刮出后收集进入发酵车间。

2. 疫病防控

（1）饲料管理。指定专用饲料厂，加强原料控制，禁止使用存在安全隐患的猪源性蛋白原料。在制粒工艺方面，提高制粒温度，杀灭可能存在的非洲猪瘟病毒。

（2）养殖管理。制定疫病防控制度，强化外部和内部生物安全监管，定期开展风险评估。

在外部生物安全监管方面，一是加强周边安全控制；二是采取灵活有效的措施，防止野生动物进入猪场；三是严格禁止场外车辆进入场区，同时实施最严格的隔离消毒措施，控制生产区人员的流动。

在内部生物安全监管方面，一是定期限制人员流动和物品混用；二是及时驱赶场区内的野生动物，做好灭蚊蝇、灭鼠和杀蜱及防鸟等工作；三是做好病死猪、粪便、污水、医疗废弃物、餐厨垃圾以及其他生活垃圾的无害化处理工作；四是场内食堂严禁从市场购买偶蹄动物产品；五是在场区配备无害化处理设施，对病死猪及时进行无害化处理。

（3）运输工具管理。一是使用专用车辆进行饲料及生猪运输；二是在消毒灭源方面，建立专门的洗消中心，及时对运输车辆进行清洗和消毒。

3. 投入品使用

（1）饮用水管理。一是养殖用水使用干净无污染的井水；二是定期进行水质检测，确保饮水安全。

（2）饲料及饲料添加剂管理。一是指定专用饲料厂，对玉米等原料进行黄曲霉毒素、农药、重金属残留检测，确保原料质量安全；二是按照精准饲喂的标准配制配合饲料，确保营养全面、均衡；三是选用优质的饲料添加剂，严格按照国家发布的饲料添加剂品牌目录要求使用。

（3）兽药管理。杜绝使用违禁药物，严格执行休药期规定，在疫苗的使用方面，严格执行免疫程序。

4. 产品质量　公司建立了质量安全管理制度，目前正在申请认定无公害产品。

5. 养殖废弃物资源化利用　公司本着生态循环、可持续发展的理念，综合利用污水处理系统、喷灌系统、堆肥系统，达到养殖废弃物资源化循环利用。

（1）堆肥车间。堆肥过程既可以将猪粪内的有机物分解转化为可被植物直接利用的小分子物质，还可以除臭、杀虫、灭病害、提升养分。采用立式发酵工艺，高温好氧发酵，工艺不添加辅料，发酵时间短效率高，整个发酵周期为 7～10 天，生产出的有机肥呈现粉状，满足 NY 525—2012 的标准，可直接施用，改善土壤肥力。选用密闭性好、自带除臭系统的发酵罐，避免二次污染。

（2）污水处理系统。建设污水处理站，采用"预处理＋升流式厌氧污泥床（UASB）厌氧罐＋厌氧好氧工艺（A/O）池"主体工艺，污水处理后同时达到《畜禽养殖业污染物排放标准》和《农田灌溉水质标准》（GB 5084—2005）的要求，再经氧化塘储水池进一步熟化，形成可直接灌溉的水源。污水站实行运行日志报表和设备设施档案管理，针对各污水处理站工艺和设备情况，制作运营日志报表，每日定时对污水站各项数据和巡视情况进行记录，并由专人收集汇总，定期对收集数据进行分析。

（3）喷灌系统。为了更好地利用处理过的水源，建设消防灌溉一体化管道系统。系统前端有抽水水泵、过滤器以及控制柜，走水管道埋于地下 0.8 米，每 180 米安装一个消防栓用于防火。摇臂式旋转喷头接口设于种植区域地块上，灌溉半径 30 米以上，杜绝漫灌带来的环境问题，实现种养结合、循环利用。

6. 信息化管理　新希望六和股份有限公司研发出一款猪场管理软件，在各养殖场推广使用。软件将生猪养殖、生猪交易、饲料和兽药销售配送、技术服务、金融服务等产业链各环节的行为由线下转至线上，通过电脑（PC）端和手机端结合，快速实现业务数据采集，传统 3 小时的业务流程可缩短 1/10。数据采集系统实时对接财务系统，可快速进行成本分析；实现生产可视化，通过分析猪群各批次苗、料、药等的使用情况，倒逼生产精细化，提升现场管理；通过软件，还可及时了解猪源信息，价格透明，全程追溯，保障猪源安全。

二、生产情况

在项目建设运营中，已吸纳劳动力 395 人（其中靖远籍 320 人，建档立卡人口 57 人），所有务工人员全部签订了正式劳动合同，缴纳了"五险"，每人月均收入 4 000 余元。养殖场目前已饲养母猪 20 288 头，已分娩猪崽 11 600 余头；113 户农户以扶贫模式代养育肥猪超 10 万头，预计户均年收入可达到 30 万元。2020 年年底可实现出栏 30 万头、存栏 20 万头，达到整场满负荷高效运行。靖远县政府坚持真服务，定期听取进展汇报、研究解决问题、协调推动落实，帮助完成了项目备案、新公司注册、环评、稳评、土地等前期手续，协调解决了用电、道路、供水等问题，以实打实的效果创造项目当年签约、当年落地、当年建成投运的"靖远速度"。项目全部投运后，结合下一步实施的 20 万头生猪养殖产业扶贫项目，可产生巨大的经济效益、扶贫效益、生态效益，预计可带动当地 5 000 余名贫困人口持续增收。

三、应对措施

种猪场实行全封闭式养殖，工人也都实行全封闭式管理，如有特殊事情进出场，实行严格的隔离管控。目前，非洲猪瘟疫情形势依旧严峻，对养猪企业及百姓饮食安全仍有较大的影响，公司将严格按照股份公司及事业部的相关规定，坚持疫情防控和生猪生产两手抓、疫情防控和产业发展两促进，切实保障生猪产业健康发展，切实做好防疫防控工作，实现企业科学化管理。

1. **勤消毒、重防疫** 对抗非洲猪瘟，防重于治。为了切断非洲猪瘟的传播途径，公司充分利用规模化、高标准化、集约化设计圈舍的面积优势，使圈舍单独隔离形成密闭的保护空间，对圈舍实行分区管理，杜绝外部人员和车辆进入猪场，所有进入养殖区域的人、猪、物、料、运输车辆等都要经过严格的冲洗和消毒，圈舍内部定期用卫可、氢氧化钠消毒液进行消毒。

2. **快出栏、降风险** 提高经济效益、降低患病风险最简单有效的方法就是及时快速出栏。通过公司各类平台，时刻关注生猪市场行情，生猪市场行情一旦达到乐观价位，就迅速出栏。这样不仅降低了生猪感染疾病的风险，提高了养殖生猪效益，同时节省了饲料成本。

3. **自配料、增免疫** 自供饲料，降低成本。饲料费用占养猪成本的65%，降低饲料成本对提高养猪效益至关重要。公司一直以来使用内部饲料厂专配饲料，极大地降低了养殖成本。

4. **自繁育、控源头** 从外地引种繁育也是导致非洲猪瘟大肆传播的原因之一，因此，为了从源头上保护猪群，公司坚持自繁自育，培育能繁母猪及后备猪，保障仔猪的种群稳定，避免引种繁育带来的患病风险。同时，可以降低引种成本，适应市场变化需求。

四、获得的经验

1. **加强饲养管理** 科学防控和精细化管理是保障猪场在非洲猪瘟大环境下生存发展的前提。在事业部等部门的指导和扶持下，职工的养猪技术和科学化饲养水平得到了提高。

2. **注意市场行情** 非洲猪瘟暴发以来，市场行情不断变化，饲料价格也随之波动、时高时低。要把握市场形势，掌握出售时机，规避市场风险，实现利益最大化。

抢抓生猪养殖机遇，发展智能化生猪养殖

——宁夏海通达实业有限公司生猪增养经验做法

2018年以来，受非洲猪瘟疫情影响，多数养猪户养殖积极性下降，选择适时退出。宁夏海通达实业有限公司准确判断，抢抓养殖机遇，在做好疫情防控的同时，改（扩）建各类圈舍20余栋，基础设施和积污池、粪污存储车间等粪污综合治理设施配套齐全。公司的增养行动极大鼓舞了当地生猪养殖户，2019年以来，带动新建、改（扩）建规模生猪养殖场近20个，新增产能年出栏20万头。

一、基本情况

宁夏海通达实业有限公司是一家集种猪饲养、仔猪繁育、饲料原料种植为一体的农牧企业。2020年年初，分批次引入美国PIC父母代种猪2 800余头，2020年7月已逐步开产，预计年底存栏父母代种猪5 000头。建成后，预计年出栏优质商品仔猪10万余头。

二、增养措施

1. **优化场区布局，提高生猪养殖效率** 2019年，公司新建保育圈舍14栋，均为最新大棚式圈舍，舍内配套自动通风、自动饮水、自动饲喂等设施设备，两侧帘子可以根据温度变化自动调整，确保舍内通风良好，可降低氨气浓度，为仔猪提供良好的生长环境。同时，场区配套建设洗浴间、消毒室、兽医师、隔离间、装猪台等，在全场重要生产、生活区域安装电子监控系统，真正实现智能化管理。

2. **引入新品种，提高母猪生产能力** 引入的美国PIC配套系种猪具有产仔数高、仔猪成活率高、母性好、泌乳性能优秀、适应性强等特点。父母代初产母猪和经产母猪平均产仔数分别为12.5头和13.5头，平均窝断奶仔猪数10头以上，21日龄仔猪断奶重6千克，母猪年产2.3胎。

3. **配套智能化饲养设备，实现智能化饲养** 在怀孕猪舍内配置自动化通风、饮水、饲喂等智能化饲养系统，并于2019年引入"猪小智"怀孕母猪小型饲喂站系统，可以实时监测每头种猪的健康状况，并根据实际情况制定饲喂标准，真正实现母猪孕期的精准化、智能化饲养，从而提高养殖效益。

4. **加强生物安全工作，全力抵御疫病进入** 自2018年非洲猪瘟进入我国，造成生猪存栏量极速下滑。唯有不断加强生物安全工作，才能有效防控疾病。为此，公司制定了全

套生物安全防控流程，严格消毒程序和人员隔离制度，所有休假返场员工入场时必须洗浴、更衣、消毒，并在隔离生活区隔离 48 小时后方可入场。每日对环境进行消毒，确保无疫病带入。

三、获得经验

1. **加强生物安全防控，保障安全生产** 生物安全直接决定养殖场的存亡，要严格落实人、车、物的消毒程序，不断净化环境。针对最危险的卖猪环节，在远离场区的位置设置销售中转中心和洗消中心，区分车辆，严格区分净区、污区和缓冲区，分区制订消毒方案，确保无疫病带入。

2. **优化技术方案，提高生产成绩** 不断优化生产设备，定期学习先进的生产技术操作，优化技术生产方案和操作规程，制定各环节全套生产操作规程。不断提高种猪的配种率、产仔数、活仔数和健仔数，年 PSY 保持在 25 头，切实提高生产成绩，将养殖的经济效益最大化。

3. **强化人才培养，打造科技型农牧企业** 人才是决定企业能否长远发展的关键因素，强化技术人才培养，优化薪酬福利方案，有计划地组织人才定期、定向培养，提高技术人才占比，打造企业人才梯队，不断补充新鲜血液，激活企业的发展动力，提升企业科技力量，确保企业长远稳步发展。

宁夏淇霖农牧有限公司生猪复养典型案例

2018 年，受非洲猪瘟、水源地禁养、环境保护、土地紧缺等综合因素影响，全县生猪养殖量大幅减少，尤其是能繁母猪存栏大幅下降，导致近两年生猪供应紧张。为了加强非洲猪瘟防控，稳定生猪生产，贺兰县扎实做好疫情防控工作。现将贺兰县淇霖公司生猪养殖模式和做法总结如下：

一、基本情况

宁夏淇霖农牧有限公司位于宁夏银川市贺兰县，拥有 200 亩养殖基地，是一家自繁、自养、自销的生猪养殖企业。公司设计规划为全县最大的三元商品瘦肉型仔猪繁育中心及商品猪基地，计划生猪存栏 8 000 头，年繁育仔猪 10 000 头，出栏商品肉猪 20 000 头。目前生猪存栏 3 500 余头，其中能繁母猪 500 头，生猪年饲养量 6 000 余头。2015 年创立"宁农鲜"猪肉品牌。

养殖场交通便利，用地平整，水、电、通信等基础设施完备，各功能区相对独立，采用自动喂料、饮水、环境温度控制、自动清粪等先进设备，符合现代生猪养殖的要求。养殖场附近耕地面积宽阔，为生猪饲养提供了充足的饲料资源和粪污消纳地。养殖场占地面积 110 亩，其中标准化猪舍 6 800 米^2，办公生活区、饲料加工车间、粪污处理等配套设施 3 000 米^2。

二、做法及经验

1. **依托政策支持，促进转型升级**　宁夏回族自治区人民政府办公厅出台了《自治区人民政府办公厅关于加强非洲猪瘟防控稳定生猪生产工作的通知》（宁政办规发〔2019〕10 号）文件，按照文件精神，一是对规模猪场给予临时贷款贴息政策；二是暂时提高能繁母猪、育肥猪保额，政策的出台为养殖场抵御风险提供了有效保障。

2. **加大疫情防控，保证安全生产**　在没有有效疫苗的情况下，做好非洲猪瘟疫情防控是保障生产最有效的途径。在贺兰县农业农村局指导下，养殖场从 2019 年年初就启动了隔离预案。

（1）做好人员管控，严格消毒制度。工作人员严格施行封闭式管理，严禁随意外出。场区设有标准化消毒设施，严格按照场区各项标准化消毒流程操作。凡进入养殖场的工作人员都要在专用的消毒室内通过喷雾消毒机进行消毒，车辆通过入口的车辆消毒池接受消毒，外来人员一律禁止入内。场区内每周两次进行全面消毒，舍内采用干粉消毒机消毒，可有效降低圈舍湿度，吸收环境中有害气体。养殖场通过可防可控净化生产，确保养殖场安全生产。

（2）做好生猪出场拉运环节。养殖场自有生猪转运车辆，车辆均在当地农牧部门备案。在距养殖场 500 米处建有装猪台，出栏生猪或仔猪由专用通道集中转运至装猪台，出售仔猪由购买方备案车辆统一拉运，出栏生猪统一装车运往屠宰场。

（3）使用全价饲料，减少病原接触。自配料需要采购多种原料、预混料，频繁采购导致物资、车辆、人员进场控制困难，风险加大，饲料车间在野鸟、鼠等控制方面也会增加成本和风险。使用全价饲料可减少饲料与人员、车辆等高危因子的接触，减少了与鼠、野鸟等生物媒介的接触，减轻了饲养人员的工作量，降低了用工数量。

3. **加强粪污处理，增加公司收益**　在政府的大力支持下，公司积极参与贺兰县 2018 年畜禽粪污资源化利用项目，建成粪便肥料化生产车间 1 500 米²，购置 20 米² 有机肥生产设备 1 套、抽粪泵 4 台，建设储粪池 1 000 米³，配套建设与养殖规模相适应的堆粪场 1 000 米²。养殖场粪污处理采用高温发酵处理工艺，粪污置入高温堆肥反应器内，在 70 ℃的高温下与生物菌种混合发酵 2～3 天，达到灭卵杀菌及消除抗生素残留的目的，降低粪污对环境产生的影响。经菌种发酵处理的粪肥有稳定销路，每年为企业增加收益 5 万元。

4. **做好产销一体，保障猪肉供应**　公司建有养殖基地 2 个，直营店面 3 个，有稳定的生产、加工、销售利益联结机制，采取"产＋销"一体化发展模式，抗风险能力强。公司采取"标准化养殖基地＋生态散养基地"相结合的方式，首先在标准化生猪养殖基地将生猪饲养至 120 千克，后转场至生态散养基地饲养至 140 千克出栏，经屠宰加工分割，包装为"宁农鲜"品牌猪肉，通过店面销售，有稳定客源，年销售高端分割肉 22 吨。

5. **严格防控措施，保障员工安全**　在贺兰县农业农村局的指导下，按照贺兰县农业园区复工复产疫情防控规范，制定了《宁夏淇霖农牧有限公司疫情防控应急预案》，成立疫情防控应急领导小组，进行封场管理，做好疫情期间员工的防护工作，对环境严格消毒，全力做好防控工作，坚决防止疫情传播，全面确保疫情防控工作取得实效。

三、增养成效

非洲猪瘟疫情发生前，养殖场生猪存栏 3 500 头，其中能繁母猪 600 头。2018 年年底，邻近地区发生非洲猪瘟后，公司主动减少了养殖场内生猪的存栏量，存栏压缩至 1 000 头，能繁母猪仅 160 头。2019 年，虽然疫情严峻，但是生猪价格一路上涨，养殖利润成倍增长，公司负责人看到希望，增强了复养增量的信心，公司逐步增加产能，通过银行及担保公司贷款，用于改扩建养殖设施、购置养殖设备，增加后备母猪存栏。公司现存栏生猪 3 500 余头，其中能繁母猪 500 头、后备母猪 200 头、仔猪 1 500 头、种公猪 20 头、商品猪 1 300 头，仔猪成活率达到 98%。同时，公司计划为 500 头能繁母猪及 200 头后备种猪购买保险，有效增强养殖场抵御风险的能力，进一步确保公司稳步发展。

宁夏新兴农牧业有限公司
生猪增养典型案例

受非洲猪瘟疫情影响，青铜峡市出栏生猪价格为 30 元/千克左右，较春节前的 33 元/千克下降 9%；20 千克内仔猪价格为 110 元/千克，较春节前的 85 元/千克增长 29.41%。公司在青铜峡市养猪政策利好的引领下开始扩大养殖规模。

一、公司背景及基本情况

宁夏新兴农牧业有限公司前身为青铜峡盈丰生猪养殖场，成立于 2012 年，截至 2018 年，生猪存栏 1 000 头。2018 年 6 月，因环保整治等原因，养殖场迁至青铜峡市大坝镇高桥村。公司总占地面积 450 亩，计划总投资 5 000 万元。项目共建设办公房 1 栋、职工宿舍房 1 栋、饲料加工车间 2 000 米²、产房 16 栋、妊娠舍 31 栋、保育舍 42 栋、生猪育肥舍 88 栋、隔离舍 5 栋、门房消毒室 120 米²、粪污处理场 2 160 米²，同时配套全自动饲喂系统、饲料加工等设备，计划于 2022 年全面建成。

二、复养增养采取主要措施

1. **公司采用科学的管理模式**　宁夏新兴农牧业有限公司生猪标准化养殖场建设项目采用"公司＋合作社＋农户"的经营方式，采用"五统一三同时"的管理模式（统一规划设计、统一标准建设、统一综合管理、统一疫病防控、统一加工喂养；同时设计、同时施工、同时运行）和标准化饲养模式，真正做到设计科学化、养殖设施化、品种优良化、饲养管理精细化、防疫制度化。在宁夏青铜峡市政府的大力支持下，项目完全建成后将引领青铜峡市生猪养殖行业。

2. **标准化养殖场圈舍**　舍内外墙采用砖混结构，屋顶采用复合钢架结构，保温、防火、防锈、环保安全，坚固耐用。圈舍地面的漏粪板，保养维修、粪便处理便捷；环境卫生易控、用工成本较低。圈舍单元独立，功能齐全，升温、降温易于管控，氨气排放自然。消毒室生物安全设施配套完整，措施到位。全场重要区域及重点养殖环节采取 24 小时全景监控，可随时掌握场区情况，安全、省时、省力。

3. **抓重要环节把控**　一是场区建有独立车辆洗消中心、物资中转站、生猪待选室及装猪台。二是场区采取三级消毒流程，即工作人员进入场区大门首先进入第一个消毒室，进入生活区后进行第二次消毒并淋浴、更换生活区工作服，进入生产区进行第三次消毒、淋浴并更换生产区工作服。消毒室采用定时雾化式消毒。三是场区配套建设独立饲料、疫苗等生产物资消毒间和生活食材等物资消毒间。四是场区工作人员采取封闭式管理，无特殊原因不允许随意进出养殖场。

4. **落实生物安全工作细节** 一是严格执行相关制度要求，定期组织工作人员学习相关制度文件，确保细节落实到位，流程操作不打折扣。二是重点工作环节由专人负责，发现问题，及时落实整改。三是在不同环境、硬件配套、人员操作等方面提前演练，加强人员的生物安全意识，配套增加实际工作内容，将理论真正融入实际生产，在生产中养成生物安全的习惯。

三、增养成效

目前，养殖场生猪存栏 1 500 余头，其中能繁母猪存栏 602 头。计划 2020 年年底能繁母猪存栏 1 000 头以上，新增产能 20 000 头以上。项目完全建成后，设计能繁母猪存栏 2 500 头，年出栏生猪 50 000 余头。

新疆库车锦瑞生猪养殖有限责任公司
生猪养殖项目复养增养案例

为贯彻落实农业农村部《加快生猪生产恢复发展三年行动方案》的安排部署，增加市场猪肉供给量，公司结合现有畜牧养殖技术，发挥自身优势，按照现代化标准养殖体系进行建设。现将库车锦瑞生猪养殖有限责任公司生猪养殖项目生猪复养增养情况汇报如下：

一、公司基本情况

1. **公司概况** 库车锦瑞生猪养殖有限责任公司成立于 2019 年 3 月 6 日，属库车县锦润农业发展开展集团有限公司旗下全资子公司，注册资金 2 000 万元。公司以贯彻落实新型畜牧业发展理念、推动企业高质量发展为目标，提高企业利润，根据生猪养殖业市场发展形势，新建"4 万头生猪养殖项目"。公司是库车县最大生猪养殖基地，将树立起绿色健康生态养殖＋种植的形象，打造"安全、绿色"品牌，取得有利竞争地位，实现社会、经济、环境的三重效益，同时提高库车市生猪产品的质量，提升公司的牲畜疾病控制水平，达到政府防疫监督和疫情检测等体系要求。

2. **项目概况** 年出栏量 4 万头。

二、项目进度情况

1. **建设情况** 库车锦瑞生猪养殖有限责任公司 4 万头生猪养殖项目总建设面积为 36 582.42 米²，目前已完成建设种猪场 1 座、育肥场 2 座、有机物处理池 1 座、洗消中心 1 座以及相关附属设施，另外 2 座育肥场、1 座装猪台现正在施工建设。

2. **生产情况** 4 万头生猪养殖基地场区每月饲料平均使用量为 140 吨，截至 2020 年 5 月中旬，养殖场区现存栏后备母猪 1 535 头、公猪 2 头；经技术人员人工授精，现累计配种 422 头。

三、复养增养历程及措施

1. **主要历程** 2019 年年底，库车锦瑞生猪养殖有限责任公司各项防疫设施齐全，达到引种条件，经库车市本地农业相关部门协调，积极与种猪输出地对接，综合考虑各项风险，确定引种实施方案，最终由库车市农业农村局动物防疫部门工作人员会同公司调运人员和兽医，一同前往种猪输出地进行种猪调运，全程跟随。同时，公司做好接猪准备，在到达库车二八台动物防疫站时进行采样检测、多次全车洗消处理，到达场区实行进场隔离，严格落实各项防疫制度，全猪采样送检，确保跨省调运种猪无任何疫病。2020 年年初，受非洲猪瘟及新冠疫情影响，公司生猪养殖基地暂无法增加乳用种猪存栏数量，年产出栏量受到限制，出栏仔猪数量仅达到 2 万头。

2020 年 3 月，疫情相对稳定后，公司与农业农村局对接，并结合前期引种经验，决定将种猪数量扩大至 1 550 头，并于 3 月底顺利完成剩余乳用种猪引进，达到预计数量。

2. 主要措施

（1）结合非洲猪瘟及疫情情况，综合考虑种猪输出低的实际情况，做好引种风险评估工作。

（2）根据前期引种经验，加强防疫措施，优化引种实施方案。

（3）严格落实各项规章制度，对跨省引进种猪事项进行备案，积极对接各监管部门，确保管控措施全面到位。

（4）全方位综合考虑，确定应急预案，确保种猪顺利引进，达到增养目标。

四、复养增养成效

种猪存栏数量从 800 头增至 1 550 头，通过自繁自育的生产经营模式，年生产商品猪数量从 2 万头增至 4 万头，就业岗位达到 56 人，在一定程度上缓解了当地的就业压力，提高了当地农民的工资性收入，也增加了企业利润，同时，还为库车市畜牧牲畜疾病控制、防疫监督、疫情检测等体系建设提供了重要的数据支撑。

五、经验及建议

根据目前生猪养殖业市场发展形势和生猪养殖业现状，要做好防疫措施，严格消毒。猪场的病原多从场外传入，为防止病原的侵入，猪场必须全覆盖消毒，把病毒和细菌拒之场外；在猪的生长过程中，还要注意保健和温度；要有无害化处理意识，把发现的问题解决到位。应以贯彻落实新型畜牧业发展理念、推动企业高质量发展为目标，严格按照非洲猪瘟防治技术规范要求开展防疫工作，把消毒、无害化处理等环节纳入养殖重点工作，积极配合当地部门开展检测排查，落实相关防控措施。

新疆羌都林牧科技股份有限公司
复养增养措施

一、公司基本情况

新疆羌都林牧科技股份有限公司（以下简称"羌都林牧"）始建于 2009 年 10 月，注册资本 21 390 万元。目前已建成羌都天兆猪场和羌都米兰猪场，实现年出栏生猪 80 万头。2019 年开工新建 4 个项目：羌都天厚猪场、羌都青松猪场、羌都天佑猪场及年屠宰 50 万头的屠宰场，并于 2020 年 8 月开始投产。截至 2020 年年底，全公司可实现出栏仔猪、生猪共计 110 万头，50 万头屠宰场已于 2020 年年初正式运行，计划于 2021 年年初建设年生产量 70 万吨的饲料加工厂。

羌都林牧养殖基地主要布局在巴州的若羌县、尉犁县及米兰镇，地广人稀、气候干热，具备阻断非洲猪瘟的天然条件。按照公司发展的近期规划，2021 年年底可出栏生猪 200 万头，2025 年计划出栏生猪 500 万头，完成集种猪、仔猪、生猪养殖及屠宰、冷链运输和饲料一体的生猪产业链。

二、复养增养措施

1. **扩大养殖规模**　新疆羌都天佑猪业有限公司是新疆羌都林牧科技股份有限公司全资子公司，在尉犁县投资新建年出栏 30 万头的自繁自育生猪养殖项目。项目占地 1 500 余亩，项目建成后，将饲养世界著名的加系和法系长白、大白、杜洛克、皮特兰种猪，种猪规模 12 000 万头，年生产繁育出栏各类猪只 30 万头以上，可以满足库尔勒地区及周边各市县老百姓对猪肉的需求。

新疆羌都青松牧业有限公司在米兰镇投资新建年出栏 30 万头育肥养殖项目。项目占地 1 000 余亩，其中猪舍 20.15 万米^2，饲料仓储、办公、住宿和设施设备配套用房 2.25 万米^2，环保及其配套设施占地约 5 万米^2。项目一期总投资 5.5 亿元，其中，固定资产投资 4.1 亿元、生物性资产投资 0.68 亿元、流动资金 0.72 亿元。

新疆羌都天厚猪业有限公司在若羌县瓦石峡镇投资新建年出栏 50 万头的自繁自育生猪养殖项目，占地 1 800 余亩。

羌都林牧养殖基地均采用世界养猪王国——丹麦的养殖工艺和管理理念，硬件核心部分均选自德国、荷兰和丹麦等国，完全可以达到环控、喂料和清粪自动化。利用国内最先进的基础设备，包括自动喂料系统、全漏粪地板、水泡粪工艺、自动温度控制系统等，大大降低了员工的劳动强度，减少人力投资，同时为公众提供健康安全的有机农畜产品。

2. 落实好消毒等防控措施 公司始终秉承"生物安全第一，防范重于一切"的安全生产理念，自 2019 年 1 月 1 日起，将防疫消毒工作作为首要责任及绩效考核纳入日常工作，先后建立施行了消毒工作汇报微信群、生物安全绩效考核制度、外来车辆及物品消毒管理制度。在 5 000 米安全区外新建两处消毒站：一处为装猪台消毒站，配备洗车房、车辆消毒房、车辆高温烘烤消毒间；另一处为饲料厂专用消毒站。

在日常工作方面，场区内转运车辆每天清洗，用 0.1% 的过氧乙酸消毒；圈舍及场区外路面用 2% 的氢氧化钠溶液清理消毒，一周两次；每位员工使用 0.1% 的过氧乙酸熏蒸 45 秒消毒并配合 1% 的过氧乙酸脚踏盆消毒；饮水采用 0.1% 的过硫酸氢钾消毒。无害化处理车间专人专职，每天将所有废弃物进行无害化处理。此外，建立非洲猪瘟 PCR（聚合酶链式反应）实验室，每月不少于两次采血及环境采样检测。

公司在生产中不断加大监控力度，提高管理人员责任意识、细化消毒环节，加大生物安全资金及人员投入。公司积极配合州、县、乡各级行政主管部门的政策及方案落实，力争将公司消毒防疫水平做到全区前列。

羌都林牧多年来始终坚持种、养、加工一条龙，产、学、研、销相支撑的有机生态循环配置的科学发展之路，以"羌都"命名的五大子公司形成了持续健康、快速高效发展态势，红枣品种改良正在推进，种植养殖产业链条对接完成，猪产业发展规划有条不紊。在不久的将来，一个集红枣特色林果业、畜牧养殖、生态保护、精深加工销售等为一体的朝气蓬勃的现代化上市公司将屹立在若羌县这片希望的土地上，成为环塔克拉玛干大漠里的一颗璀璨明珠。

下　篇
合作社、家庭农场、养殖小区篇

山西长荣集成化家庭农场母猪繁育模式

一、基本情况

山西长荣农业科技股份有限公司（以下简称"长荣"）成立于 2009 年，注册资本 1 440 万元，是集育种、养殖、种植为一体的农牧结合的现代循环农业公司，是全国猪联合育种协作组成员单位、中国畜牧业协会猪业分会副会长单位、农业农村部畜禽养殖标准化示范场、山西省农业产业化重点龙头企业、山西省生猪育种协作组成员单位，现已通过生猪无公害产品认证。公司于 2015 年 5 月 12 日在"新三板"挂牌，股票代码 832479。

公司现有原种猪育种场 2 座，存栏 2 700 头，每年可提供纯种猪 1 万头、二元母猪 1.5 头、商品猪 5 万头；有长荣特色猪繁殖育种场 1 座，存栏 600 头；在建曾祖代核心育种场 1 座，规模 2 400 头，建成后可实现年供优质纯种猪 2 万头、商品猪 4 万头。

"集成化家庭农场母猪繁育模式"（以下简称"长荣模式"）由长荣研发推出，山西省畜禽繁育工作站支持推广。"龙头企业＋农户"组成统一生产、统一服务、统一营销、品牌共享的家庭农场利益共同体，是龙头企业带动中小家庭农场协同发展的完美呈现。该模式解决了养猪的系统性问题，旨在促进中小型家庭猪场、适度规模专业化家庭农场的转型升级与高质量发展。

二、发展历程与完善措施

（一）发展历程

2015 年，长荣结合自身在种源、技术、服务和合作平台方面的资源优势，构建了"长荣生态圈"体系。以优质种源为始，以嘉吉的 MAX 营养配方饲料动态监测、科学的免疫程序和动保程序为基础，联合下游屠宰公司，根据屠宰要求调整饲喂方式，让利养殖户，运用长荣生态圈，让养殖户降低运营成本，提高养殖效能。长荣针对国内养殖现状和周边省市的养殖结构分布，结合长荣的独特优势，潜心探究养殖产业、猪场建设、养殖模式和市场波动，在国内率先推出"集成化家庭农场母猪繁育模式"。

山西省畜禽繁育工作站组织学者专家，对"长荣模式"进行论证，认为"长荣模式"集成了种猪选育、饲料配置、猪舍建造、工艺设计、智能环保、农场管理、疫病防控、废物处理等方面的科研成果与最新技术。通过"龙头企业＋农户"协同发展，构成利益共同体，促进中小家庭养猪场成功转型升级，明显增强了其抵御市场和疫病风险的能力，适宜在北方地区推广。

长荣通过四年的发展和总结，围绕养殖的五大要素：种猪、营养、健康、环境、管理，不断整合完善优质资源，进一步完善服务于下游的运营服务平台，主要包括种猪和精液、营养健康体系、猪场设计、数字化系统工程服务、标准化管理体系等方面，让养殖户快乐养猪、享受田园。

种猪是生猪养殖产业的核心之一，长荣一直坚持国际合作的方针路线，与全球第二大育种公司荷兰海波尔合作，共享其先进的育种、管理技术。在营养方面，与世界四大粮仓之一的美国嘉吉合作，共同构建"长荣模式"的生猪营养体系，享其完善的动物营养解决方案。在健康方面，长荣与新牧合作十余年，实时监控，共同打造安全可靠的动物免疫程序。此外，还邀请国内首席育种专家、中国农业科学院王立贤老师作为长荣的育种体系专家。在各方合作的基础上，形成了科学、合理、高效的技术服务体系。

(二)"长荣模式"的优势和特点

1. **标准化管理体系** 模块化管理为核心，技术易掌控，简单易学易推广。

2. **适度规模** 适度规模（120～1 200头基础母猪），管理更精细。投资、环保、种养结合，使养猪简单、高效、合理。以500头基础母猪为例，年出栏12 000头15千克仔猪，折算后不超过5 000头商品猪，粪污采用全封闭收集，经4个月的厌氧发酵配水后直接还田，提高配套农业生产质量，促进循环发展。

3. **生产工艺** 根据猪的生理周期，结合实际生产，将猪群划分为5批，每4周集中配种一次，每年配种13次，从而实现批次化生产、批次化销售、全进全出，大大降低了疫情风险。

4. **设计工艺**

（1）集成化专利设计，较传统养殖场节省60%的土地，盘活土地存量。

（2）节约能源，充分利用热交换保温原理，实现冬季不用烧煤/气，节能环保，降低生产运营成本。

(三) 长荣模式具体分析

现以120头能繁母猪为例，就长荣模式做具体介绍。

1. **占地面积**

（1）生产区。种猪区、产房、保育、后备隔离区等，共754.56米^2。

（2）功能区。饲料库、药品间、配电房、洗浴间、宿舍等，共140米^2。

（3）粪污区。采用全封闭覆盖膜，共36米^2。

以上共930.56米^2。

2. **投资成本**

（1）土建。主体为砖混结构，顶面钢结构，外墙做10厘米保温。预算成本为750元/米^2，共894.56米^2，需投资67.09万元。

（2）设备。自动温控、自动饲喂、栏体、产床、保育床约35万元。

（3）粪污处理。覆盖膜400米^3，需2万元。

以上三项共需投资104万元。

（4）种猪。正常情况下每头种猪2 000元，120头共需24万元。

（5）流动资金。饲料、动保、人员工资、水电、维修40万元。

总投资：土建、设备、种猪、流动资金合计 168 万元。

3. **预计收益** 在市场正常的情况下，每头母猪保守估计年提供 15 千克商品仔猪 26 头，120 头能繁母猪年出栏仔猪 3 120 头。

15 千克商品仔猪的成本不高于 380 元/头，市场偏下时，全年平均价格为 550 元/头，销售利润为 170 元/头，销售年收益为 53 万元，预计三年可收回投资。

随着规模呈比例增长，投资成本与收益约为 120 头规模的倍数，预计三年可收回投资。

（四）"长荣模式"的社会经济效益

以下按照山西省正常年份出栏 1 700 万头仔猪核算。

1. **降低饲养成本** 年出栏 1 700 万头仔猪，传统饲养需 100 万头母猪；采用"长荣模式"，只需饲养母猪 68 万头。仅此一项，可节约母猪饲养成本 37.4 亿元。

2. **节约土地** 传统饲养母猪占地面积约为 20 米^2/头，饲养 100 万头母猪占地面积约为 2 000 万米^2（合 3 万亩）；采用"长荣模式"，饲养 68 万头母猪占地面积约为 527 万米^2（合 7 900 亩），可大幅度节约土地。配以种养结合方式，可盘活土地存量，提高农牧生产综合效率。

3. **节约劳动力** 传统饲养 100 万头母猪约需要 42 000 人；采用"长荣模式"，饲养 100 万头母猪需 12 500 人，而饲养 68 万头母猪仅需 8 500 人，节约劳动力 70% 以上，大大降低了人力资源成本，提高了生产效率。

4. **环保节能** 每头母猪每年需饲料 1.3 吨，少养 32 万头母猪可节省 41.6 万吨饲料，减少粪污排放处理。同时，因"长荣模式"充分利用了生产过程中自身的热交换循环，冬季不用烧煤炭、天然气等资源，极大降低了不可再生能源的使用量，减少了生产过程中的碳排放，有利于环境保护。

5. **食品安全** "长荣模式"的数据平台服务实现了从种源到商品猪生产各个环节的标准化、可溯源性，最大限度地保障了食品安全。

三、增养成效

长荣现已在晋、陕、冀、豫、蒙、甘等省区推广 50 个家庭农场，农场规模为 120～1 200 头，存栏母猪达 20 000 头，可实现年生产商品仔猪 50 万头。

通过 44 个家庭农场的实践，母猪 PSY 平均可达到 26 头以上，生产效率提高 40%，养殖户抵御市场风险能力增强。特别是在非洲猪瘟疫情环境下，采用"长荣模式"的家庭农场无一感染非洲猪瘟，生物安全提档升级；较传统养殖节约用地 60% 以上，粪污无害化处理还田，实现种养结合，促进农业生产的有机循环发展，完善了食品安全追溯体系。

四、"长荣模式"发展规划

长荣是山西省新型家庭农场的探索者、实践者、引领者，亦是完善者，致力于发展成为中国新型家庭农场的引领者，助推新型家庭农场成为中国猪业的新生力量。依托长荣核心原种猪育种场，计划在 2020—2025 年，以山西省南部为核心，重点布局周边省市，构建省内外区域发展基地，推广家庭农场 100 家。2025 年之后，重点向我国北部省市地区辐射。

目前，党中央、国务院、国家有关部委制定稳定生猪生产、保障市场供应的新政策，同时出台发展家庭农场、促进中小养殖企业转型升级的相关方案。"长荣模式"可作为中小养猪场转型升级、生猪产业高质量发展的新抓手，也将取得显著的经济、社会和生态效益。

自主创新、新改扩建、抱团发展
松阳县寻机突围促进生猪产业"增产保供"

稳定生猪生产、保障猪肉供应，事关"三农"发展、群众生活和物价稳定。近年来，松阳县以"六化"为引领，加快制定出台生猪增产保供扶持政策，通过组织到位、要素保障、补栏引种、宏观调控、项目谋划等途径，全力推进生猪稳产保供工作，稳定猪肉价格。其中，松阳县雪峰乡园家庭农场通过自主创新、提升粪污处理能力，新改扩建提升生猪养殖总量，抱团发展提升养殖防疫水平，为生猪产业"增产保供"提供了典型案例。

一、企业基本情况

松阳县雪峰乡园家庭农场坐落于松阳县西屏街道阳溪茶场，成立于 2013 年，采用集茶叶与薄壳山核桃的种植、加工、销售，生猪、畜禽养殖种养为一体的循环种养模式，建设规模 400 亩，注册资本 310 万元。农场养殖基地占地面积 30 亩，总建筑面积 12 000 米², 猪舍内安装了先进的生产设施，其中母猪产床 108 套、保育舍 7 幢、母猪限位栏 372 套，保育猪、生长猪和大猪舍全部采用自动喂料系统装置、自动刮粪系统。养殖场内现有存栏经产母猪 557 头，大、小商品猪 6 500 余头，目前已成为规划科学、布局合理、设施完善、设备先进、管理机制灵活的综合型农牧生产企业。

二、主要措施

1. **自主创新，改造异位发酵装置** 2017 年，松阳县整县制推广异位发酵床粪污处理模式，并给予 300 元/米³ 的补助。农场积极响应，率先在猪场建设了异位发酵床。在发酵床试用期间，农场发现生猪粪污无法与发酵基质充分搅拌，且发酵菌所需的最佳温度及湿度也无法有效控制，直接导致了发酵床利用率低下，粪污得不到有效处理，甚至出现污水外流现象。农场立即与省市县畜牧专家沟通，不断自主创新，成功研制出发酵床的搅拌装置和发酵床的恒温控制装置，并成功申报了国家专利，大大提升了粪污处理能力。

2. **新改扩建，建设大型规模猪场** 2019 年，为响应国家号召，省市县纷纷出台生猪增产保供扶持政策，农场迅速行动，积极谋划，计划新建一家种猪场。经政府牵线搭桥，农场与省级龙头企业浙江青莲食品股份有限公司强强联合，成立了浙江茶香牧业有限公司，共同投资建设一家年出栏 10 万头的大型生猪规模养殖场，总投资达 2.774 亿元。采用青莲 5G 云上牧场智慧生态一体化技术，以区块链技术为基础，包含智能环控、自动饲喂、无人值守、远程监控、自动清粪、空气净化等功能的智能数字化养殖系统，建设生态

优先、设施一流的智能信息化示范生态养殖场。目前，该项目已开工建设，预计 2020 年年底可完工投产。

三、增养成效

1. 变"同位发酵"为"异位发酵"，有效提升粪污处理能力   松阳县因地制宜，采用更符合本地实际的"异位发酵"处理模式，使得全县生猪养殖场粪污处理能力有效提升。在不污染环境、粪污处理能力有富余的前提下，2019 年上半年，通过松阳县生猪养殖协会，农场组织全县生猪规模养殖场统一从福建成功引进种猪 656 头，其中农场引进种猪 210 头，可新增产能 4 000 余头。松阳县养殖场的抱团引种不仅保障了松阳县内生猪及其产品的供应充足，同时还有余力支援兄弟县市，有序开展生猪外调。

2. 变"小规模养殖"为"大规模养殖"，有效扩大生猪养殖总量   依托"浙江省计划新建 30 个左右年出栏 10 万头以上猪场"目标任务，松阳县筑巢引凤，积极引进外来投资商，通过强强联合，走科学规模化养殖新路。在浙江茶香牧业有限公司新建一个年出栏 10 万头以上大型生猪规模养殖场的基础上，青莲公司计划再单独投资 1.4 亿元，新建祖代原种猪场 1 个，建成后，可年饲养祖代原种猪 1 000 头。同时，浙江华统肉制品股份有限公司计划在该县投资 3 亿元，新建一家年出栏 10 万头以上的大型生猪规模养殖场。目前，松阳县已引进大型生猪养殖投资项目 3 个，总投资额达 7.1 亿元，3 个项目落地投产后，松阳县生猪总量将大幅度提升，可超额完成生猪保供任务目标。

四、经验分享

1. 设施改造，有效保障养殖生物安全   自 2018 年 8 月非洲猪瘟疫情暴发以来，生猪产业迎来考验期。为全力保障现有生猪产能，松阳县积极出台《生猪规模养殖场防疫条件提升补助方案》，对养殖场的改造提升以计价标准的 50% 给予补助。农场努力在危机中寻求突破，积极响应省市县的"百千行动"，切实落实生猪养殖场生物安全改造提升工作，按照要求，在对养殖场场区大门、消毒池、消毒室、消毒机等设施进行改造提升的基础上，重点在通往场区道路上建立了车辆转拨中心，并配套相应的洗消设备进行车辆的清洗消毒；同时，在场区大门消毒池上加盖了车辆喷雾消毒设施，守住养殖场的大门小门，严防输入性疫情，确保场区内生物安全。目前，已完成 13 家生猪养殖场、1 家畜禽屠宰场的生物安全改造，并建立了 1 家运输车辆洗消中心。

2. 抱团发展，有效提高产业组织化程度   成立松阳县生猪养殖协会，由农场场主孟文化担任会长，全县所有生猪规模养殖场为成员，实现抱团取暖，共同抗疫。协会组织全县生猪养殖场统一购种、集中隔离、统一采购饲料等，并建立了县域运输车辆转拨中心和洗消中心，有效保障了松阳县域范围内的养殖场生物安全，同时也降低了养殖成本。为稳定市场，协会还积极协调成员单位的生猪销售价格，在疫情期间，松阳县生猪销售价格始终处于全省中下游水平，为稳定生猪生产、保障市场供应、促进生猪产业高质量发展做出了"松阳贡献"。

安徽省泾县鑫农养猪专业合作社养殖场升级改造典型案例

2018 年以来，受非洲猪瘟、养猪周期、环保压力等影响，安徽省泾县生猪产业状态低迷，生猪存、出栏量大幅度下降，导致 2020 年生猪供应出现较大缺口。为恢复生猪生产，泾县县政府积极落实国家有关政策，扎实做好疫情防控工作，同时，通过扶持规模化养殖场升级改造、加大招商引资力度、完善产业链、规范禁养区范围划定等措施，多措并举，推动生猪稳产保供。鑫农养猪专业合作社通过升级改造，改善了猪场生物安全状况，生猪复养成效显著。

一、基本情况

鑫农养猪专业合作社于 2011 年成立，坐落于泾县琴溪镇马鞍村，是一家以育肥为主的生猪养殖场，其仔猪原主要来源于安徽祥泰农业开发有限公司。2012 年，合作社通过省级畜禽标准化示范养殖场验收，并取得市级产业化龙头企业称号。合作社现有猪舍 11 栋，设计规模年出栏育肥猪 1 万头。

二、复养成效

为应对非洲猪瘟严峻形势，合作社及时加强基础设施建设，提升生物安全防控水平，制定严格的管理制度，加大非洲猪瘟排查、检测力度，降低饲养成本。2019 年 10 月初，进苗猪 3 000 头，至 2020 年 3 月，共出栏生猪 2 900 余头，成活率达 96%。

三、主要措施

1. **增加物理隔离设施设备**　采用围墙、彩钢板、高速网等形式对猪场进行围闭，阻隔无关人员及小动物入场。同时，使用不锈钢纱窗隔离应急通道、风机端、水帘端、地沟等区域，防止鸟鼠、蚊蝇进入猪舍。

2. **增加消毒设施设备**　将原有的猪场大门口的喷雾消毒室改为冲凉房，人员进入场区必须洗澡更衣，并加设物资消毒间，配置镂空置物架，生活用品、兽药等物资须经臭氧或雾化熏蒸消毒后方可进入场区。

3. **建设中转料塔**　为防止非洲猪瘟病毒通过饲料传播，建设了 3 个中转料塔，现正计划从场区内移至场区围墙外，散装料车在围墙外直接打料至中转料塔，确保场外饲料车

不进场。

4. **对猪舍进行全封闭管理** 将 5 栋育肥猪舍改造为保育舍，提高了仔猪的成活率，同时进一步对猪舍进行密闭、漏缝改造，配套风机水帘降温系统，密闭猪舍间赶猪道、连廊、出猪台等连接通道。

5. **加强消毒** 猪舍四周和场内道路定期消毒，大门口使用生石灰，设置警示标识带，定期更换大门口、猪舍门口脚踏消毒池/盆、洗手盆中的消毒水，生猪出栏后，对猪舍地面、墙壁进行火焰消毒。同时定期进行大环境清理，及时清理场内杂草、垃圾等，清除场内低洼段积水，防止蚊蝇滋生，做好灭鼠、灭虫、灭蚊蝇工作。

四、经验启示

1. **加强基础设施建设，提高生物安全防控水平** 合作社在资金困难的情况下，投资 70 万元用于基础设施升级改造，提高生物安全防控水平，有效地提升了动物疫病防控能力，减少了动物疫病的发生，提高了生猪的成活率。

2. **加强饲养管理** 在非洲猪瘟防控形势较为紧张的情况下，科学防控和精细化管理是保障猪场生存发展的前提。坚持"以养为主，防养并重，防重于治"的总方针，通过科学防控、科学饲喂，实现生猪死得少、长得快。

3. **加强综合防控** 一是加强疫病防疫，严格按照防疫程序进行防疫注射，防疫密度达到 100％；二是加强消毒，消毒工作贯穿于猪饲养的全过程及各个环节，把好猪舍、环境、进出车辆、人员等出入口的消毒关，切断疫病传播途径；三是加强人员管理，定期对饲养员进行生物安全管理培训并考核，强化其生物安全管控意识。

湖北省恩施市旺农生猪
专业合作社增养情况简介

一、基本情况及当前养殖情况

恩施市旺农生猪专业合作社成立于 2015 年 8 月，注册资金 300 万元（实际投入使用资金 1 000 万元），位于湖北省恩施市白杨坪乡，占地 50 余亩。合作社采用国内先进的生产设施、设备，实行自动化饮水、自动化供料、自动化温度控制、自动化监控管理，并配套建设大型沼气池。猪粪经发酵后用来种植牧草、水果和蔬菜。

恩施市旺农生猪专业合作社现有能繁母猪 800 头、原种长白母猪 80 头。合作社与四川农业大学合作，着力培育瘦肉率适中、风味好的商品肉猪品种。同时，与成都大学食品系合作研究提高猪肉硒含量的方法，以及监控猪肉的各项指标，保证猪肉的安全和品质。通过饲喂本地种的牧草，按程序化的养殖模式（采用低蛋白日粮，添加益生菌和中草药，分 7 阶段日粮）养殖 10 个月的时间，能够提供无抗、安全、风味佳的猪肉产品。

二、增养历程及主要措施

2018 年经历了养猪低谷期，对部分生产性能差的母猪进行了淘汰，2019 年，在非洲猪瘟发生初期，合作社又购进父母代母猪 400 头，祖代母猪 30 头。

在生物安全（非洲猪瘟防控）方面，本着"一个中心两个基本点"的原则。一个中心是以生物安全为中心；两个基本点是提高猪群抵抗力和控制其他重要的猪病。具体的措施如下：

（1）防线外移、扩大范围。消毒场地外移，并在场区外围灭"四害"，进行定期的白化消毒处理（氢氧化钠、氧化钙），切断可能的传播途径和传染源。

（2）杜绝一切外来车辆进入，无关闲杂人等不得进入。为保证猪只的转运，合作社自配转猪车辆，保证外来车辆在 3 千米以外转运交接。

（3）树立全员生物安全意识。场内员工不出养殖场，以场为家，进出生产区严格洗澡、换衣、消毒。

（4）通过免疫和加强营养，提高猪只的抵抗力。除了切断传播途径外，在养殖上注重加强营养，规范基础免疫，定期进行一定的药物保健，以增加动物的非特异性抗病能力，尽量降低猪群的应激，提高猪群的健康水平，注意猪群的排毒解毒。

（5）做好猪群的基础免疫和定期的猪群保健。

三、增效成效

合作社一直以来始终将生物安全放在第一位，目前生产经营正常，每月基本仔猪出栏
1 200～1 300 头，呈上升趋势，态势良好。

四、感悟

1. **围绕一个中心，强化组织领导**　以镇兽医服务中心非洲猪瘟防控指挥部为中心，在合作社内成立非洲猪瘟管理小组，细化责任，细节到位。

2. **关口前移，严防疫情传入**　强化道路路口实时管控，守好大门。强化进出管理，进一步强化防控屏障，降低疫病传播风险。

3. **对车辆严格管控**　任何车辆不得进入场内，生猪运输车辆必须停放在 3 千米外。

4. **强化多方联动，打赢非洲猪瘟阻击战**　对接政府各级非洲猪瘟防控指挥站，做到信息互通、及时沟通。

5. **畅通疫情报告渠道，做好宣传引导**　积极配合各级部门，限制生猪及生猪产品的移动、养殖排查、检疫监管，开展技术咨询和宣传引导工作。

蕉岭县亨业猪场加强管理，产能提高 70%

——蕉岭县亨业花木养殖专业合作社复养增养案例

一、养殖场基本情况

蕉岭县亨业花木养殖专业合作社位于广东省梅州市蕉岭县南礤镇左槐村，设计年存栏 2 500 头生猪，有 6 栋栏舍，占地面积 150 亩，总投资 150 万元，其中环保投资 15 万元。

养殖场采用漏缝式双层楼房养猪模式，猪舍地面中间呈龟背形，中间最高处为一条饲养通道，饲养通道两边设双列式栏舍，栏舍由多个平行排布的水平漏缝式高床组成；双列式栏舍两边为两条粪尿沟和排污通道，粪尿沟设有一定坡度；猪舍外设带盖板的沉淀池，一端经地下暗道连接粪尿沟，另一端由地下暗道排至沼气池；猪舍外屋檐下设滴水沟，经排水管道引至养殖场外，能够自动实现雨水和污水分离和粪尿分离，方便废渣废水的清理和处理。

养殖场建设配备消毒车间、板料机与自动喂料机、自动刮粪机、沼气池、三级沉淀池和氧化塘，配备一名畜牧兽医师和一名办公管理人员。

二、主要历程与措施

（一）主要历程

蕉岭县亨业花木养殖专业合作社原有养殖规模年存栏 1 000 头，栏舍面积 1 000 米^2，2018 年年底，由于受非洲猪瘟疫情冲击，养殖场生猪出现不明原因死亡，养殖场负责人立刻主动清栏保场，在接下来的半年时间，通过清洗、消毒、封闭等措施对场地进行净化，同时不断学习新型养殖技术，借鉴其他养殖场先进科学的养殖技术，通过合作社形式融资，对养殖场进行升级改造，抛弃以前"粗养型"的老旧养殖方式，采纳新型养殖技术及管理方式，同时改变养殖理念，发展科学、健康、环保的养殖方法。现已完成对养殖场的改造建设，正在完善相关手续证件，开展复养增养，预计 2020 年年底出栏 2 500 头。

（二）主要措施

1. **管理措施**　制定了猪场防疫制度、饲养管理制度、检疫报检制度、病死猪无害化处理制度、消毒制度、档案管理制度、疫病监测和疫情报告制度以及检疫申报制度，并要求驻场管理人员严格执行。

2. **技术措施**　养殖场配备全场监控、安全饲料生产、自动喂料机、自动刮粪机和降

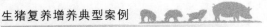

温水帘风机等电脑中控设施，环保设施从收集到处理排放一体化，全场安排两人操作管理，采取封闭式管理，禁止外来人员进入。

三、复养增养成效

重新规划设计，扩大养殖规模，引进新型养殖技术，封闭式管理，提高产能产量，加强重大动物疫病管控，预计年出栏 5 000 头，产能提高 70%。

四、启示和建议

（1）采用"楼房集约科学养殖、生态环保绿色排放、种养结合循环经济"为特色的高标准生态养殖模式。

（2）规范养殖管理，采用全自动化管理设备，全封闭式养殖，降低感染风险。

（3）改变养殖理念，提高疫病防控意识，从源头有效防控非洲猪瘟。

科学改造　良性循环
三和顺年出栏猪苗 2 万头

——广东省阳西县三和顺种养殖专业合作社养殖场
生猪增养成功典型案例

2018 年以来，受非洲猪瘟等因素影响，阳西县生猪产业整体状态低迷，各项指标数据不容乐观。为稳定生猪生产，保障城乡居民"菜篮子"供应，阳西县政府和县农业农村局领导班子进一步压实责任，提高政治站位，全力抓好稳定生猪生产工作，涌现出三和顺种养殖专业合作社生猪成功复养等典型案例，现将有关情况介绍如下：

一、基本情况及复养历程

三和顺种养殖专业合作社是阳江市畜禽生态健康养殖示范场，总体按两点式养殖布局，分母猪场与育肥猪场两个不同养殖场地，占地面积 200 亩，原有生猪养殖规模存栏 2 500 头。2018 年年底，面对突如其来的非洲猪瘟，该场为规避风险，主动空栏应对，经营收入大幅减少。在认真总结同行的成功经验和失败教训后，在市县农业相关部门的帮助指导下，三和顺种养殖专业合作社积极响应国家复养增养的号召，对原栏舍进行升级改造，打造生物安全防控体系，并进一步完善养殖链条，新增母猪饲养及饲料加工，积极向年出栏 2 万头猪苗的大关冲击。

二、主要措施及经验

1. **设置三层隔断立体防控体系**　因地制宜，在边界外层采用铁丝网围蔽，防止较大体型动物进入场内；二层采用不小于 0.9 米×0.9 米的瓷砖围蔽猪舍，防止较小体型动物进入猪舍范围；内层采用防虫纱网围蔽猪栏，隔断蚊蝇及飞鸟等。

2. **升级改造栏舍，保障饲养环境**　严格按照育肥舍需求设计改造，猪舍配备防蚊窗纱、卷帘、水帘风机、深井供水装置等控温控湿设施及高压清洗机等消毒设备。分娩舍、保育舍采用高床式栏舍设计，地板采用漏缝设计，配备了分娩产床、仔猪保育高床、保温箱等生猪繁育、保育设备，安装环保空调，做到精准温控，分娩舍仔猪在 21～28 天断奶，实行仔猪全进全出制，确保仔猪疾病的有效防控。按照空怀母猪、怀孕母猪及断奶母猪等不同情况，进行阶段性分栏饲养，怀配猪舍采用自动供料饲喂系统，保障配怀舍母猪有舒

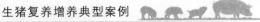

适、干净的环境。

3. **采用自动送料系统，严防饲料污染** 猪场设有原料饲料仓库，配有制料机等饲料加工设备，降低了饲料成本，延长了原料堆放时间，灭活病原；各场设有中转料塔，配怀舍及育成舍采用自动供料等先进饲喂系统，减少车、人、料的接触，有效切断病原传播的途径。

4. **净化种源，定期检疫** 凡从场外引进种猪（引进外血、更新换代等）须经严格检疫、隔离；种猪尽量场内自繁培育；所有种猪做到定期检疫净化，并及时淘汰病弱个体。场内设立兽医诊断室，配备相关防疫仪器和设备，制定适合基地的免疫程序。做到定期观察、定期采样，将样品送到具有资质的检测机构进行各种传染病检测，及时诊断、隔离或直接淘汰。对于病死猪和胎盘，严格按照《畜禽养殖业污染防治技术规范》要求，采用生化处理池分解、焚化炉焚烧等无害化处理技术，确保猪只尸体和胎盘等被完全销毁，实现彻底杀菌，确保安全、干净，杜绝不良影响。

5. **限制人员出入，严格消毒隔离** 严格限制场内外人员进入生活区及生产区域，所有进入生活区的人员必须在更衣室洗澡消毒后，更换场内蓝色衣服并换鞋；工作人员进入生产区必须在各场更衣室洗澡，更换棕黄色工衣、换胶鞋并消毒；工作人员进入各栏舍前必须再次更换各栏舍专用雨鞋，然后才可进入猪舍；场外车辆严禁进入生产区。猪舍每周、场区每月各消毒一次，定期灭鼠、灭蝇、灭蚊。高度重视销售出猪环节的防控工作，拉猪车辆必须在3千米外进行清洗消毒，并在场外设置带有隔离设施的中转出猪台。

6. **加强粪污资源化利用** 主要采用干清粪模式，每天对猪舍进行清理，并集中堆放、集中处理。固体粪经发酵做肥料外运处理，发酵沼液达到国家要求排放标准，铺设管道灌溉果园及速生桉树林等，真正实现了猪只粪污无害化处理，避免了对养殖基地周边环境的污染，实现了绿色、生态循环养殖。

三、复养增养成效

在改进并完善旧栏舍防控设备设施后，合作社于2019年10月就近引进新美系二元母猪500头、种公猪10头。经批准，计划扩建为能繁母猪1 500头的标准化养殖基地，积极向年出栏商品猪10 000头、年出栏猪苗20 000头大关冲击。当前，该场已增养能繁母猪500头，生产猪苗2 000多头，预计到2021年年初将达到能繁母猪700头，2021年3月底可出栏优质肉猪及猪苗10 000头。随着种群规模的不断扩大，该场已进入良性循环，为其他养殖户树立了典范、增强了信心，带动符合条件的农户恢复生猪生产。

先减后增　降险筑防　生猪增产

——蓬溪县灵源养殖家庭农场

一、基本情况

蓬溪县灵源养殖家庭农场地处四川省遂宁市蓬溪县吉祥镇登山村，坚持走种养结合循环农业发展之路。家庭农场以自繁自养 PIC 生猪养殖为主，具有近 20 年的养殖经验。农场猪场常年存栏能繁母猪 250 余头，年出栏育肥猪 5 000 头以上，配套种植 180 余亩良种核桃、大雅柑等。其中自繁自养猪场共建成圈舍 10 栋，建有饲料加工房、职工宿舍、办公室、消毒室等，配套沼气池、粪污处理池、堆粪棚、发酵池及相关设备等配套粪污处理利用设施。猪场粪污采取干稀分离工艺，干粪通过堆肥发酵处理后用作土地施基肥，粪液通过"沼气发酵＋沉淀"后，贮存于暂存池用于种植灌溉。

二、猪场增产历程

2019 年上半年，面对全国非洲猪瘟疫情异常严峻的形势，在县委县政府的强调、农业农村部的指导和当地政府的协调下，家庭农场就生猪生产形成应对方案和发展计划，全程采取"封闭饲养、严格消毒"措施防控非洲猪瘟，历经"减产降险、改造提升、提能增产"三阶段实现增产，2020 年 4 月底，猪场稳定存栏生猪 2 400 余头。

1. **封闭饲养**　猪场采取"场外＋场内"双封闭措施。场外封闭措施主要是针对车辆和人员流动，场外有 800 米社道路连通猪场和村主干道，社道路沿途有 80 余户农户。基于平时良好的邻里关系，在国内发生非洲猪瘟疫情后，农场业主及时与 800 米社道路沿途村民沟通并得到理解配合，在社道与村道连接处设立防控卡点，安排专人值守，实现了场外小区域封闭。

场内封闭措施主要是严禁场内工作人员外出离场，所有必须生活物资完全由场外人员配送。任何进入猪场的物资必须经过雾化室多次严格的喷雾消毒后才能使用。每天检查整个养猪场周围围墙及水渠水沟是否完全封闭，严禁场外一切动物入内，如猫、狗等。同时，农场结合新冠疫情防控，进一步强化封闭管理。

2. **严格消毒**

（1）强化场外环境消毒。在防控卡点地面铺设麻布袋，泼洒 3％的氢氧化钠溶液，每周对 800 米社道路全路段撒氧化钙，每三天全路段喷洒 3％的氢氧化钠溶液。

（2）强化人员、车辆消毒。过往人员、电瓶车等全面喷雾消毒，限制非特殊情况车辆通行。饲料运输车进猪场，必须经过三次全面消毒，在猪场大门外最后一次用3‰氢氧化钠溶液消毒后需停留一个小时才能进场，卸料人员全部更换场内衣服鞋子并在雾化消毒室用5‰浓戊二醛溶液消毒10分钟才能进场卸料。销售猪只时，装猪车辆在到达指定装猪点位前共消毒三次（县设非洲猪瘟防控卡点、场外设道路入口、场外指定装猪点位），由场内专用转猪车辆将销售猪只转运至装猪点位装车，转猪车辆每一趟进场前必须用3‰氢氧化钠溶液全面消毒，同时做到了转运人员与猪场工作人员全程"零接触"。

（3）强化场内消毒除害管理。场内设施设备及道路每周用1∶200倍稀释的过硫酸氢钾复合物溶液全面喷雾消毒，圈舍内带猪每两周用1‰的聚维酮碘溶液喷雾消毒；每天下午5—7点安排专人用超威杀蚊虫喷剂对整个猪场圈舍内外喷杀蚊虫，降低苍蝇蚊虫飞蛾等带毒入场的风险；全场投放老鼠药进行灭鼠，每天晚上定点投放药，第二天早晨对每一个投放药的点位清扫收集；添置驱鸟器全场防止鸟类传毒。

3. 减产降险

（1）缩减养殖量。为降低风险，农场在2019年6月及时将200斤以上的存栏育肥猪全部出栏，生猪存栏量从1 660头降到约750头，留存祖代种母猪20头，父母代能繁母猪90余头。后期采取"养兵千日，用兵一时"的策略，优化猪群结构，将生产重心放在后备母猪选育上，确保能繁母猪及适配后备母猪存栏量稳定在满产状态，同时注重能繁母猪和后备母猪体况调控。

（2）"三分"饲养降风险。将存栏种猪、仔猪进行分批分栏分人投喂，防止被非洲猪瘟疫情"一窝端"。

（3）控制出栏频率，降低传染风险。制订出栏计划，降低生猪出栏频率，采取定点定车出售方式，减少来往车辆及人员流动，从而减小非洲猪瘟疫情带入性风险。

4. 改造提升 充分利用减产期改造提升场内部分基础设施。更换彩钢瓦解决圈舍漏雨问题，更换产床32组牢固后续满负荷生产条件；高质高效实施2019年蓬溪县粪污资源化利用项目，改造升级部分环保设施，为猪场安全生产，环保生产，扩大生产打好基础。

5. 提能增产 历经近半年的严密防控，猪场生产一直稳定无恙。2020年年初按计划启动全面配种措施，逐步复产增产。

三、复养增养成效

截至2020年4月底，生猪存栏量从减产后的750余头增产到2 400余头。现有能繁母猪196头，其中初产母猪100头，待配种后备母猪50头。

猪场目前仍然保持后备母猪选育力度，不仅恢复了自身产能，还向周边养猪户提供PIC优质母猪达800余头，实现共同发展与经济效益双收益。

四、启示

蓬溪县灵源养殖家庭农场生猪复产成功，是"政府抓面、业主强点"的必然结果。

1. 政府抓面 蓬溪县委县政府不遗余力地落实非洲猪瘟防控各项举措，禁止泔水喂

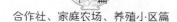

猪，落实"两场"保护政策，强化调运监管，严厉打击非法运猪贩猪等各种违法行为，确保县域大环境生物安全。统筹防疫消毒工作，协助业主开展周边环境大清理、大消毒，促进外围环境二次清洁，降低非洲猪瘟传染风险。

2. **业主强点** "打铁还需自身硬"，成套的系统养殖管理技术是复产关键，业主正常的 PIC 生猪养殖生产水平基本稳定在窝产仔猪 11.2 头以上，成活率稳定在 97% 以上。

业主常年维持良好的邻里关系，为非洲猪瘟疫情防控打下了重要的群众基础，杜绝了恶意人为传毒的可能性。

明确的人员分工、严格的人员管理制度杜绝了非必要性人员接触的情况，减少了非洲猪瘟传入概率。农场以家庭管理为主，家庭成员常年分工明确，由养猪经验技术更成熟的父母负责猪场生产管理，由年轻的儿子负责日常对外事宜。自 2019 年以来，全家半年仅相聚 1 次，场内的工作人员更是 8 个月未出场。

严格消毒除害是防控非洲猪瘟的根本举措。在日常消毒制度基础上，进一步明确场外道路、周边环境和猪场内为消毒场所点位；明确所用消毒物质和消毒频次；制定购料、贩猪流程消毒措施，真正做到消毒无死角、无漏洞。

"前端节水、中端密闭、末端循环"
打造畜禽养殖 2.0 版

——大英县石盘沟生猪养殖小区

一、基本情况

大英县玉峰镇石盘沟生猪养殖小区位于四川省遂宁市大英县玉峰镇石盘沟村,是全国生猪统计监测点之一。石盘沟村为省级贫困村,养殖小区以村集体合作社为主体,现拥有年出栏生猪 800~2 000 头的养殖户 7 户,坚持走种养结合循环农业发展之路。养殖户均为温氏公司寄养户,具有近 10 年的养殖经验,常年存栏生猪 4 000 余头,配套种植 100 余亩血橙、中药油牡丹等。各养殖区域均建有办公室、消毒池、消毒室、兽医室等配套房,配套沼气池、粪污处理池、堆粪棚、发酵池、发酵床等粪污处理设施。猪场粪污采取水泡粪处理和生物发酵床处理工艺,其中水泡粪通过沼气池发酵处理后贮存于暂存池,用于种植灌溉。

二、创新扶贫模式

玉峰镇石盘沟村建立了"龙头企业+新型经营主体+村集体+贫困户"的生猪二次寄养产业扶贫模式。龙头企业投资入股新型经营主体,扩建生猪产能,用于贫困户寄养,并负责五统一保证(统一品种、统一供苗、统一饲料、统一防疫物资、统一技术、保证利益兜底);贫困户委托新型经营主体代为寄养,新型经营主体负责饲养管理并据实按成本收取管理费用;村集体负责组织贫困户参与寄养,并代表贫困户负责监督新型经营主体的日常管理。生猪出栏后,村集体按出栏头数收取 2 元/头的管理费,龙头企业按市场价结算,除去村集体、新型经营主体管理费用后的收益均归贫困户分配,如遇市场亏损,龙头企业保底 100 元/头的收益。2019 年,村集体收入 4 万元,升级改造后可为村集体增加收益 5 万元。

三、打造畜禽养殖 2.0 版

2018 年,大英县提出"前端节水、中端密闭、末端循环"思路,以业主为主体、政府为引导,对全县养殖场进行升级改造,养殖小区就如何确保生猪稳产保供形成应对方案

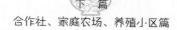

和发展计划，对原有养殖圈舍、防疫设施、环保设施等进行全面升级，打造畜禽养殖 2.0 版。目前，所有养殖场更换彩钢瓦 1 400 米^2，在原有圈舍中改造水泡粪圈舍 4 000 米^3、漏缝地板 3 000 米^2，同时增设自动料线、饲料储藏罐、节水装置、风机水帘，配套修建生物发酵床、集中供气沼气池等粪污处理设施。

四、复养增养成效

截至 2020 年 4 月，养殖小区通过升级改造，从常年存栏 4 000 头增加至 9 000 头，增加产能 5 000 头。

五、启示

加快推进畜禽养殖场升级改造，粪污无害化、资源化利用是促进养殖业可持续发展的必由之路，相关部门应积极引导畜禽养殖场进行改造升级，切实开展技术指导工作，从源头上彻底治理养殖场的防疫、生产、环保问题。正面宣传升级改造的好处，切实解决养殖业主在生产过程中遇到的实际困难，让他们感受到党委政府以及社会的关爱，提振养殖信心，积极转变养殖业主的生产观念和发展方式，确保全县生猪产业健康发展。

隆德县祥兴家庭农牧场生猪复养典型案例

隆德县祥兴家庭农牧场位于宁夏固原隆德县神林乡神林村三组，成立于 2014 年 9 月，是一家以生猪养殖为主、玉米等饲料原料种植和技术服务为辅的大中型家庭农场，2020 年预计生猪出栏量 6 000 头以上。牧场拥有长期合同员工 12 人、临时工 32 人、对口帮困建档立卡贫困户 16 人，产品主要销往陕西西安、甘肃兰州、四川成都等地，2015 年被认定为宁夏回族自治区级示范家庭农场。

一、农牧场基本情况及生猪生产情况

隆德县祥兴家庭农场占地面积 10 000 米², 有育肥舍 3 000 米²、产仔舍 500 米²、育仔舍 250 米²、母猪舍 750 米²、后备圈舍 350 米²，职工宿舍、兽医室、消毒室、饲料车间、锅炉房等基础设施配套齐全。养殖场配套建有三级沉淀池 200 米³、积粪场 450 米²，周边配套饲料原料种植面积 240 亩，果园种植面积 20 亩。粪污采取干湿分离，干粪经腐熟发酵处理，粪水经沉淀氧化处理后实现全量还田利用，推进种养一体化发展。

2019 年，养殖场生猪存栏 2 200 头，其中能繁母猪存栏 200 头、出栏育肥猪 2 000 头。2019 年 5 月改扩建后，2020 年第一季度生猪存栏 2 507 头，其中能繁母猪 290 头，同比增长 45%。截至目前，共产仔猪 1 624 头，已出栏育肥猪 1 257 头，完成 2019 年全年育肥出栏的 63%，预计全年出栏 6 000 头以上。

二、复养增养采取主要措施

2020 年，隆德县祥兴家庭农牧场改扩建保育舍 400 米²、育肥舍 780 米²、自动化饲料房 400 米²，装备粉碎机、搅拌机 6 台套，扩建积粪场 200 米²，新建员工宿舍 9 间，占地 200 米²，后续将继续完善增养措施，改善生产条件。

1. **优选种猪，持续提高繁育二元母猪技术**　母猪对于养殖户来说就是基本依托。根据养殖场的现有规模和未来预期，计划立足自给自足生产模式，进行母猪繁育和更替。2020 年预计能繁母猪存栏稳定在 300 头以上。

2. **扩充育肥猪舍，控制成本产出比率**　按照预期，2020 年年底，隆德县祥兴家庭农牧场将优化猪群结构，增加优质商品猪出栏量，减少仔猪出栏数，生猪存栏最大量将达到 3 500 头。另外，扩建育肥猪舍容纳总量，从而有效应对疫情袭扰和短时间的市场冲击。

3. **优化猪舍条件，降低患病风险**　好的猪舍对生猪养殖经济效益起着决定性作用，隆德县祥兴家庭农牧场追求现代化规模养殖，场内分养殖中心区、饲料加工区、生活办公区、交易装卸区，增设扩建废料处理区，并加强分区消毒管理。在粪便干湿分离处理、污水三级沉淀池过滤的基础上，2020 年还将重点提高污水和粪便再利用能力。

三、增养成效

2020 年，隆德县祥兴家庭农场改扩建投入 200 万元，按照每头猪利润 1 300 元计算，2020 年 6 月可收回改扩建投资全部费用。按年出栏 6 000 头计算，全年预计总利润达 580 万元。下一步，养殖场计划实施种养结合循环模式，发展现代农业与现代畜牧业有机结合。一方面利用"一场多户"，带动周边农户从传统养猪模式逐步向现代化养猪模式方向过渡，推进特色优势产业融合发展，促进广大群众持续增收；另一方面争取原料就近取材，降低饲料原料成本，增加养殖效益。

四、防疫经验

隆德县祥兴家庭农场呈现出良好的发展势头，关键一招就是搞好猪场的卫生防疫工作。养殖场始终坚持"外防输入、内放发生，防治结合、防重于治"的原则，杜绝疫病的发生，做到定期培训、常抓防疫、全员防疫。

1. **分区规划设置** 养殖场不断细化功能区，合理布局生活区、生产区、粪污处理区等功能区域，做到净道、污道严格分离，降低疫情发生的可能性。

2. **严格执行消毒制度** 一是牧场外围大门分设人员、车辆洗消通道。人员从外入场时，均应通过消毒门岗。场区道路每天消毒一次。二是每栋猪舍门口、产房各单元门口配备消毒设施，养殖人员出入猪舍时需更衣、换鞋、消毒。三是严禁任何人从场外购买猪肉及其加工制品入场，严禁场内人员随意流动到场外牲畜养殖地及屠宰场等场所。

3. **坚持疫苗接种** 疫苗保存及使用是内防畜病的关键所在。牧场专设医疗室、冷藏柜等必要设施，各种疫苗按要求进行保存，凡是过期、变质、失效的疫苗一律不用。免疫接种严格按照《免疫程序》进行，并专门培训技术员，同步做好免疫计划和免疫记录。出售生猪时，须经兽医临床检查，无病的猪只方能出场。

图书在版编目（CIP）数据

生猪复养增养典型案例 / 全国畜牧总站组编 . —北京：中国农业出版社，2020.12
ISBN 978 - 7 - 109 - 27449 - 5

Ⅰ. ①生… Ⅱ. ①全… Ⅲ. ①养猪学 Ⅳ. ①S828

中国版本图书馆 CIP 数据核字（2020）第 196255 号

中国农业出版社出版
地址：北京市朝阳区麦子店街 18 号楼
邮编：100125
策划编辑：王庆宁
责任编辑：刘昊阳
版式设计：王 晨 责任校对：赵 硕
印刷：中农印务有限公司
版次：2020 年 12 月第 1 版
印次：2020 年 12 月北京第 1 次印刷
发行：新华书店北京发行所
开本：787mm×1092mm 1/16
印张：22 插页：4
字数：540 千字
定价：88.00 元
